探す、出あう、楽しむ

身近な野鳥の観察図鑑

監修 樋口広芳
著・写真 髙野丈

ナツメ社

[もくじ]

本書について

本書は身近で観察できる野鳥を中心に164種を選び、それぞれの種の興味深い行動や生態を豊富に紹介した野鳥図鑑です。掲載種の選定や観察できる時期については、首都圏の市街地の公園などの身近な環境を基準にしています。QRコードで紙面と連動して鳴き声を聞けるほか、行動を撮影した動画も見られます。

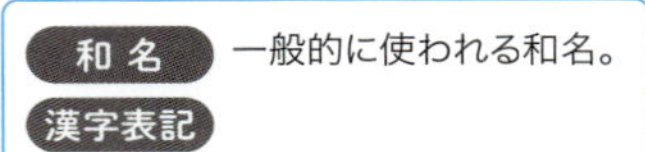

和名 **漢字表記** 一般的に使われる和名。

アイコン

科名と科を象徴するシルエットをアイコンで表示。

目・科・属 **学名**

日本鳥学会の日本鳥類目録改訂第8版(2024)に準拠。

英名

メイン写真

その鳥の特徴がわかりやすい写真を掲載。夏羽と冬羽が違う場合は身近でよく見られるほうを掲載。見分けのポイントを引き出し線で解説。

サブ写真

雌雄、冬羽、夏羽、幼鳥、亜種などメイン写真と異なる羽色や亜種を可能な範囲で掲載。

緑色の小鳥で目の周囲が白い

どんな鳥? 身のまわりでよく見かける小鳥で、シジュウカラ(p.230)やスズメ(p.316)よりも小さい。冬から春にかけてはウメやサクラの花によく集まり、比較的近い距離で見ることができる。野鳥のことをあまり知らない人は、本種をウグイス(p.246)だと思っていることも多い。

どこにいる? 全国に分布する留鳥で、道南以外の北海道では夏鳥。平地から山地まで幅広い環境に生息し、市街地にも多い。

観察時期 1年を通してよく見られる。春の夏鳥の渡りのころからよくさえずり始める。初夏にかけて繁殖し、樹木の枝先のまたなどにコケや枯れ草、枯れ葉でお椀形のつり巣をつくる。秋冬は大きな群れになるほか、シジュウカラやコゲラ(p.188)、エナガ(p.249)などと混群も形成する。

外見 雌雄同色。目の周囲が白くふちどられるのが最大の特徴で、和名や英名の由来。額から体上面、尾羽にかけては黄緑色で、下面は白い。

食べ物 樹上を細かく動きまわり、昆虫やクモを捕食。植物の実や花の蜜、樹液など植物性の食べ物も好んで採食する。

3 4 春 5 / 6 7 夏 8 / 9 10 秋 11 / 12 1 冬 2

260

生息環境

その種がおもに生息する環境を5種類の中から表示。複数示しているものもある。生息環境についてはp.6-7参照。

市街地  草原・農耕地・湿地

 森林  河川・湖沼 海岸

観察できる時期

春夏秋冬、1〜12月で、身近な公園などで見られる時期を表示。

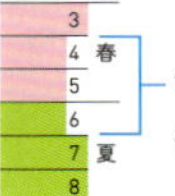

色が凹んでいる月は、数は少ないが見られる時期を表す。

姿勢

その種がおもに見せる姿勢を４種類のシルエットで表示。

行動位置

生息環境の中でおもに行動する位置を４種類で表示。

季節性

本州中部の平地を基準に季節性を表示。季節性についてはp.11を参照。

大きさ 全長。雌雄で異なるものは分けて表示。

メジロあるある

とにかくよくさえずる！鳴き声を堪能しよう 動画

春に聞こえるさえずりの代表格。かつては飼育下の個体のさえずりを競わせる「鳴き合わせ」の文化があった（現在、野鳥を飼育することは法律で禁じられている）。早春からぐぜりはじめ、春から初夏にかけて朗らかで長いさえずりを聞かせてくれるようになる。よく聞こえるが、姿は緑にまぎれてなかなか見えない。

チュー チュチュン♪

筆のような舌で蜜をなめる 動画

大輪のツバキの花はもちろん、ヒサカキのように小さな花の蜜まで器用になめることができるのは、舌が長く、先が筆のような構造をしているため。

シラカシの樹液をなめる。

秋のぜいたく品

ぼくは柿が好き
やわらかくて深みのある甘さ
秋はやっぱりこれだよね…
でも一番はこのしわしわ柿!!!
この世のものとは思えないほど口の中に広がる凝縮された甘みが……
ねーこれおいしいんだぞ
ふ～ん ボク的には…ビミョーかなー
ま、腹の足しにはなるかな
もぐ…
メジロくんがおいしいっていってたよ
極上の一品を腹の足しだなんて!!

鳴き声
●さえずり 「チューチュチュンチューチュチュン、チュルチュルチュルチュル」など複雑な節で長くさえずる。
●地鳴き 動きまわりながら「チーチー、チュルチュルチュル」、飛びながら「チュイー、チュイー」などとよく鳴く。
音声 （さえずり）

261

行動の動画QRコード

QRコードを読み取ることで動画を見ることができる。使い方はp.390参照。

××あるある

観察したい行動や生態など、より深く観察を楽しむためのポイントを文章や写真、イラスト、マンガで解説。

鳴き声の音声QRコード

QRコードを読み取ることで鳴き声を聞くことができる。屋外で再生する場合はイヤホンなどを使用すること。使い方はp.390を参照。

鳴き声の種類

さえずり、地鳴きなど。くわしくはp.390を参照。

見出しと解説文

- **どんな鳥？** おもな特徴を解説。
- **どこにいる？** おもな分布と生息環境。
- **観察時期** おもに観察できる時期。
- **外見** 見た目の特徴や類似種との見分け方などを紹介。
- **食べ物** おもに食べているものを解説。

鳴き声

聞こえ方や類似種との比較について解説。

生息環境について

野鳥が生息する環境は種によって異なる傾向がありますが、多様な環境を利用する種も多く、季節に応じて移動することも。本書では生息環境を５つに分け、紙面にアイコンで示しています。さまざまな環境を訪れ、いろいろな季節に観察してみましょう。経験を重ねるうちに、どの種が、どのような環境に、どの季節にくらしているのか、だんだんわかるようになります。

市街地

公園は市街地の緑地として、留鳥や冬鳥の生活の場、渡り鳥の中継地として重要な環境。鳥たちは、庭木や建築物の隙間、電線・電柱、街路樹なども利用する。

観察できる鳥

- キジバト
- オナガ
- ハシブトガラス
- シジュウカラ
- ヒヨドリ
- ツバメ
- メジロ
- ムクドリ
- スズメ
- ハクセキレイ　など

都市公園

街路樹

草原・農耕地・湿地

草地や田畑、湿地など、比較的開けた環境。草地に生息する昆虫を捕食したり、巣をつくったり、草の種子などを採食する鳥が生息する。

観察できる鳥

- キジ
- ケリ
- ハシボソガラス
- ヒバリ
- セッカ
- ノビタキ
- タヒバリ
- ベニマシコ
- ホオジロ　など

草原

田んぼ

湿地

森林

公園や屋敷林など平地の林から、山地林などの環境。おもに樹木で行動し、昆虫やクモ、木の実などを採食する鳥が生息する。

観察できる鳥

- ヤマドリ
- キツツキ類
- サンコウチョウ
- カケス
- カラ類
- エナガ
- ムシクイ類
- ツグミ類
- ヒタキ類　など

山地の森林

里山の森林

河川・湖沼

淡水域の水辺の環境。渓流から河口部、河川敷、小さな池から大きな湖まで多様で、それぞれ生息する種が変わってくる。

観察できる鳥

- カモ類
- バン
- オオバン
- カイツブリ
- サギ類
- カワセミ
- カワガラス
- キセキレイ
- セグロセキレイ　など

川

池や湖

海岸

砂浜や磯、港、海上など。魚や甲殻類など、海辺にすむ生き物を捕食する種が生息。

観察できる鳥

- カモ類
- カイツブリ類
- シギ・チドリ類
- カモメ類
- ウ類
- サギ類　など

浜辺

岩礁

港

鳥の体の各部名称

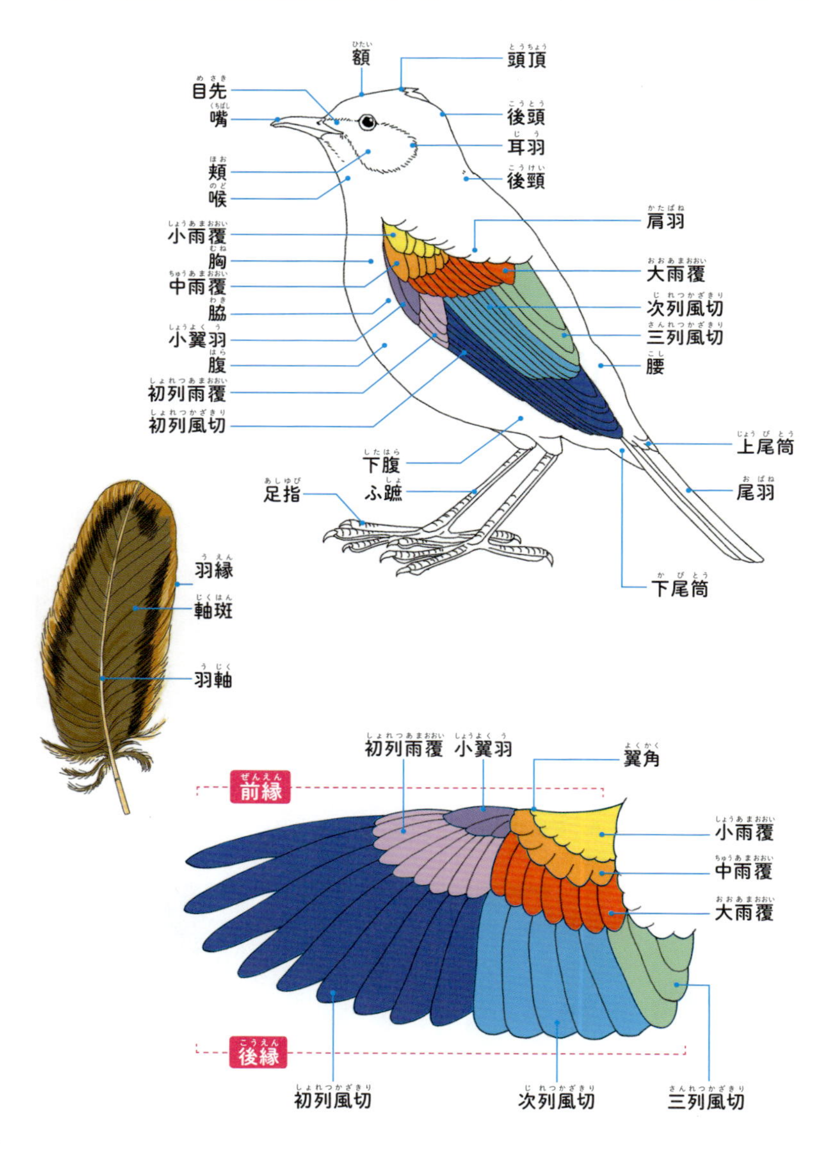
額
頭頂
目先
嘴
後頭
耳羽
頬
喉
後頸
肩羽
小雨覆
胸
大雨覆
中雨覆
次列風切
脇
三列風切
小翼羽
腰
腹
初列雨覆
初列風切
上尾筒
下腹
足指
ふ蹠
尾羽
下尾筒
羽縁
軸斑
羽軸
初列雨覆
小翼羽
翼角
前縁
小雨覆
中雨覆
大雨覆
後縁
初列風切
次列風切
三列風切

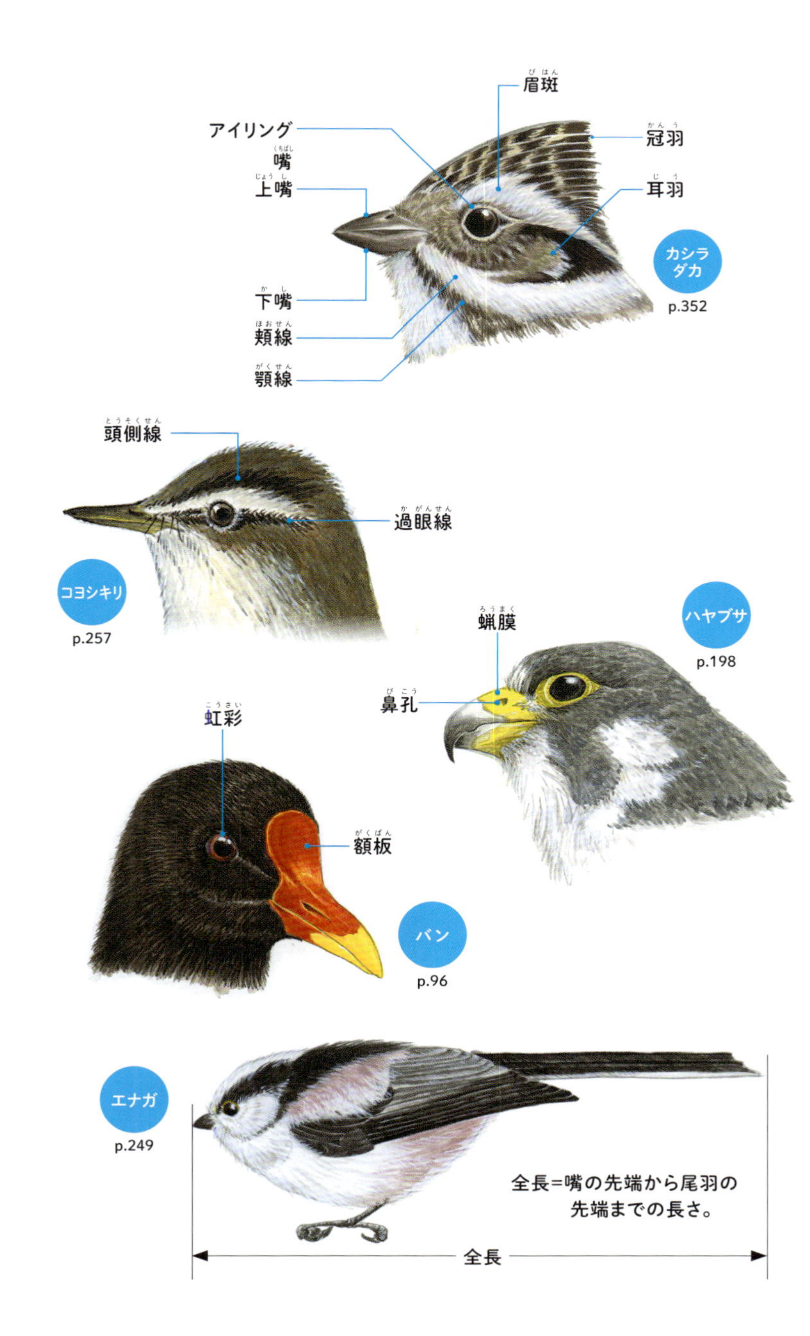

眉斑
アイリング
冠羽
嘴
上嘴
耳羽
カシラダカ
p.352
下嘴
頬線
顎線
頭側線
過眼線
コヨシキリ
p.257
蝋膜
ハヤブサ
p.198
鼻孔
虹彩
額板
バン
p.96
エナガ
p.249
全長=嘴の先端から尾羽の先端までの長さ。
全長

はじめに

毎日、仕事場へ行く前に野鳥を観察しよう。そう決めたのは、朝活という言葉がまだなかったころのこと。そして、最寄り駅までの通勤路が公園になるような場所に住み、双眼鏡とカメラを携えて、毎朝の観察を続けています。写真の仕事や自然観察会に取り組むうち、縁あって図鑑などの自然科学書の編集に携わることになりました。

その後、企画から編集を担当した『ぱっと見わけ 観察を楽しむ野鳥図鑑』で読者に伝えようと心がけたのは、行動観察の楽しさ。この図鑑がきっかけとなり、鳥の行動をよく観察すると、その鳥のことをより知ることができて楽しいことにあらためて気づきました。いつも「見て」いる鳥を、じつは「観て」いなかったことを思い知ったのです。

その後じっくり観察するようになってからは、身近な公園でも毎日が発見の連続に。野鳥の生態の奥深さを感じるとともに、観察がより楽しくなりました。この一生かけても追いきれない興味深い楽しさを、もっとたくさんの人に伝えたいという想いから誕生したのが、本書『探す、出あう、楽しむ 身近な野鳥の観察図鑑』です。

初版の刊行から約2年半。毎日の観察は20年目に入り、記録した鳥は150種を超えました。そんなとき、日本鳥学会の日本鳥類目録が第8版に改訂され、学名や分類が一部変わることになりました。それに合わせて今回、本書の改訂も決定。学名や分類変更への対応はもちろん、初版刊行後新たに発見した興味深い観察を紹介しました。掲載種は3種増えて164種となり、最新の機材で撮影した新しい写真や動画をできるだけ盛り込んでいます。各種の興味深い行動や生態をできるだけくわしく紹介し、鳴き声を聞けるだけでなく、動画も見ることができるのは初版と変わりません。

パワーアップした本書が、これから野鳥観察を始める人はもちろん、すでに楽しんでいる人にとっても、観察の楽しさを倍増させるきっかけになれば幸いです。

2024年秋 髙野 丈

野鳥の季節性を知る

いつ、どこに、どんな鳥がいるのか？
野鳥観察を楽しむには、まずここから！

鳥は翼があって飛ぶことができるので、より条件がよい環境を求めて移動します。

食べ物が少なくなれば、より食べ物を得やすい地域へ。繁殖シーズンには、子育てをしやすい地域へ。巣をつくることができて、ひなの食べ物が多い地域へ、食べ物が増える季節に移動します。

野を越え山を越え、山地と平地を行き来する鳥もいれば、海を越えて、国内と海外を行き来する鳥も。一方、移動しなくても生きていけるなら、同じ場所にとどまることを選択する鳥もいます。

「渡り」は、繁殖地と越冬地の行き来のことで、季節の移り変わりによって変化する環境と食べ物の状況に合わせて移動します。なかには数万キロを旅する鳥も。

このように、同じ場所であっても、季節によって、そこに生息する野鳥は変化します。“野鳥の季節感”をつかむことが、充実した野鳥観察を楽しむ第一歩です。

野鳥の季節性

留鳥（りゅうちょう）

1年を通して同じ地域に生息し、長距離の移動をしない鳥。

シジュウカラ(p.230)など

漂鳥（ひょうちょう）

山地や北方で子育てし、平地や南方に短距離移動して越冬する鳥。

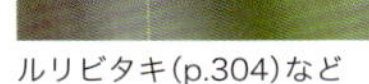

ルリビタキ(p.304)など

夏鳥（なつどり）

春に南方から渡ってきて繁殖し、秋に南方へ移動する鳥。

オオルリ(p.294)など

冬鳥（ふゆどり）

秋に北方から渡ってきて越冬し、春に北方に渡って繁殖する鳥。

オナガガモ(p.56)など

旅鳥（たびどり）

日本では繁殖も越冬もせず、渡りの途中に立ち寄るだけの鳥。

エゾビタキ(p.290)など

季節ごとの観察ポイント

「市街地の公園」を例に
鳥見の四季を紹介

春

〔 鳥たちがさえずり、子育て開始 〕

1年で最も「鳥見」が楽しい季節。植物が一斉に芽吹き、昆虫が増え、鳥たちの動きが活発になります。

シジュウカラやコゲラ、スズメなど多くの留鳥が子育てをスタート。ツバメも渡ってきます。小鳥のひなは動物性たんぱく質が豊富な昆虫を食べて、成長していきます。

キビタキやオオルリなどの夏鳥も飛来し、昆虫を捕食して栄養補給しながら繁殖地へと移動していきます。

一方、冬鳥がまだ残っていて、ツグミが開けた環境に集まっていたり、アオジが木陰でぐぜったりしていることも。

留鳥や夏鳥がよくさえずるのも、春の大きな楽しみです。歌声を頼りに鳥を探してみましょう。

思いがけず珍しい鳥に出合うことも。春は毎日、宝探しのように野鳥観察を楽しめる季節です。

3月

- ソメイヨシノが咲くころ、ツバメが渡ってくる。
- ヒバリがさえずり始める。
- カワセミの求愛給餌が見られる。
- カイツブリの求愛やなわばり争いが目立ち、つがいが巣づくりを開始。

ツバメの第一声を聞くと、春を実感する。

4月

- センダイムシクイやエゾムシクイ、オオルリやキビタキなど森林性の夏鳥が繁殖地までの渡りの途中、立ち寄る。さえずりを楽しめる。
- コサメビタキやサンショウクイ、ヤブサメやコマドリ、ツツドリやジュウイチも渡っていく。
- ミゾゴイやコマドリなどに身近な環境で出合えることも。
- シジュウカラやメジロなど留鳥のさえずりが盛んになり、子育てが始まる。
- ハシブトガラスやハシボソガラスが子育てする。
- カイツブリやカワウ、カルガモ、カワセミなど水辺の留鳥の子育てが始まる。
- エナガの幼鳥が並ぶ「エナガ団子」が見られることも。

オオルリは声も姿も美しい。

ミゾゴイなど驚くような出合いが渡りの醍醐味。

初夏 ～ 夏

〔　初夏は子育てが本格化　〕

木々が茂り、林は薄暗くなります。鳥たちは葉の陰にまぎれ、「鳥見」の難易度が上がりますが、注意深く観察すると、シジュウカラやコゲラなど幼鳥連れの留鳥が子育てするようすが見られるでしょう。

街中では、巣立ったツバメの幼鳥が電線にとまり、食べ物を運んでくる親鳥を待っているかもしれません。水辺ではカイツブリやバン、カワセミなどが子育てのまっ最中。カルガモが幼鳥を連れて移動するのもこの時期です。

水温の上昇とともに水生植物が育ち、プランクトンの発生も活発になり、魚やエビ、水生昆虫など、幼鳥が食べる生き物が増加します。陸上も引き続き鳥たちが食べる昆虫が豊富です。

夏鳥の渡りは5月上旬をピークに、動きがゆるやかになりますが、サンコウチョウやホトトギス、メボソムシクイなど移動の時期が遅い種に出合うことも。

平地で夏鳥を見られなくなってくる一方、山地は多くの夏鳥でにぎわい、求愛やなわばり争いをしながら、子育てを始めます。

〔　真夏は鳥が目立たない季節　〕

身近な環境で鳥が目立たなくなるのが夏。林の留鳥は子育てが一段落し、真夏はシジュウカラでさえあまり姿を見せません。近年は暑さが厳しく、ヒヨドリやカラスは口を開けています。換羽の時期なのでひっそり過ごしているようです。暑さに加え、セミしぐれで鳥の声が聞こえにくいことも「鳥見」がしにくい理由です。

5月

- カイツブリの子育てが忙しくなる。
- 夏鳥の渡りが続き、アオバズクやサンコウチョウ、メボソムシクイやオオムシクイ、ホトトギスやカッコウなど後半組が渡っていく。
- コゲラ、ヤマガラやシジュウカラ、エナガ、メジロなど留鳥の子育てが本格化する。
- 住宅地ではツバメやムクドリも子育てを進める。

カイツブリがひなを背にのせるようすが微笑ましい。

6月

- コゲラやシジュウカラ、エナガなど留鳥が幼鳥連れで林を移動し、給餌するようすが見られる。2回目の子育てをするつがいも。
- ツバメも巣立った幼鳥を連れて移動し、電線などで給餌する。

シジュウカラの親子。幼鳥は盛んに鳴いて、食べ物をねだる。

7~8月

- カイツブリが2回目の子育てをする。
- 留鳥の姿が目立たなくなる。
- 渡りのセンダイムシクイを見かけることも。
- 8月下旬、サンコウチョウが渡ってきてシジュウカラやメジロなどに混じる。

公園の林　春

留鳥は忙しく子育て中。
まばゆい新緑の中、渡りの途中で立ち寄った
夏鳥の色鮮やかな姿と美しいさえずり。
１年で最も華やかな鳥見が楽しめる。

サンコウチョウ(メス)
エナガ
コゲラ
クヌギ

公園の水辺
初夏
カワセミが魚をくわえてどこかへ飛んでいく。
カイツブリがひなを背中にのせて泳ぐ。
たくさんのひなを引き連れて泳ぐのはカルガモ。
みんな子育てに大忙し。
ツバメ
コサギ
カワウ
カワセミ
オオヨシキリ
カルガモ
カイツブリ

アオサギ
ハクセキレイ
バン
ゴイサギ

秋

〔　木の実が人気。冬鳥が飛来　〕

残暑が続く初秋。林ではコゲラやヤマガラ、シジュウカラ、エナガ、メジロなどの留鳥が再び見られるようになり、混群になっているのに気づくでしょう。混群をよく観察していると、夏鳥のサンコウチョウやセンダイムシクイが混じっていることがあります。エゾビタキやコサメビタキが混じることも。

水辺では、コガモやヒドリガモなど、冬鳥のカモがしだいに渡ってきます。

9月下旬ごろ、サクラやオニグルミに毛虫などが発生。それを目あてに、ツツドリやホトトギスが立ち寄ります。晩秋には冬鳥のツグミやジョウビタキも飛来し、少し遅れてルリビタキも到着。ムクノキの実にツグミやシロハラ、アカハラがやってきます。

秋は留鳥の動きが活発になり、夏鳥と冬鳥を同時に観察する機会が多い季節。混群に注目したり、鳥が好む実がなっている木の近くで待ったりするのが「鳥見」のコツです。

9月

- 混群にサンコウチョウやセンダイムシクイ、エゾビタキ、コサメビタキが混じることも。
- サメビタキやエゾビタキ、コサメビタキ、オオルリやキビタキなどが立ち寄る。
- ツツドリやホトトギスが立ち寄る。
- コガモやヒドリガモなど冬ガモが渡ってくる。
- 上空をサシバなど渡りのタカが通過することも。

秋はツツドリやホトトギスを見つけやすい。

10月

- モズの高鳴きが盛んになる。
- 渡ってくるカモが増える。
- エゾビタキやコサメビタキ、キビタキなどが立ち寄り、ミズキやエノキの熟した実を食べる。
- カケスが渡ってくる。
- ジョウビタキやツグミが初認される。

飛来したてのジョウビタキはよく電線で鳴く。

11月

- ルリビタキが初認される。
- シロハラやアカハラ、ツグミ、シメ、イカルなどがムクノキやエノキなどの実を食べる。

青い鳥ルリビタキに出合えるとうれしい。

冬

〔樹上から地上へ〕

林の木々が落葉して見通しがよくなる冬は、「鳥見」に最適な季節。鳥がとまっていても動いていても、観察しやすいでしょう。樹上に実が少なくなってくると、鳥たちは行動の場を地上へ。シロハラやツグミが地面に積もった落ち葉をかき分け、地上に落ちた木の実や落ち葉の裏に隠れていた昆虫などを食べるようすが見られます。

ヒヨドリやメジロが好きなのがビワ、サザンカ、ウメ、ツバキなど冬に咲く花の蜜。コゲラ、ヤマガラ、シジュウカラ、エナガ、メジロなどの混群は林の中を飛びまわります。ルリビタキやジョウビタキの「ヒッ、ヒッ」、アオジの「ジッ」、シメの「ピチッ」などの地鳴きに耳を澄ませてみましょう。

〔カモは去り、エナガは子育て開始〕

水辺では、冬鳥のカモの種類や数がピークを迎え、オスは美しい繁殖羽に。年が明けたころから求愛ディスプレイが見られるようになります。まだ寒さの厳しい2月ごろからカモは移動、しだいに数が減り、3月にはほとんどのカモが去っていきます。

ウグイスがさえずりを始めるころ、混群から離れたエナガがつがいで行動を開始。巣づくりに使う羽根をくわえて飛ぶ姿も見られます。春はもうそこまできています。

12月

- ヒヨドリがイイギリの実を食べる。
- シロハラやツグミが林床に降り、落ち葉をめくって採食する。
- メジロがビワの花の蜜をなめる。
- カモの種数、総数が増え、オオバンも加わって、池のにぎわいがピークになる。

ヒヨドリは晩秋から一気にイイギリを採食。

1月

- メジロがシラカシやコナラの樹液をなめる。
- ヒヨドリやメジロがサザンカやツバキの花を訪れ、蜜をなめる。
- シジュウカラがさえずりはじめる。

メジロは樹液を好んでなめる。

2月

- ウグイスの初鳴きが各地で聞かれる。
- エナガが巣づくりを始める。
- コゲラやアオゲラがドラミングを始める。
- ウメや早咲きのサクラ(カワヅザクラなど)にヒヨドリやメジロが群れる。

エナガが羽根をたくさん運ぶ。

公園の林　秋

留鳥が異なる種と群れをつくって
移動していく。春には見られなかった
夏鳥が立ち寄ったり、冬鳥が渡ってきたり。
多くの鳥たちが木の実に夢中。

サクラ
ツツドリ
マミチャジナイ
エナガ
コゲラ
サンコウチョウ
メジロ
ヤマガラ
ホトトギス

公園の林
冬
木々の葉が落ちて、鳥が見やすい季節。
樹上に実がなくなり、鳥たちは地上で
落ち葉をめくって食べ物探し。
メジロが蜜を求め、ツバキの花にやってくる。
シメ
ヤマガラ
メジロ
コゲラ
シジュウカラ
トラツグミ
シロハラ

エナガ
ジョウビタキ
アオゲラ
メジロ
ツバキ
コナラ
ルリビタキ
ツグミ

公園の水辺
冬
池は渡ってきたカモたちでとてもにぎやか。
逆立ちしたり潜水したり、羽づくろいをしたり。
カモたちのくらしを
じっくり観察するのが楽しい。
コサギ
ダイサギ
オオバン
マガモ
キンクロハジロ
ゴイサギ

カイツブリ
ホシハジロ
オナガガモ
アオサギ
カワセミ
キセキレイ

野鳥観察 「4つのコツ」

探して、ゆっくり近づき、
見分け、行動を観察する

コツ1 耳と目で鳥を探す

〔 耳を澄まし、目を凝らそう 〕

身近な住宅地や公園から高山、陸から離れたはるか遠くの海上まで、ありとあらゆる環境に野鳥は生息します。

まずは野鳥の存在に気づこうという意識をもって、視覚と聴覚を研ぎ澄ましましょう。たとえ市街地であっても、耳を澄まし、目を凝らすことで、何種類もの鳴き声や電柱電線にとまっている鳥、植え込みの中で動くもの、視界の端を横切る影など、いろいろなことに気づけます。

感覚を研ぎ澄ますことで、やぶの中の鳥も見えてくる。

〔 声が8割、姿は2割 〕

野鳥はとにかくよく鳴き声を出す生き物。しかも種によって声が異なるので、鳴き声で種を見分けることができます。

経験豊富な観察者は、とくに森の鳥では鳴き声で種を識別することが多く、はっきりしたさえずりから、かすかな声まで聞き逃しません。ちなみに著者は、8割がた鳴き声と鳥が立てる音から鳥を見つけています。

「鳴き声はどうしたら覚えられますか？」と聞かれることも多いですが、「とにかく耳を澄まして鳴き声に気づき、その声の主をなんとしても見ること」とお伝えしています。聴覚と視覚の両方で認識することで、より覚えやすくなるのです。

本書でも「聞きなし」（p.385）をいくつか紹介していますが、鳴き方で覚えようとしても、なかなかうまくいかないもの。同じ種でも季節や雌雄、状況などによってさまざまな鳴き方をするからです。何回も何回も実際に鳴き声を聴き、その都度、姿を確認すること。これを繰り返すことで、やがて鳴き声の音質が頭に入り、ふだんと違う鳴き方をしたときでも見当がつくようになります。

最初は難しいと思うかもしれませんが、よく見かける種の声を覚えてしまえば、その後はどんどん楽しくなっていきます。そして、聞いたことのない声を耳にするたびに、ドキドキすることになるでしょう。なぜなら、聞いたことのない声であれば、初めて観察する種の可能性が高いからです。

シジュウカラのさえずり方もいろいろだが、声質は同じ。

〔 探す力を高める双眼鏡テクニック 〕

野鳥を観察するために欠かせない道具が双眼鏡。肉眼で見つけた鳥を確認し、行動を観察したり、暗がりにいて肉眼でははっきり見えない鳥を識別したりと、さまざまな場面で「確認」するために不可欠です。

双眼鏡を使えば使うほど、野鳥を探す能力が高まります。鳥は種によって生息する環境や、環境内での位置、大きさ、シルエット、動き方、関わる他の生き物などが異なります。鳥との距離があるとき、たとえば「白と黒で尾羽が長めなのでシジュウカラかな」「木の幹に平行にとまって登っているからコゲラだろう」などと見当をつけます。その後、双眼鏡で「答え」を確認することで、頭にインプットされ、しだいに肉眼での観察力がついていきます。

鳴き声と同様に、「肉眼で見つけて双眼鏡で確認する」ことを何回も繰り返すうちに、肉眼の視覚情報で種の見当がつくようになり、探す能力が高まっていきます。

鳥を見つけたら、カメラを構える前に双眼鏡で確認する習慣をつけよう。

コツ 2 警戒させない距離を知る

〔 鳥たちは命がけで生きている 〕

野鳥は野生動物なので、食う食われるは常。24時間365日緊張しながら生きています。不意に上空から天敵が襲ってくるかもしれないのです。

そのため、多くの種は食べ物だけでなく、逃げ場所があることがその場所に生息する条件になっています。

食べ物と隠れ場所のセットが大切。

開けた場所に大きな木が1本あるとします。その木に昆虫の幼虫がたくさんいても、好みの実がたくさんなっていても、そばに逃げ込むやぶや林がなければ多くの鳥たちは安心できず、敬遠します。

私たち野鳥観察者は野鳥を捕って食べはしないのですが、鳥たちから見ればヒトは怖い生き物にすぎません。鳥の自然な姿や行動をじっくり観察するためには、距離、視線、動きが重要になります。

〔 鳥のしぐさで嫌がる距離をつかむ 〕

鳥から見れば私たちは天敵なので、ある程度の距離までは近づけても、鳥は危険を感じる距離になると逃げてしまいます。はじめはなかなか距離感がわかりませんが、鳥たちのしぐさをよく見ることで「嫌がる距離」をつかむことが可能です。

地上で何かを採食している鳥に徐々に近づく場合を考えてみましょう。最初は食べることに夢中だった鳥が、採食を続けながらもこちらを気にし始め、ある距離になると採食をやめて動きが止まるはずです。このしぐさは、逃げる準備。さらに近づくと飛び去ってしまいます。種や生息環境によって嫌がる距離は変わるので、経験を重ねてつかんでいくようにしましょう。

ところでこの距離は、こちらから鳥に近づくときより、人がじっとしているところに鳥が近づいてくるときのほうが短くなります。状況によっては、奇跡のように近くまで来てくれることも。著者はそれを「鳥に受け容れられた瞬間」と呼んでいます。

双眼鏡がいらない距離。近すぎて撮影できないし、驚かせたくないので、動くこともできず、じっと見つめる。まさに至福の時です。やみくもに近づこうとするよりも、静かに待っているほうがよく観察できるものです。

ルリビタキは、待てば近くに来てくれる鳥。

じっとしていれば、頭上にエナガが来ることも。

人間の視線を恐れる

鳥たちは視覚が高度に発達していて、視力も色覚もヒト以上。そして、私たちのことをよく見ています。とくに人間の視線に敏感です。人間が見ると見ないとで、鳥の緊張度はまるで異なります。

ためしに公園に行って、ハシブトガラスを見つけてください。人馴れしていないカラスは、意外なほど警戒心が強いもの。カラスに気づかずに行き来する人にはあまり警戒しませんが、あなたがぴたっと立ち止まってカラスを見た瞬間、姿勢を低くしていつでも飛び立てる構えをとるでしょう。そのまま飛び去るかもしれません。

これはカラスだけの話ではありません。小鳥であっても、こちらの動きや視線をよく見ていることを常に意識してください。

ゆるやかな動きを心がける

天敵の急な来襲に備えて、鳥たちは常に緊張しています。そのため、急な動きに対してはとても敏感。観察時に走ることが厳禁なのはいうまでもありませんが、歩いていて急に立ち止まるのも致命的です。双眼鏡やカメラをがばっと構えるのも、鳥が逃げる原因となる急な動きです。

鳥を見つけたら落ち着いてゆるやかな動きを心がけること。そうすれば、よりリラックスした姿と自然な行動を観察できるでしょう。

カラス類は臆病で用心深く、危険に敏感。

いかに見分けるか

鳥を見分けるには鳴き声が重要ですが、鳴き声がわからなかったり、鳴かないこともあります。そこで視覚からの情報を総合的に検討し、見分ける方法を紹介しましょう。

経験が浅いうちは、羽色ばかりにとらわれがち。もちろん羽色は大きな手がかりですが、光線状態が悪かったり、じっくり観察できないことも多々あります。形態や動き、環境や位置などの情報を総合的に検討し、見分けることが大切です。

極端な例として、サンショウクイとハクセキレイを比較します。羽色だけを見れば、どちらも白と黒、灰色で、頭頂が黒く、顔が白くて黒い過眼線が似ています。両種とも尾羽が長めで、大きさもほぼ同じ20cm前後。でも、両種の生息環境や行動はまったく異なります。サンショウクイが森林にいて、樹上で行動し、立つ姿勢でとまるのに対し、ハクセキレイは開けた環境の地上にいて横向きの姿勢で、尾羽を振りながらとことこ歩きます(下の「位置と姿勢」参照)。

羽色や形態が似ていても、生息環境や行動位置、姿勢、動きがまったく違うので見分けることができるのです。

大きさ

よく見かける種の大きさが「ものさし」になるので、それと比較することで見当をつける。スズメくらいの小鳥なのか、ムクドリくらいの中型の鳥か、ハトくらいの大きさがあるのか、カラス並みに大きいのかというように。人によっては、スズメではなくシジュウカラ大、ムクドリではなくヒヨドリ大など、「ものさし」になる種が異なることも。ただし観察対象との距離や見上げる角度などの違いで、大きさの見え方は大きく変化するので、感じた大きさは絶対ではなく、参考情報程度に考えよう。

位置と姿勢

サンショウクイ(左)とハクセキレイ(右)

おもに生息する環境や環境内で行動する位置、姿勢も重要な視覚情報。ヒバリは草原や農耕地などの開けた環境の地上に、やや立つ姿勢で行動することが多く、サンショウクイ(左)は林の中の樹上に立つ姿勢でとまり、空中で昆虫などを捕食したり、葉の上にいる昆虫やクモを見つけて捕食する。セキレイ類(右)は市街地や河川敷など開けた環境の地上で行動し、横向きの姿勢だ。

形・シルエット

国内で確認されている野鳥約600種だけでも、それぞれ異なる形態でじつに多様。ハシビロガモはシャベルのような嘴、タシギは長い嘴、イカルは短くて太い嘴。アマツバメ類は鎌のような形の翼。サンコウチョウやオナガの長い尾羽に対して、ヤブサメは短い尾羽。サギ類の長い足、カワセミの短い足。わかりやすい形から、よく確認しないとわからない形まで、形やシルエットの違い、小さな部位の違いに至るまで、種を見分けるうえでは大切なポイントだ。

タシギは長い嘴を駆使して採食する。

アマツバメ類の翼は鎌形。

ヤブサメの尾羽は短い。

ハシビロガモの嘴はシャベルのような形。

飛び方・歩き方・動き

ヒヨドリやハクセキレイのように、波形を描いて飛ぶ種、スズメやハト類のように直線的に飛ぶ種、オナガのようにふわふわ飛ぶ種。ムクドリのようにとことこ歩く種、スズメのようにぴょんぴょんとホッピングする種。セキレイ類は地上をとことこ歩きながら尾羽を上下に振り、モズは樹上にとまって尾羽をくるくるまわしながら獲物に狙いをつける。尾羽を上げてはゆっくり下ろす動きを繰り返すのはニシオジロビタキ。このように、種によって飛び方や歩き方、尾羽の動きに傾向があり、見分けるポイントになる。また単独で行動するか群れになるかも種によって傾向がある。カワセミのように単独で行動する種がいれば、オナガのように、常に群れで行動する種もいる。

コツ4 じっくり行動を観察

〔「何してる?」を発見しよう〕

種を見分けるのは観察の第一歩ですが、さらに行動をじっくり観察することでいろいろなことが見えてきます。

「え? 何してるの?」から「なるほど!」と自分なりの発見をしたり答えを見つけることができると、なにものにもかえがたい喜びと楽しさを感じることでしょう。

さまざまな要素を確認したうえで、ようやく種を見分けたとしても、それは単に名前がわかったにすぎません。

鳥は「鳴き声で名乗り」ますが、自己紹介はしてくれません。どんなものを食べるのか、どんな飛び方か、どの位置にどんな姿勢でとまるか、やぶが好きか、開けた場所が好きか。それはなぜなのか。

好奇心をふくらませてみましょう。ひとつ疑問が解決するたびに、さらに鳥が好きになります。

図鑑で調べるのもよいですが、自分だけの「発見」を積み重ねることで、「鳥見」の楽しさがぐんとアップ。

本書でも鳥のさまざまな行動を紹介していますが、たとえばこんなことを見つけてみよう、という例として著者が気づいた「なるほど!」をいくつか紹介します。

みなさんも、自分なりの「なるほど!」を見つけてみましょう。

なるほど❶ カモは興奮すると羽ばたく

カモはいろいろな行動を観察しやすく、観察対象としておすすめです。よく水面に立ち上がってばたばたと羽ばたく場面を見かけますが、この行動には決まったパターンがあります。

たとえばカルガモのつがいが頭を上げ下げし始めると、やがてメスが羽ばたくことに。何回か頭を上下させると、メスが体を寝かせて、オスがその上へ。求愛ディスプレイからの交尾です。そして交尾が終わると、メスは何回か水浴びをしてから羽ばたくのです。交尾のあとに羽ばたくのは確実なので、羽ばたきの場面は狙って撮ることができるし、「羽ばたきますよ」と「予言」をして周囲の人を驚かせることも可能。

ちなみに交尾のあと、羽ばたくメスの周囲をオスが輪を描いて泳ぐのも決まった行動です。また、この水浴びからの羽ばたきは交尾のあとだけでなく、争いのあとにも見られます。カモ同士が近づきすぎたり、食べ物をめぐって小競り合いをしたあとは、やはり数回水浴びをしてから羽ばたくのです(p.51)。

カルガモが羽ばたくタイミングはわかりやすい。

\ なるほど❷ /

シジュウカラはやっぱり虫が好き

真冬に、落ちていたコナラのどんぐりをシジュウカラがつかんで樹上に運び、つついているのに遭遇。「シジュウカラがコナラのどんぐりを食べるんだ！」と発見の喜びを感じ、どのように食べるのか動画を撮影しながら成り行きを見守っていたときのこと。ヤマガラは嘴を打ちつけてエゴノキの堅い実に穴を開けて中身を食べますが、シジュウカラでは見たことがありません。そして、しばらくどんぐりをつついていたシジュウカラは、中から昆虫の幼虫を取り出したのです！ やはりシジュウカラは昆虫食主体なんだ、と再確認した瞬間です。しかし、この観察は新たな謎を呼びました。それは、シジュウカラはどうやってどんぐりの中の虫の存在を知ったのか、ということ。その答えを知るには、さらなる観察が必要ですね(p.231)。

シジュウカラは昆虫が主食。

\ なるほど❸ /

ヒヨドリも樹液をなめる

ヒヨドリもメジロも、花の蜜を好むことで知られています。サザンカやツバキ、ウメやサクラなど、とくに昆虫やクモなどが少なくなる冬場に咲く花の蜜をよくなめます。両種とも蜜をなめるのに適した舌のつくりをしています。

多くの植物が昆虫に花粉を運んでもらいますが、わざわざ昆虫が少ない冬に花を咲かせる植物は鳥媒花(ちょうばいか)と呼ばれ、メジロやヒヨドリに蜜を与える代わりに花粉を運んでもらうのが戦略です。

メジロは花の蜜だけではなく、シラカシやコナラなどの樹液を好んでなめます。これはやはり冬場によく見られる行動です。そしてメジロだけではなく、ヒヨドリも樹液をなめるということを最近発見しました。メジロ同様、蜜が好きで、なめるのに適した舌をもっているヒヨドリも、樹液をなめるのです。「なんだヒヨドリか」などと思ったりせず、よく観察することで発見することができたのです。ちなみに最近、アオゲラがイロハモミジの幹をつついて樹液を出し、なめる場面も観察しました(p.193)。

動画

コナラの樹液をなめるヒヨドリ。

カモ科

コハクチョウ［小白鳥］

カモ目カモ科ハクチョウ属
［学名］*Cygnus columbianus*
［英名］Tundra Swan

● 姿勢 横向き ● 行動位置 水上 地上 ● 季節性 冬 ● 大きさ 120cm

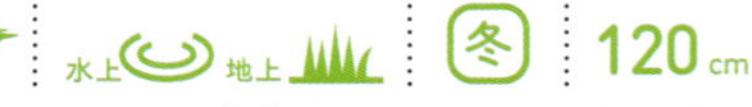

嘴は黄色い部分の面積が小さくとがらない

足は黒い

嘴は黒く、黄色い部分はないか、ごく小さい

亜種アメリカコハクチョウ

北方からやってくる冬の使者

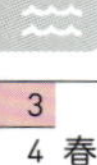

どんな鳥？ 国内各地で越冬する大型の水鳥。

どこにいる？ 本州以北に分布する冬鳥で、東北や北陸地方に多い。北海道では多くが旅鳥。河川、湖沼、農耕地などに生息。日中は農耕地で採食し、夜間は湖沼や河川にねぐらをとる。

観察時期 国内の越冬地に10〜11月ごろに到着し、越冬ののち３月ごろまでに飛去する。

外見 雌雄同色。全体に白く、嘴は先端側が黒く、付け根側は黄色い。全体的に灰色なのは幼鳥。まれに、嘴の黒い亜種アメリカコハクチョウが見られることがある。オオハクチョウ（右頁）は体がひとまわり大きく、嘴の黄色い部分の面積が大きく、黒い部分に向かってややとがる。

食べ物 水草や水田の落ち籾を採食。

3 4 春 5 6 7 夏 8 9 10 秋 11 12 1 冬 2

北極海から飛来

衛星を利用した追跡調査により、オオハクチョウよりも長い距離、遠くはロシアの北極海沿岸から渡ってくることがわかった。

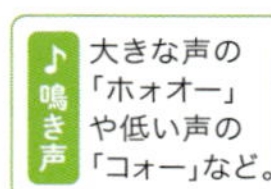

♪鳴き声 大きな声の「ホォオー」や低い声の「コォー」など。 音声

オオハクチョウ［大白鳥］

カモ目カモ科ハクチョウ属
［学名］*Cygnus cygnus*
［英名］Whooper Swan

● 姿勢 横向き
● 行動位置 水上 地上

● 季節性

● 大きさ 140cm

北国の冬を象徴する白い水鳥

どんな鳥？ 大型の白い水鳥で、コハクチョウ（左頁）よりもひとまわり大きい。

どこにいる？ 本州以北に分布する冬鳥で、北海道や東北地方に多い。河川、湖沼、農耕地などに生息。日中は河川や農耕地で採食し、夜間は湖沼や河川にねぐらをとる。

観察時期 国内の越冬地には10～11月ごろに到着し、越冬ののち３月ごろまでに飛去。

外見 雌雄同色。全体に白く、嘴はコハクチョウ（左頁）より細長い形で先端側が黒く、付け根側は黄色い。黄色い部分の面積は嘴全体の半分より大きく、黒い部分に向かってとがる。幼鳥は全体的に灰色で、上嘴の基部は黄白色。

食べ物 水草や水田の落ち籾を採食。

動きで会話する

飛び立つときは頭を上下させて、家族に合図を送る。求愛は頭を上下させながら鳴き交わし、闘争するときは翼を大きく広げて鳴く。

「コォー、コォー」と管楽器のような声。

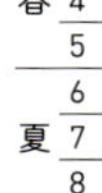

春 3 4 5
夏 6 7 8
秋 9 10 11
冬 12 1 2

COLUMN

カモ類の観察ポイント

カモのなかまは、じっくり観察するのに最適。体が大きく、
あちこち細かく動きまわらず、公園などでは距離が近いからです。
多くのカモは、秋に渡ってきて春先まで見られるため、
観察できる期間が長いのも魅力。代表的なカモを例に観察ポイントを紹介。

○1年中いるカモは?

公園や川など身近な水辺で1年中見られるカモは、カルガモです。春から夏の繁殖期に子ガモを連れた姿を観察できるのも、留鳥のカルガモのみ(北海道などではマガモやオシドリが繁殖)。身近にいて行動がいちばん観察しやすいカモなので、見つけたら「カルガモか……」などと流さずに、何をしているのか観察するようにしましょう。じっくり観察することで、気づくことがたくさんあります。

カルガモは1年中観察できる。

○水面採食ガモと潜水採食ガモ

カモのなかまは、採食のしかたで大きく2つに分けられます。
水面に近いところで採食するのは「水面採食ガモ」。潜水して水中で採食するのは「潜水採食ガモ」です。
水面採食ガモはヨシガモ属のオカヨシガモ(p.44)、ヒドリガモ(p.48)、マガモ属のマガモ(p.54)など、潜水採食ガモはスズガモ属のホシハジロ(p.60)、キンクロハジロ(p.62)、スズガモ(p.64)などで、カルガモは水面採食ガモです。
水面採食ガモと潜水採食ガモは、それぞれ利用する環境や行動に合った体のつくりをしています。
潜水採食ガモは水面採食ガモに比べて翼が小さめで、足が体の後方にあるのが特徴。このため水の抵抗が少なくなり、水中での行動に長(た)けています。一方、歩くのは苦手で、陸上で行動することはほとんどありません。飛び立つときは、ある程度助走が必要になります。
これに対して水面採食ガモは翼が大きくて、足が潜水採食ガモより体の前方についているので潜水は苦手ですが、水面からすぐに飛び立つことができます。地上を歩きやすいようで、ヒドリガモやカルガモはよく陸上に上がって行動するようすが見られます。
カモが水面に浮かんでいるようすを一見すると、どれも同じように見えるかもしれません。とくにメスの羽色は地味で、似ている種が多いです。でも、じっくり観察することで、体のつくりや行動、生息環境などの違いに気づくことができるでしょう。

水面採食ガモ

逆立ちして採食するオカヨシガモ。

オナガガモも水面で採食する

シュノーケリングするオナガガモのつがい。

オナガガモも逆立ち採食が得意。

おもに水面で採食するハシビロガモの嘴は、幅広の形。

シュノーケリングするオカヨシガモのつがい。

陸上を歩いて草を採食するヒドリガモ。

カルガモは陸上でも行動する。

潜水採食ガモ

潜水するホシハジロ。

キンクロハジロは翼が小さめで潜水が得意。

カモ科

オシドリ［鴛鴦］

カモ目カモ科オシドリ属
［学名］*Aix galericulata*
［英名］Mandarin Duck

● 姿勢 横向き
● 行動位置 水上 樹上
● 季節性  漂 冬
● 大きさ 45cm

じつはおしどり夫婦ではなかった！ 美しい羽色のカモ

どんな鳥？ ユニークな形の羽をもつカラフルなカモ。仲よし夫婦の象徴と思われているが、必ずしもそうとは限らない。

どこにいる？ 全国に分布。山間部の渓流などに生息し、水辺の林の樹洞（じゅどう）で子育てする。水上ではやや暗がりを好み、開けて明るい水面に出てくることは少ない。水面に張り出した木の枝によくとまり、ねぐらにもする。同じような環境があれば平地林や公園でも繁殖する。

観察時期 本州中部以北で繁殖し、冬季は平地や暖地へ移動する漂鳥。平地の公園や西日本では秋に飛来し、春までに去る冬鳥。

外見 オスの後頭は橙色で長い冠羽がある。顔は白い勾玉（まがたま）模様で、頬から橙色の細かい羽が伸びる。三列風切に、イチョウの葉のような形をした橙色の羽がある。メスは全体に灰褐色で、目の周りに白い線があり後頭に伸びる。オスのエクリプス（p.47）は地味な羽色になるが、オスにしかない形の羽があることや、嘴がピンク色という点で見分けられる。

食べ物 どんぐりを好むが、水生昆虫を食べることもある。

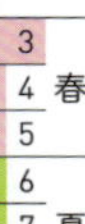
3 4 5 春
6 7 8 夏
9 10 11 秋
12 1 2 冬

オシドリあるある

ひなは親の誘導で林から水辺へ

繁殖は水辺に近い林の樹洞で行なう。ひなは生まれてすぐに歩くことができ、親鳥の合図に合わせて樹洞から飛び降りる。親鳥の誘導で水辺まで歩いて移動し、水面に浮かぶ。

繁殖期には営巣に適した樹洞を探して林を飛びまわる。

子育て中のメス。

毎年パートナーを変える!? おしどり夫婦の真実

夫婦仲がよいことを俗に「おしどり夫婦」という。しかし多くの場合、メスが抱卵を始めるとつがいは解消され、子育てもメスのみで行なう。そして、次のシーズンには別の相手とつがいになる。「おしどり夫婦」の期間は、約半年だけということになるが、つがいが維持される場合もあるという。

オシドリの交尾。

どんぐりを選んで食べ歩く

秋冬にはいろいろな木のどんぐりを食べるが、タンニンを多く含むどんぐりについては、落ちたてのものは食べず、落ちてから時間がたったものを食べる。タンニンのえぐみがやわらいだものを選んでいるようだ。

クァッ、クイッ、ピュイ、ピロなどと鳴き、メスのほうが声が大きい。夕方以降に鳴くことが多い。

カモ科

トモエガモ［巴鴨］

カモ目カモ科トモエガモ属
［学名］*Sibirionetta formosa*
［英名］Baikal Teal

● 姿勢 横向き
● 行動位置 水上
● 季節性 冬
● 大きさ 40cm

オスの顔の巴模様に注目！

どんな鳥？ 小型のカモで、オスの頭部の黄、緑、黒からなる巴模様が目立つ。名前の由来はオスのこの特徴から。

どこにいる？ 本州以南に飛来する。日本海側や九州北部に多く、太平洋側には少ない。河川や湖沼などに生息する。

観察時期 秋に飛来し、春までに去る冬鳥。

外見 オスの頭部はクリーム色と光沢のある緑色に黒い線が入り巴模様。頭頂との境や、胸の脇には白い線が入る。肩羽は真冬にかけて長く伸び、カールして垂れ下がる。メスは全体に地味でコガモ(p.58)に似るが、コガモよりやや大きく、嘴基部に丸い白斑がある。

食べ物 草や植物の種子を食べる。

理由は気候変動？

太平洋側ではあまり見られないが、局地的に大群が見られることも。近年、千葉県の湖沼では万を超える大群が越冬する。

鳴き声：「ココッ、ココッ」「ククッ、ククッ」などと鳴く。

3 春 4 5 / 6 夏 7 8 / 9 秋 10 11 / 12 冬 1 2

COLUMN

カモの類似種のメスを見分ける

カモのメスは似ているものが多い。ここでは、オカヨシガモとマガモ、トモエガモとコガモの見分けを紹介しよう。

カモ科

ハシビロガモ［嘴広鴨］

カモ目カモ科ハシビロガモ属
［学名］*Spatula clypeata*
［英名］Northern Shoveler

● 姿勢 横向き
● 行動位置 水上
● 季節性 冬
● 大きさ 50cm

幅広の嘴を器用に使って採食する

どんな鳥？ しゃもじのような形をした幅広の大きな嘴が特徴のカモ。体全体の大きさに比べて、嘴がやけに大きく見える「嘴でっかち」な体型をしている。和名の由来はこの特徴的な嘴からで、英名「shoveler（シャベラー）」もこの嘴をシャベルに見立てて名付けられた。

どこにいる？ 全国に飛来する。河川や湖沼、水田や公園の池、河口などの淡水域に生息する。

観察時期 10月ごろに飛来し、春までに去る冬鳥。北海道では少数が繁殖。

外見 幅が広く大きな嘴をもつため、他種と間違えることはない。オスの嘴は黒く、頭部は光沢のある緑色で虹彩は黄色。胸からの下面は白く、脇のレンガ色が目立つ。雨覆は空色、次列風切は光沢のある緑色。メスは全体に明るい褐色で、黒褐色の斑が入る。嘴は橙色。虹彩は茶褐色で過眼線がある。エクリプス（p.47）は羽色がメスに似るが、虹彩が黄色なので見分けることができる。

食べ物 水面に嘴をつけながら泳いで水を取り込み、プランクトンや植物の種子をこし取って食べる。

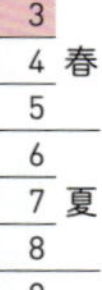
3
4 春
5
6
7 夏
8
9
10 秋
11
12
1 冬
2

ハシビロガモあるある

ぐるぐるまわってなにしてる？「渦巻き採食」を観察しよう！

動画

群れで水面に嘴をつけ、まわるように採食するようすは、「渦巻き採食」と呼ばれるユニークな行動だ。群れでまわることで渦を起こし、水中のプランクトンを水面に巻き上げ、一気に食べる。何羽かが輪を描いて泳ぎ始めると、他の個体も次々に参加し、輪は大きくなっていく。しばらくすると輪は次第に崩れていき、また別の場所で新たな輪ができる。輪が2つ、3つと増えたり消えたりするようすを楽しんで観察してみよう。

まわりながら採食するようすは、統率がとれているような、そうでないような…。ずっと見ていても飽きない。

嘴に細かい突起がある！大きな嘴の秘密

嘴の中には櫛状に細かい突起が並び、取り込んだ水に含まれるプランクトンや植物の種子をこし取れる構造になっている。ザトウクジラやシロナガスクジラなどは、海水を取り込んで、口の中にびっしり生えたヒゲで小魚やオキアミを大量にこし取って食べる。それに似たしくみだ。

嘴の突起でプランクトンなどをこし取る。

求愛のダンス？

動画

春先などに、つがいがお互いに相手の動きに合わせて頭を上下させる行動が見られる。求愛行動だと思われるが、リズムにノッているようでユーモラスだ。

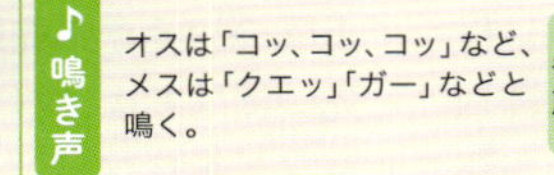

♪鳴き声

オスは「コッ、コッ、コッ」など、メスは「クエッ」「ガー」などと鳴く。

音声

カモ科

オカヨシガモ［丘葦鴨］

カモ目カモ科ヨシガモ属
［学名］*Mareca strepera*
［英名］Gadwall

● 姿勢 横向き
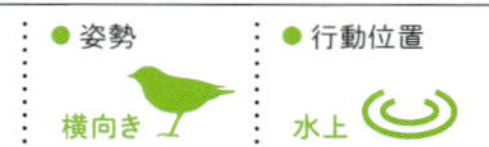
● 行動位置 水上
● 季節性

● 大きさ 50cm

モノトーンでシックな魅力のカモ

どんな鳥? オスもメスも翼鏡を含めて地味な羽色のカモだが、人気がある。渋い色合いのグレーと褐色、そして黒や白のシックな柄のカモは、モノトーンのファッションを好む人にとっては、魅力的に映るのかもしれない。名前の由来は不明。

どこにいる? 全国に飛来し、湖沼、河川、漁港などに生息。かつては数が少ない種だったが、近年増加傾向にあり、都市公園の池にも飛来する。北海道では少数が繁殖する。

観察時期 秋に飛来し、春までに去っていく冬鳥。

外見 オスは全体の羽色が褐色と灰色で、上下尾筒は漆黒。嘴も黒い。翼鏡を含む次列風切は白く、翼を広げたときに目立つ。メスはマガモ(p.54)によく似るが体が小さく、翼鏡が白い点で明確に見分けられる(マガモは翼鏡が青い)。メスの嘴は橙色で上嘴の根元から先端まで黒斑があるが、マガモのメスの嘴の黒斑は、根元と先端にはおよばない。

食べ物 水草や海草などを食べる。

月	季節
3	
4	春
5	
6	
7	夏
8	
9	
10	秋
11	
12	
1	冬
2	

オカヨシガモあるある

食べるためなら努力は惜しみません

動画

水草までの深さに応じて、逆立ちやシュノーケリングを使い分けながら採食する。逆立ちでももう一歩届かないときには、逆立ちした状態で何度も足でこいで、深さを稼ぐ。ぐいぐいという動きがおもしろい。それでも届かない場合は潜水する。潜水ガモとは異なり、水しぶきを立てて豪快に潜る。

逆立ちし、さらに足でこいで水草を食べる。

まるでヘディング!? いろいろな求愛行動

動画

オスは頭を軽く上下させた後、伸び上がって頭を後ろに反らして戻る動きで求愛する。このとき「ヒン」と澄んだ声でひと声鳴く。まるでサッカーのヘディングのようだ。1羽のメスを数羽のオスが追いかけながら、次々にこの動きをする。この行動はカルガモ(p.50)やマガモでも見られる。

水中に夢中

♪鳴き声

オスは「グエッ、グエッ」「クワッ」など。メスは「ガー」「ガーガー」などと鳴く。

音声

カモ科

ヨシガモ［葦鴨］

カモ目カモ科ヨシガモ属
［学名］*Mareca falcata*
［英名］Falcated Duck

● 姿勢 横向き
● 行動位置 水上
● 季節性 冬
● 大きさ 48cm

ユニークな頭部と美しい飾り羽

どんな鳥？ オスの頭は緑色と赤紫色で、形はナポレオンが愛用した二角帽にたとえられることも。大きくカールした三列風切が美しい。

どこにいる？ 九州以北に飛来する。湖沼、河川、漁港、公園の池など。北海道では少数が繁殖する。

観察時期 10月ごろに飛来して、春までに去る冬鳥。個体数は多くないが、近年増えている。

外見 オスの頭の形が二角帽のように見えるのは後頭の羽が長いから。オスは頭を反らせてディスプレイする。額には白斑がある。三列風切のカール羽は秋の飛来時はまだ短く、冬にかけて伸びる。翼鏡は緑色で下尾筒の脇にクリーム色の三角斑がある。雌雄とも足は灰褐色。

食べ物 水草や種子などを食べる。

3 4 春 5 6 7 夏 8 9 10 11 秋 12 1 2 冬

お尻を上げて求愛

動画

オスはコガモ(p.58)と同じように、体を伸ばして反り上がったり、体を縮めてお尻を上げたりするユニークなディスプレイを見せる。

♪鳴き声 「ヒュイッ、ヒューイ」「グワグワ」など。

音声

COLUMN

カモのエクリプスとは？

多くのカモ類は、雌雄の羽色が異なり、メスに比べると
オスは目立つ色をしている。しかし、じつはオスも非繁殖期に
メスのような地味な色になる。これを「エクリプス」という。

カモ類の多くはオスとメスの羽色が異なる性的二型。メスが地味な色なのに対し、オスの繁殖羽は目立つ色をしています。オスの繁殖羽が目立つ色なのは、メスに選ばれるため。しかし、目立つ色だと天敵にも見つかりやすくなってしまいます。
そこで、繁殖が終わったオスは非繁殖羽に生え換わり、メスに似た地味な羽色に。これがエクリプスで、越冬のために秋口に飛来したオスの個体によく見られます。
その後、エクリプスのオスは、真冬にかけて繁殖羽へと生え換わっていくのです。

ヨシガモ

エクリプスは頭部の色が暗色。三列風切はとがり、白い羽縁が目立つ。

羽色の濃淡は個体差がある。三列風切は丸みがある。

マガモ

エクリプスは嘴が一様に黄色。

メスの嘴は橙色で中央部が黒い。

ハシビロガモ

エクリプスは虹彩が明るい黄色、黄色。

メスの虹彩は茶褐色。

オナガガモ

エクリプスは嘴の側面が青灰色。

メスの嘴は一様に黒い。

カモ科

ヒドリガモ ［緋鳥鴨］

カモ目カモ科ヨシガモ属
［学名］*Mareca penelope*
［英名］Eurasian Wigeon

● 姿勢　横向き
● 行動位置　水上
● 季節性　冬
● 大きさ　49 cm

とにかく草が好きなカモ

どんな鳥？ 日本に飛来するカモのなかで、ふつうに見られる種のひとつ。大きな群れをつくってさまざまな環境に生息する。オスの赤褐色の羽色から、緋鳥と呼ばれたのが和名の由来。鳴き声は口笛の音のようで、よく鳴く。

どこにいる？ 全国に飛来する。河川や湖沼、公園の池や三面護岸の川のほか、海岸や海上にも生息する。

観察時期 10月ごろ飛来し、春までに去っていく冬鳥。

外見 オスは頭部のレンガ色と額のクリーム色、胸のブドウ色が目立つ。目の後方がアイシャドウを入れたように緑色に見える個体もいる。メスは全体に赤みが強い褐色で、他のカモのメスと比べるとより赤みがかっている。雌雄とも嘴は青灰色で先端が黒い。短めの嘴は、陸上で草をついばんで食べるのに適している。同じように草を好むガンのなかまの嘴に似ており、実際に本種がガン類と一緒に行動するようすも見られる。

食べ物 水草から海藻、陸上の草、植物の種子など、あらゆる植物をよく食べる。オオバン(p.98)などが採った水草を、しばしば横取りする。

3
4 春
5
6
7 夏
8
9
10 秋
11
12
1 冬
2

ヒドリガモあるある

草を求めてどこまでも!

動画

ヒドリガモは草が大好物。湖沼や河川の水草はもちろん、上陸して歩きながら短い草や種子を食べたり、海岸で海藻を食べたりする。畑で麦を食べる姿も見られる。

オスもメスも低い姿勢になって求愛行動をする

求愛行動では、雌雄とも低い姿勢になって泳ぐ。メスが先を泳ぎ、オスが後ろからついていく形で求愛する。

オスがメスを追うように泳ぐ。

強引に潜水する

動画

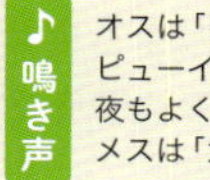

逆立ちでは水草に届かないとき、潜水することがある。潜水ガモのように洗練された動きの滑らかな潜水ではなく、逆立ちから勢いをつけ、水しぶきを上げて強引に潜る。オカヨシガモ(p.44)も同様の行動を見せる。

水草をめぐるオオバンとの攻防

動画

オオバンが潜水して採った水草を横取りする。ターゲットをマークすると、やや離れて待機。潜水した個体が浮上すると、接近して横取りを狙う。オオバンも負けておらず、ヒドリガモを威嚇して応戦する。

オオバンから水草を奪ったヒドリガモ。

大きく嘴を開いてピューイと鳴く

動画

本種は「ピューイ」という声でよく鳴くが、この声を出すときには嘴を大きく開ける。

♪鳴き声

オスは「ピューイ、ピューイ」と高い声で夜もよく鳴く。
メスは「ガッガー」など。

音声

カモ科

カルガモ［軽鴨］

カモ目カモ科マガモ属
［学名］*Anas zonorhyncha*
［英名］Eastern Spot-billed Duck

● 姿勢 横向き
● 行動位置 水上
● 季節性 留
● 大きさ 61 cm

最も身近でなじみ深いカモ

どんな鳥？ 1年中見られ、都市公園の池や市街地の川にも生息する最も身近なカモ。カモ類の多くはオスの羽色が色彩豊かで、メスは地味な種が多いが、本種は雌雄ほぼ同色で地味な羽色だ。

どこにいる？ 本州以南から南西諸島にかけて分布。河川や湖沼、水田や公園の池、河口や海岸などあらゆる水辺環境に生息する。見慣れているのは公園の池や河川だが、海にも浮かんでいる。雨が降ると、陸に上がって行動する。

観察時期 本州以南では1年中観察できる留鳥。北海道ではほぼ夏鳥。

外見 雌雄ほぼ同色。全体に黒褐色で淡色の羽縁が多い。頭部から胸にかけては白っぽく、胸には黒褐色の斑がある。頭頂と過眼線、頬線も黒褐色。嘴は黒く、先端が黄色い。三列風切の羽縁の白が目立つ。メスはオスより羽色が淡色で、上下の尾筒もやや色が淡い。背周辺の羽縁がオスより多く目立つ。雌雄とも翼鏡は光沢のある青紫色で、足は橙色。

食べ物 水草や植物の種子を採食する。水生昆虫や魚を食べることもある。また、陸に上がって落ちている木の実やミミズを食べたりもする(p.52)。

月	季節
3	春
4	春
5	春
6	夏
7	夏
8	夏
9	秋
10	秋
11	秋
12	冬
1	冬
2	冬

カルガモあるある

子育てが観察できるカモ

留鳥である本種は、子育てが観察できるカモとして一般的にも有名だ。陸上の草むらに巣をつくり、ひながふ化すると水上に移動する。かつては、ひなを連れて東京・大手町の道路を横断するようすが季節の風物詩として報じられた。

首をクイクイ！ 儀式のような行動の意味

動画

雌雄で交互におじぎをするような動きは求愛行動。この直後に交尾する。交尾後メスは数回水を浴びてから上体を起こして羽ばたき、オスは伏せるような低い姿勢でメスの周囲に輪を描くように泳ぐ。

水浴びからの羽ばたきは興奮時の行動で、雌雄とも他個体との小競り合いの後にも行なう。他のカモにも見られる行動だ。

羽ばたいたとき、次列風切の翼鏡がはっきり見える。

愛は種の違いを超える？ カルガモとマガモは仲がいい

カルガモは、マガモ（p.54）と一緒に行動することがあり、しばしば交雑する。マガモとカルガモの交雑個体は俗に「マルガモ」と呼ばれる。マガモのオスのように頭部が緑色ながら、嘴の特徴がカルガモと同じだったり、カルガモの羽衣のようで、胸に赤みがあったりする。

マルガモの羽色はさまざまだ。

♪鳴き声

オスは「グワッ、グワッ」と鳴き、メスは「グェーゲッゲッゲッ」と鳴く。

音声

カルガモあるある

オスとメスを見分けよう！

カルガモは雌雄がよく似ているが、よく観察すると見分けられるようになる。オスは羽縁が細くて少なく、背の周囲にはほとんどないので、黒っぽく見える。メスは羽縁が太くて多く、羽色が明るく見える。

食べるためなら潜水もする

動画

体や翼が大きめで、水上で行動することがほとんど。しかし、状況によっては潜水することもある。逆立ちしても届かない深い位置に生えている水草や沈んでいる木の実などを、力ずくで食べるための行動だ。

ときには潜水して採食する。

雑食でなんでもよく食べる

カルガモは雑食性。おもに水面近くの水草や浮かんでいる植物の種子などを食べるが、水面近くの木の実にも飛びつく。陸に上がって草や落ちている木の実も食べる。ミミズなどの土壌動物のほか、魚類や水生昆虫を捕食することもある。

落ちたエノキの実を採食。

無茶ぶりマザー

ドドドドドドド
さあこどもたち!!
今日はこの岩を登るわよ〜!!

ドドドド
ファイト!
もう1回ー!!
コロ コロンッ
ハァ…
ドドドドド
ハイ次!
あきらめないでー
コロンッ
コロンッ
わ〜〜
ドドドドドド
がんばれ〜
わら
わら
わら

ゴゴゴゴゴ
ニコ!!
じゃ次はあそこを登るわよ〜〜!!!
大丈夫楽勝楽勝!!!
し―――――ん…
……
う〜〜ん
ちょっとむずかしいのかしらね〜
ドドドドド…

マガモ［真鴨］

カモ目カモ科マガモ属
［学名］*Anas platyrhynchos*
［英名］Mallard

● 姿勢 横向き
● 行動位置 水上
● 季節性 冬
● 大きさ 59cm

緑の頭が美しいカモの代表種

どんな鳥？ 緑色の頭に黄色い嘴。冬鳥のカモの代表格で、名前の由来も「個体数が多い典型的なカモ」。ただ、飛来する個体数は地域や環境によって異なり、必ずしも本種が最も数が多い優占種とは限らない。

どこにいる？ 全国に飛来。河川や湖沼、海上、公園の池などに生息。

観察時期 10月ごろに飛来し、春までに去っていく冬鳥。北海道や本州の一部では繁殖する。

外見 オスは頭部が光沢のある緑色なので別名「あおくび」とも呼ばれる。嘴全体が黄色なのは、他種にはない特徴。体は全体に灰色で、尾羽は白いが中央２本が黒く、上に向かってカールする。メスは全体に橙褐色で、頭部に黒い過眼線がある。嘴は橙色で、中央に黒斑がある。雌雄とも翼鏡が青く、足は橙色。類似種のオカヨシガモ(p.44)のメスは、上嘴の黒斑が付け根から先端まであり、翼鏡が白いので見分けられる。エクリプス(p.47)は繁殖羽に比べて地味な羽色だが、嘴が一様に黄色なのでマガモのオスだとわかる。

食べ物 水草や植物の種子、イネ科の穂などを食べる。

月	季節
3	
4	春
5	
6	
7	夏
8	
9	
10	秋
11	
12	
1	冬
2	

マガモあるある

鮮やかな頭部は「構造色」によるもの

マガモをはじめとしたカモ類の頭部の緑や青紫の光沢は、構造色。羽根の内部の微細な構造によって緑の波長の光が強められて反射することで輝いて見えるもので、色素によるものではない。

あたる光の角度によって輝いて見える。

光線状態によっては黒っぽく見える。

あれ!? 別種? マガモを見分けよう

マガモに似ているけれど、なんかヘン！ 別種やエクリプス、交雑個体を見分けよう。

アヒル

体が大きく、全体的に灰色というより白が目立つ。マガモとアヒルの交雑個体がアイガモとして農業や食用に利用される。

オスのエクリプス

頭部の緑色が淡いが、嘴は黄色。冬にかけて換羽し、繁殖羽に変わっていく。

マルガモ

カモの近縁種は交雑しやすい。これはマガモとカルガモ(p.50)のわかりやすい交雑個体。両種の特徴を併せもっている。

♪鳴き声

「グワッ、グワッ」「グェッ、グェッ」と連続して鳴いたり、「グワーッ、グワッ、グワッ、グワッ」と尻下がりに鳴いたりする。求愛時には「ピー、ピー」と鳴く。

カモ科

オナガガモ［尾長鴨］

カモ目カモ科マガモ属
［学名］*Anas acuta*
［英名］Northern Pintail

● 姿勢 横向き
● 行動位置 水上
● 季節性 冬
● 大きさ オス 75cm メス 53cm

長い尾羽が名前の由来

どんな鳥？ 全国的に数多く飛来するカモの代表種。オスは体が大きく、尾羽の中央２枚が針のように細長い。和名も英名の「pintail」も、このオスの長い尾羽の特徴から名付けられた。カモ類の他種に比べて大きく、首も尾羽も長いので、シルエットでも見分けやすい。

どこにいる？ 全国に飛来し、河川、湖沼、海岸、内湾、公園の池などに生息する。個体数が多く、都市公園でもふつうに見られる。

観察時期 秋、10月ごろに飛来し、春までに去っていく冬鳥。

外見 オスの頭部はこげ茶色で、長めの首には胸からの白い部分が食い込む。尾羽は秋に渡ってきた頃は短めだが、次第に伸びていき、冬にかけて長く立派になる。嘴は黒く、側面が青灰色。メスは全体に明るい褐色で頭部が赤みを帯び、嘴は側面も黒い。他のカモに比べて体型が細めで、首や尾羽が長め。

食べ物 水草や水面に浮いている植物の種子などを採食。日中だけでなく、夜間に湿地や田んぼなどでも採食する。人からもらう餌に貪欲な傾向がある。餌づいて人に慣れてしまうと、陸に上がって餌やりをする人に群がるほどだ。

「ぱくぱく」したり「逆立ち」して採食

動画 

水面に嘴をつけて進みながら採食する水面採食を行なうのはハシビロガモ(p.42)と同じ。食べるものの位置や水深に合わせていろいろな姿勢で採食する。

嘴を水面でぱくぱくしながら移動する水面採食。

顔を水中に入れるシュノーケリングで採食。

逆立ちの姿勢で採食する姿もよく見られる。

なぜか、氷上で嘴を水面から浮かせてぱくぱくする、「採食のふり」動作を見せることもある。

餌の切れ目が縁の切れ目!?

他種のカモに比べて人を恐れず、容易に餌づく。餌欲しさに陸に上がり、人の手から食べることも。東京の井の頭公園では越冬するカモのうちオナガガモが最も個体数が多かったが、餌やりをやめると個体数が減っていき、10年後には姿を消した。

〈越冬するカモの個体数〉東京・井の頭公園調べ

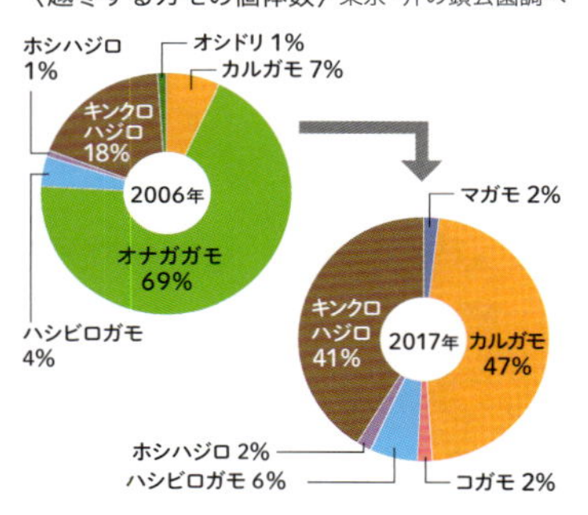

エクリプスとメスを見分ける

秋に渡ってきたばかりのオスは、メスにそっくりな羽衣のエクリプス。幼鳥も地味でメスのような羽衣をしている。一見、見分けるのが難しそうだが、嘴で見分けられる。メスの嘴が一様に黒いのに対し、オスのエクリプス(p.47)や幼鳥は嘴の側面が青灰色だ。

オスのエクリプスは嘴の側面が青灰色。

一見つがいに見えるが、じつは両方ともオス。

♪鳴き声

オスは「ニーニーニー」「プリプリプリ」など、メスは「グエグエ」などと鳴く。

音声  

カモ科

コガモ［小鴨］

カモ目カモ科マガモ属
［学名］*Anas crecca*
［英名］Green-winged Teal

● 姿勢 横向き
● 行動位置 水上
● 季節性 冬
● 大きさ 38cm

日本で見られるカモで最小

どんな鳥？ 小型のカモで個体数が多く、数十羽ほどの群れで行動する。名前の由来は子どものカモではなく、小さいカモであることから。日本に飛来するカモの中では、最も小さい。

どこにいる？ 全国に飛来し、河川や湖沼、公園の池などに生息。広い水面より三面護岸の川や狭い水路、ヨシ原の端などを好む傾向がある。

観察時期 9月ごろに飛来する冬鳥で、春は4月ごろまで残る傾向がある。本州中部以北や北海道などでは少数が繁殖。

外見 オスの頭部はレンガ色と緑色のコンビネーションが特徴的。目の下に白い線がある。体は灰色で細かい波状紋がある。下尾筒は黒く、両側にクリーム色の三角斑が目立つ。メスは褐色で黒い斑があり、下尾筒の両側に白い斑がある。雌雄とも翼鏡は緑色、嘴は黒く、メスの嘴の根元には黄色みがあるが、年齢や時期によって個体差がある。トモエガモ(p.40)のメスと似るが、本種のメスは嘴に白斑がない。

食べ物 水草や植物の種子を食べる。

3 4 春 5 6 7 夏 8 9 10 秋 11 12 1 冬 2

全身を使う！ ユニークな求愛行動

動画

真冬になると求愛行動が見られる。1羽のメスに複数のオスがアピール。体をのけ反らせてからお尻を上げて、緑色の翼鏡と下尾筒のクリーム色の三角斑をメスに見せつけるという、とてもおもしろい踊りだ。この踊りはヨシガモ（p.46）の求愛行動によく似ている。

体を伸ばしたり、のけ反ったり、お尻をきゅっと上げたりして、メスにアピールするオス。

まれに見つかるアメリカコガモ

北米に生息する亜種アメリカコガモ（*Anas crecca carolinensis*）が、群れに混じることがまれにある。脇に白い縦線があるのが特徴。群れがいたら、白い線がある個体がまぎれていないか探してみよう。

白い縦線がアメリカコガモの特徴。

食べるためなら潜水もする！

通常は潜水しない水面採食ガモだが、潜水する個体が各地で確認されている。本書ではほかにオカヨシガモ（p.44）、ヒドリガモ（p.48）、カルガモ（p.50）が潜水する例を紹介している。

通常は逆立ちで採食。

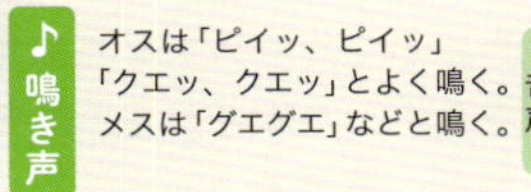

♪鳴き声

オスは「ピイッ、ピイッ」「クエッ、クエッ」とよく鳴く。メスは「グエグエ」などと鳴く。

音声

カモ科

ホシハジロ［星羽白］

カモ目カモ科スズガモ属
［学名］*Aythya ferina*
［英名］Common Pochard

●姿勢 横向き
●行動位置 水上
●季節性 
●大きさ 45cm

赤い頭がトレードマークのカモ

どんな鳥？ 潜水して採食するカモの代表種。オスは頭部の赤い部分が目立つ。同じ潜水採食ガモのキンクロハジロ(p.62)よりもやや大きく、スズガモ(p.64)とほぼ同じ大きさ。名前の由来は、オスの赤い虹彩や羽の細かい黒斑を星に見立てたことと、翼下面が白いことから。

どこにいる？ 全国に飛来し、河川、湖沼、海岸、公園の池などに生息する。

観察時期 秋に飛来し、春までに去っていく冬鳥。北海道では、少数が繁殖する。

外見 オスの頭部のレンガ色と、赤い虹彩がよく目立つ。上面から下面にかけては明るい灰色で、胸や上下尾筒は黒い。嘴も黒く、中央に青灰色の線がある。メスは虹彩が暗色で、目の後方に白い線がある。嘴の青灰色の線はオスよりも細い。

食べ物 潜水して貝やカニなどの魚介類や水生昆虫を捕食したり、水草や植物の種子を食べたりする。日中は採食、羽づくろい、休憩を繰り返し、夕方、採食する場所へ移動する。

3 4 春 5 6 7 夏 8 9 10 秋 11 12 1 冬 2

ホシハジロあるある

羽毛をキュッとすぼめたら潜水する

動画

潜水するようすをよく観察してみよう。潜る直前に体全体の羽毛をすぼめるのがわかる。潜水採食ガモやカイツブリ(p.102)は潜水する前に羽をすぼめ、水の抵抗を少なくする。

羽をすぼめて潜水するホシハジロのオス。

メスの羽色はさまざまで見分けるのが難しい

本種のメスは、初心者が識別に悩むカモのひとつだが、羽縁が目立たないカモのメスで、虹彩が暗色なのが特徴。全体に茶褐色だが、個体によって濃淡の差が大きい。頭部や上面が濃い茶色の個体もいる。

羽色が濃い茶色のタイプのメス。嘴に青灰色の線がある。

鳴き声

オスは「エホーーン」「ホーーン」という特徴的な鳴き声だが、あまり鳴かない。
メスは「グエグエ」など。

ポジティブ育児

※ホシハジロは同種の他の個体の巣に卵を産みこむ「種内托卵(しゅないたくらん)」の習性がある。

キンクロハジロ［金黒羽白］

カモ目カモ科スズガモ属
［学名］*Aythya fuligula*
［英名］Tufted Duck

姿勢	行動位置	季節性	大きさ
横向き	水上	冬	40cm

白黒ツートーンに青い嘴のシックなカモ

どんな鳥？ 潜水するカモの代表種で、個体数も多く、公園の池などでふつうに見られる。オスは白黒の羽と青っぽい嘴が特徴。オスの虹彩の黄色（金）と全体の黒白の羽色が名前の由来。

どこにいる？ 全国に飛来。河川、湖沼、海岸、漁港のほか、公園の池などに生息する。日中は比較的休息していることが多い。夕方以降、採食する場所に移動して活動する。

観察時期 秋、10月ごろに飛来し、越冬。春までに去っていく冬鳥。北海道の一部では少数が繁殖する。

外見 オスは白黒ツートーンに見えるが、頭部には紫色の光沢があり、光があたる角度で見え方が変わる。後頭には長い冠羽があり目立つ。メスは頭部と上面が茶色っぽい黒で、脇と腹はこげ茶色。後頭に冠羽があるが、オスよりも短い。メスは嘴の付け根に白い斑がある個体もいる。

食べ物 潜水して貝やエビなどの魚介類や甲殻類、水生昆虫を捕食したり、水草や植物の種子を食べる。

3 / 4 春 / 5 / 6 / 7 夏 / 8 / 9 / 10 秋 / 11 / 12 / 1 冬 / 2

お腹を出して みんなで羽づくろい

潜水しての採食が一段落すると羽づくろいタイム。お腹を出してくるくるとまわりながら入念に羽づくろいする。羽づくろいが終わると休憩。群れは一連の行動を一斉に行ない、何度も繰り返す。

食事の後は、くるくるまわって
ていねいに羽づくろいする。

ぴょこんと出た冠羽が チャームポイント

オスの長い冠羽は寝ぐせのようでチャーミング。風の強いときにはよくなびく。ただ、潜水して濡れると頭に張りついてあまり目立たなくなる。とくにメスはわかりにくくなる。

風になびくオスの冠羽。手前はメス。
奥はマガモ。

小さめの翼は 潜水に向いている！

潜水採食ガモは、水面採食ガモに比べて翼が小さめで足が後方にある。このため水の抵抗が少なく潜水に適している。反面、水面採食ガモより飛び立つ能力は劣り、水面から飛び立つときにはある程度の助走を必要とする。

羽ばたくと、翼が小ぶりなのがわかる。

嘴の基部が白いメスと スズガモの見分け

メスで嘴基部の白いタイプは、スズガモ（p.64）のメスに似るが、冠羽の有無や頭の形で見分けることができる。スズガモの頭は額に近い部分が高くなるが、本種の頭はなだらか。

嘴の基部が白いタイプのメスのキンクロハジロ。

♪ 鳴き声

オスは「ギョゥッ」「ウォルッ」、メスは「グルル」などだがあまり鳴かない。

〈メスの鳴き声〉

カモ科

スズガモ［鈴鴨］

カモ目カモ科スズガモ属
［学名］*Aythya marila*
［英名］Greater Scaup

● 姿勢 横向き
● 行動位置 水上
● 季節性 冬
● 大きさ 45cm

海底の貝が大好物

どんな鳥？ 貝が大好きな潜水ガモ。大群で海に浮かび、東京湾沖には万を超える群れが越冬する。江戸前のアサリが冬越しを支えているという。飛翔時の羽音が金属的で、鈴の音を思わせることが和名の由来。

どこにいる？ 全国に飛来し越冬する。海上や港湾内などおもに海水域に生息。まれに内陸の湖沼や公園の池に現れることも。

観察時期 秋に飛来し、春までに去っていく冬鳥。

外見 オスは白黒ツートーンに見えるが、頭部には緑色の光沢があり、光があたる角度で見え方が変わる。メスは頭部が茶色で、嘴基部の白い斑が目立つ。脇と腹はこげ茶色。雌雄ともキンクロハジロ(p.62)に似るが、後頭の冠羽がない。オスの上面は灰白色で、メスの上面も細かい斑が入って白っぽく見える。頭部の形が頭頂の額に近い部分でやや高くなるのも、見分けるポイント（キンクロハジロは頭頂がなだらか）。

食べ物 潜水してアサリやホトトギスガイなどの貝類や甲殻類を捕食したり、アマモや海藻を食べる。

3
4 春
5
6
7 夏
8
9
10 秋
11
12
1 冬
2

スズガモあるある

くるくるまわって羽づくろいする

お腹を出してくるくるとまわりながら羽づくろいする行動が見られるが、これはキンクロハジロと同じだ。動画の個体は立ち泳ぎも駆使して入念に羽づくろいしている。

回転しながらお腹を羽づくろい。

貝殻ごと丸呑み！

二枚貝を好んで食べる。嘴で貝をくわえると、飲み込みやすいように位置を整え、一気に丸呑み。体内には大きくて強力な砂嚢（さのう）があり、貝殻を砕いて消化することができる。

湾の浅瀬に生息する

全国で越冬するが、東京湾、三河湾、諫早湾、宍道湖でとくに多い。いずれも、本種の重要な食物資源である貝類が豊富という点が共通している。本種が潜水するのは水深数メートルなので、湾内でも岸寄りの浅瀬にすみ、水深のある海域にはほとんどいない。

越冬するスズガモの群れ。

羽音が鈴の音に聞こえる？

♪鳴き声

「グルー」「ククー」「ピョヨヨ」などだが、あまり鳴かない。

ホオジロガモ［頬白鴨］

カモ目カモ科ホオジロガモ属
［学名］*Bucephala clangula*
［英名］Common Goldeneye

姿勢	行動位置	季節性	大きさ
横向き	水上	冬	45 cm

頭でっかちでおもしろい求愛をするカモ

どんな鳥？ 頭がおむすびのような形に盛り上がった頬が白いカモ。都市公園などの身近な環境ではなかなか見られず、郊外では観察できるが、数は多くない。名前の由来は、オスの頬に大きくて目立つ白斑があることから。英名の「Goldeneye」は黄色い虹彩から。

どこにいる？ 九州以北に飛来し、越冬する。どちらかというと北国に多い。河川、湖沼、海岸、港湾などに生息する。

観察時期 秋に飛来し、春までに去っていく冬鳥。

外見 雌雄とも山形の頭部が特徴。オスの頭部には緑色と紫色の光沢があり、光の角度で見え方が変わる。メスの頭部は赤紫褐色でオスよりも頭頂がなだらか。オスの背中は黒く、首、脇、下面は白く、翼に複数の黒い線が入る。メスの体は灰色で、複数の四角い白斑が入る。首には白い輪がある。雌雄とも嘴は短めで黒く、メスの嘴は先端が黄色いが、黄色い部分がない個体もいる。尾羽が長めで潜水時に目立つ。

食べ物 よく潜水して魚介類や甲殻類、水生昆虫などを捕食する。

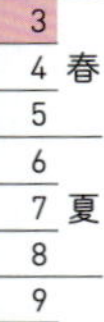

ホオジロガモあるある

のけ反ってプロポーズし メスも同じポーズで応える

オスは首を伸ばして頭を何度か上下させ、おもむろに後ろへのけ反って頭を背にぴたっとくっつける。これがオスの求愛行動で、おむすび頭に磁石でもついているような動きにはつい笑ってしまう。メスは首を伸ばして頭を上下させたり伏せたりし、オスと同じポーズをとって応じる。雌雄とも首を伸ばすと、ずんぐりした頭の形が強調されてユニークだ。

並んで泳ぎ、交互にのけ反るつがい。

モテモテポージング

あまり鳴かないがオスは「ギュッギー」などと鳴く。メスは「クワッカッ」「フュフュ」など。

音声

カモ科

ミコアイサ［神子秋沙］

カモ目カモ科ミコアイサ属
［学名］*Mergellus albellus*
［英名］Smew

●姿勢 横向き
●行動位置 水上
●季節性 冬
●大きさ 42cm

白装束で愛嬌のあるパンダメイクが目立つ

どんな鳥? オスは全体に白っぽく、目の周囲が黒いことから「パンダガモ」の愛称で呼ばれ、カモの中では一二を争う人気者。都市公園などの身近な環境ではなかなか見られない。潜水性のカモで、頻繁に潜水するときと、水面に浮かんで休んでいるときがある。他種に比べて警戒心が強く、やや遠くからの観察になる傾向がある。つがいや小さな群れでいることが多い。名前の由来は、オスの純白の羽衣を巫女（みこ）の白装束に見立てたことから。

どこにいる? 九州以北に飛来して、河川、湖沼などおもに淡水域に生息。

観察時期 秋に飛来し、春までに去っていく冬鳥。北海道北部の沼では少数が繁殖する。

外見 オスは純白の羽衣に黒い斑がところどころ入る。頭部に冠羽があり、よく立てる。メスも目の周囲が黒いが、頭部は栗色で頬から首が白く、体は灰色で白い線がある。雌雄とも嘴は青灰色。

食べ物 潜水を繰り返して、魚類や貝、甲殻類、水生昆虫などを食べる。嘴は先端がかぎ形で突起があるので、捕らえた食べ物を逃がさない。

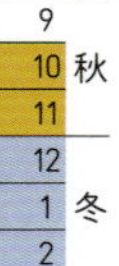

3
4 春
5
6
7 夏
8
9
10 秋
11
12
1 冬
2

ミコアイサあるある

オスは控えめにのけ反って
メスに求愛する

オスは冠羽を立て、首を伸ばして頭を軽く上下させた後、軽くのけ反るように頭を後方へ動かしてメスに求愛のディスプレイをする。ホオジロガモ(p.66)の求愛行動にやや似るが、本種のほうが控えめな動きだ。

このメスは、どのオスの求愛も気に入らないようで、近づいてくるオスをつつこうとしていた。

オスのエクリプスを
メスと見分けよう

秋に渡ってきたばかりのオスは、メスのような羽衣をしている(エクリプス＝p.47)。一見するとメスのように見えるが、細部に残るオスの特徴で見分けることができる。

エクリプスの個体。

飛び立つときは
助走が必要!

潜水に適した体をしていて、翼が小さく、足が体の後方寄りにある。潜水は得意な反面、水面からすぐに飛び立つことができず、助走を必要とする。同じ「潜水ガモ」であるキンクロハジロ(p.62)やホシハジロ(p.60)も同様である。

水面で助走してから飛ぶ。

「ククッ、ククッ」「ココッ」「グルル」などだが、あまり鳴かない。

COLUMN

カモの交雑について

いわゆる「雑種」と呼ばれる交雑個体。
カモのなかまは異なる種の間で交雑が起こりやすい。
カモのいろいろな交雑個体を紹介しよう。

カモ類は異種間で交雑しやすいため、交雑個体に出合うことがあります。
よく見かけるのはマガモとカルガモの交雑個体、通称マルガモ。特徴がわかりやすい個体から、よく見ると違和感のある個体まで、いろいろなタイプがいます。
他の種でも、よく観察するとなにかが違う個体が見つかることも。
カモはいろいろな行動を観察しやすい鳥ですが、細かな形態にこだわって観察するのもおもしろいものです。

マガモのようだが、嘴がカルガモ。

とても白っぽい個体。

カルガモのようだが、胸や下面、尾羽がマガモ。

マガモのオスのエクリプスのようだが、嘴が異なる。

マガモとオナガガモの交雑個体。マガモとカルガモの雑種が「マルガモ」なら、これは「オナマガモ」というところだろう。

ヒドリガモで頭部に広く緑色の部分がある個体。

ヤマドリ［山鳥］

キジ目キジ科ヤマドリ属
［学名］*Syrmaticus soemmerringii*
［英名］Copper Pheasant

● 姿勢

● 行動位置
地上

● 季節性

● 大きさ
オス 125cm
メス 55cm

キジと国鳥の座を競った美しい和の鳥

どんな鳥？ 山地にすむキジのなかまで日本固有種。オスは手塚治虫の漫画『火の鳥』のモデルとされる。山地林に生息するのが名前の由来。樹木の根元や倒木の陰などに営巣する。

どこにいる？ 本州、四国、九州に分布。よく茂った森に生息し、地上で行動する。林内にいることが多く、姿はなかなか見られない。キジのなかまだが、河川敷や農耕地のような開けた環境にはいない。

観察時期 1年中見られる留鳥。繁殖期は4～7月ごろ。

外見 ずんぐりした体型で、ほぼ全身が赤褐色や橙色。腹に白色の羽縁がある。オスは日本最長の長い尾羽をもち、顔には赤い裸出部(らしゅつぶ)があって目立つ。メスの尾羽は短く、顔は赤くない。国内に、ヤマドリ、ウスアカヤマドリ、シコクヤマドリ、アカヤマドリ、コシジロヤマドリの5亜種がいるが、南方の亜種ほど赤みが濃くなる。

食べ物 地上を歩きながら植物の葉や新芽、どんぐりなど落ちた木の実のほか、昆虫や土壌動物などを食べる。

ヤマドリあるある

まるでバイクのエンジン音!?

繁殖期のオスは、翼を広げて高速で羽ばたき、体に打ちつけて大きな音を出す「母衣打ち(ほろうち)」と呼ばれるドラミング行動をする。ドドドという重低音はバイクのエンジン音のよう。母衣打ちにはさえずりと同様、他のオスに対するテリトリーの主張、メスに対する求愛アピールの意味合いがある。

人を恐れないオスの個体

ヤマドリは警戒心が強いことで知られるが、なかには人を見つけると近づいてくる個体も。人の周囲をまわったり、蹴ったりつついたり。ときには自動車を蹴ることも。こうした人怖じ(ひとおじ)しない行動をするのはオスで、繁殖期に限った話ではないという。

うっかり ヤマドリ

♪ 鳴き声

●**ドラミング**
母衣打ちをした後に鳴くことがある。

●**地鳴き**
犬か獣のようなこもった声で「ウー」「ウォン」「キュー」などと鳴くが、あまり鳴かない。

音声

〈母衣打ち▶地鳴き〉

キジ［雉］

キジ目キジ科キジ属
［学名］*Phasianus versicolor*
［英名］Green Pheasant

● 姿勢 横向き　● 行動位置 地上　● 季節性 留　● 大きさ オス 81cm メス 58cm

なじみ深い日本の国鳥

どんな鳥？ 河川敷や農耕地で聞こえる「ケンケーン」は春の風物詩。オスは体が大きくカラフルで、顔の赤いハート形の裸出部が目立つ。

どこにいる？ 本州から九州にかけて分布。農耕地や河川敷の草地に生息し、地上で行動する。草むらの中を好むが、開けた場所にも出てくる。ヤマドリ(p.72)に比べて開けた環境に生息。北海道と対馬には猟などの目的で移入された大陸に分布するコウライキジがいる。

観察時期 1年中。繁殖期は4～7月ごろで、オス同士激しく争う。草むらの地上に営巣。非繁殖期には数羽の群れで行動する。

外見 ずんぐりした体型。オスの顔には肉垂と呼ばれる裸出部があり、赤く目立つ。肉垂は繁殖期になると大きくなり、より一層目立つ。首は青から青紫色、胸から腹にかけて緑色で光沢がある。メスは黄褐色に黒斑のまだら模様。雌雄とも尾羽が長めで、オスはとくに長い。

食べ物 地上で歩きながら、植物の葉や種子、木の実、昆虫や土壌動物などを食べる。

鳴き声と羽音の合わせ技！

オスは繁殖期に「母衣打ち（ほろうち）」と呼ばれるドラミング行動をする。立ち止まって姿勢を正すように伸び、「ケンケーン」と力強く鳴きながら翼を広げて高速で羽ばたき「ドドドド」と音を出し、キメのポーズをとる。この行動はテリトリーの主張、メスに対する求愛のアピール。比較的目立つ場所で鳴きながら行なう点がヤマドリと異なる。力いっぱいやりすぎてバランスを崩すことも。

昔話にも登場する！日本人になじみのある鳥

昔話の『桃太郎』でキジはイヌ、サルと共に桃太郎の家来として鬼退治で活躍。民話の『キジも鳴かずば』では、鳴き声をあげたばかりに猟師に撃たれてしまうことを「口は禍（わざわい）の元」の教訓としてたとえられるなど、日本人になじみ深い鳥として昔話で語られている。

逃げても見えている!? 尻隠して頭隠さず

危険を感じると草やぶに逃げたり伏せたりするが、開けた草やぶでは完全に体を隠すことができず一部が見えていることも。これが「頭隠して尻隠さず」の語源といわれる。

オスの鮮やかな羽色は構造色による輝き

オスの頭部から胸、腹にかけては紫色や緑色に輝いて見えるが、これは構造色によるもの。羽毛内部の微細な構造によって、あたった光の一定の波長（特定の色）が強められて反射することで輝いて見える。光のあたり方によって光沢のある色が見えたり（左）、黒っぽく見えたりする（右）。

♪鳴き声 しゃがれた声で「ケンケーン」と鳴きながら、翼を体に勢いよく叩きつけて音を出す（母衣打ち）。 音声

〈オスの鳴き声〉

ヒメアマツバメ［姫雨燕］

アマツバメ目アマツバメ科アマツバメ属
［学名］*Apus nipalensis*
［英名］House Swift

● 姿勢 立つ ● 行動位置 空中 ● 季節性 留 ● 大きさ 13cm

集団で空中生活する鳥

どんな鳥? 空中で生活するアマツバメ類の国内最小種。ツバメの名を冠するが分類上の系統は大きく異なる。ツバメ類に比べてより空中生活に特化し、日中は飛んでいる時間がより長い。ひなに給餌するときや巣を補修するとき、ねぐらをとるとき以外は、とまって休むことがまずない。

どこにいる? 関東以南のおもに太平洋沿岸の市街地で繁殖する留鳥。1967年に静岡県で繁殖が初めて確認されて以降、分布を広げているが、繁殖は局地的。集団で生活、繁殖する。鉄道の高架下や道路の橋げた、市街地の建築物などにおもに羽毛を使って巣をつくり、ねぐらとしても使う。他種の巣を乗っ取ったり、古巣を利用したりもする。

観察時期 1年中。繁殖は年2～3回で4～12月ごろまで。真冬でも街の上空を飛んでいる。他のツバメ類に混じって飛ぶこともある。

外見 雌雄同色。全身がこげ茶色で、腰から脇と喉は白く、腹は黒褐色。翼は鎌形で、広げるとブーメランのような形に見える。

食べ物 空を飛びながら、飛んでいる昆虫を捕食する。

3 4 春 5 6 7 夏 8 9 10 秋 11 12 1 冬 2

空中を飛んでいる虫を捕食

巧みに飛びまわり、空中を飛んでいる虫を捕食する。チョウ、ガ、ハエ、ハチ、甲虫にいたるまで、さまざまな虫が、熱上昇気流によって空中に吹き上げられる。同じように空中で虫を捕食するツバメよりも高い高度を、通常の行動圏にしている。

巣材も空中で調達

地上に降りることがないので、巣材は空中で得られるものに限られる。羽毛が中心で、環境によって枯れ草やビニールひもも利用する。

ひなに虫だんごを与える

空中で虫を捕らえて集め、口内で団子状にしてひなに与える。

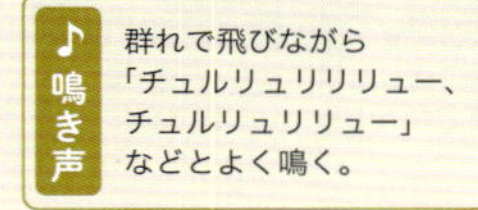
♪ 鳴き声

群れで飛びながら
「チュルリュリリリュー、
チュルリュリリュー」
などとよく鳴く。

音声

都会の奇跡！ オフィスビルで繁殖

東京都心のオフィスビルで集団繁殖している。巣は地上100 mにあるうえ、天敵が近づけない構造だ。敷地内の屋上庭園と緑地の虫がビルで発生する熱上昇気流によって上空まで吹き上げられること、近隣に豊かな生態系をもつ緑地が多いことなどが相まって、都心の市街地ながら好条件の物件。およそ150羽ほどの個体群となっている。

動画

右側のオフィスビルの最上階、地上約100mに巣がある。

天敵が近づけず、営巣に適した構造になっている。この構造がビルの東西２カ所にあり、それぞれに集団巣がある。

オフィスビル敷地内の屋上庭園。多様な在来種の植物を植えており、昆虫相も豊かだ。

夕方のねぐら入りでは数十羽が集結し、圧巻の光景。ねぐら入りは照度で決まるので、最初に暗くなる東側の巣が先で、西側は後となる。

なかなか観察できない、あくびの瞬間を撮影。地上100mで観察・撮影していると、地上では観察できない生態を記録することもできる。

空中生活に特化。背中がかゆくなったときも、空中で掻く。

ヒメアマツバメの巣を比較検証！

神奈川県の港町

ここではイワツバメ(p.244)やコシアカツバメ(p.243)が生息していないこともあって、おもに羽毛を使った本来の巣となっている。港は風が強いからか、枯れ草の比率が多め。どの巣にもビニールひもが一部使われていて、港町らしい印象。

内陸の河川に架かる橋げた

イワツバメの古巣を一部利用しているものの、羽毛が多めで枯れ草も使っている巣。ちょうど枯れ草をくわえて巣を補修しているところ。粘性が高い唾液で、羽毛や枯れ草をくっつけて巣を構築する。

都心のオフィスビル (p.78)

都心部であり、イワツバメもコシアカツバメも生息していないので、古巣を利用できず、巣を一からつくっている。整然とした市街地で、枯れ草やビニールひももあまり得られないのか、ほとんど羽毛だけでつくられた巣となっている。

よい巣のためには離婚もする!?

年間を通して一夫一妻で生活するが、離婚も起こる。完成度の高い巣をもつ高年齢のつがいのオスが消失すると、完成度の高い巣と経験豊富なメスが残される。そんなとき、若いオスは離婚し、みずからの巣よりよい巣をもつ高齢のメスと新たにつがいになることも。完成度の高い巣と高年齢のメスを得ることで、次の繁殖でより多くのひなを育てることができる可能性が高くなる。こうした動きは、巣をもたない若いオスが、離婚されたメスと完成度が高くない巣を得ることにもつながる。結果的に群れ全体の繁殖が促進されることになる。ただ、オスは新たに得た巣にひなや卵が残っていると殺してしまうという。

カッコウ科

ジュウイチ［十一］

カッコウ目カッコウ科ジュウイチ属
［学名］*Hierococcyx hyperythrus*
［英名］Northern Hawk-Cuckoo

● 姿勢 立つ　● 行動位置 樹上　● 季節性 夏　● 大きさ 32 cm

「ジュウイチ！」とけたたましく鳴く

どんな鳥？ 他の鳥の巣に卵を産みこんで、ひなを親鳥に育てさせるカッコウ類。オスは「ジュウイチ、ジュウイチ」と鳴き、それが和名の由来となった。山地林内で鳴くので、声は聞こえても姿を見るのは難しい。渡りの時期は平地で見られることもあるが、ツツドリ(p.86)やホトトギス(p.84)と比べると、公園など身近な環境で出合う機会は少ない。

どこにいる？ 九州以北に渡来して繁殖。山地の森に生息し、コマドリ(p.298)やコルリ(p.297)、ルリビタキ(p.304)、オオルリ(p.294)などの巣に托卵(たくらん)(p.89)する。仮親は青い鳥が多い。

観察時期 春に渡来して繁殖し、秋に南方へ去っていく夏鳥。

外見 雌雄同色。頭部から上面は青灰色、胸は淡い褐色から橙色で、黄色いアイリングが目立つ。いずれの特徴もツミ(p.160)のオス成鳥によく似ており、擬態していると考えられている。若鳥の胸には細かい縦斑があり、ツミの若鳥の羽色にやや似る。

食べ物 ガの幼虫などを食べ、とくに毛虫を好む。

3
4 春
5
6
7 夏
8
9
10 秋
11
12
1 冬
2

繰り返し大きな声で 盛んにさえずる!

オスは「ジュウイチ、ジュウイチ」とけたたましく鳴き、次第に音階を上げてややテンポを速くして鳴きやむのを繰り返す。「ジュウイチ」のあとに「ジュクジュクジュクジュジュジュ」と音を上げ、「ジュークジュクジュクジュク」と音を下げる連続的な鳴き方もする。メスは「ジュジュジュ」などと鳴く。

鳴き声は「慈悲心」とも聞こえるといわれる。

青い卵を青い鳥へ! でも卵の模様はさまざま

やや体の大きいカッコウ(p.88)よりも大きな卵を産む。卵は淡い青色や青緑で、おもに托卵する仮親はコルリ、ルリビタキ、オオルリ、コマドリなど。托卵する鳥は仮親の卵に似た色の卵を産みこむことが多い。ルリビタキとオオルリの卵は白地に斑点があるので、まったく似ていない。写真のコマドリの卵は色が似ている。

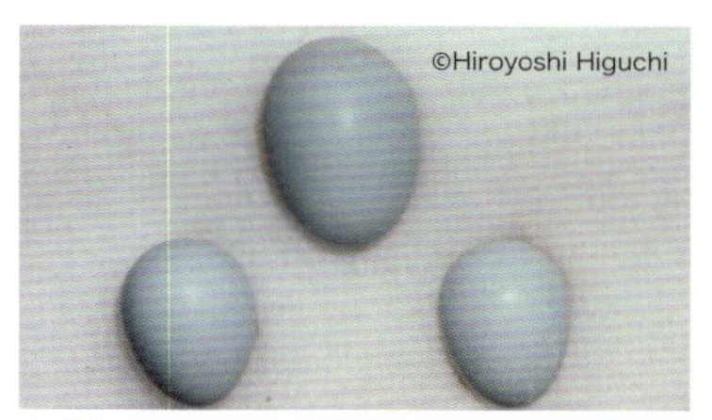

上がジュウイチの卵。下の２つはコマドリの卵。

仮親を二重にだます 見事な「手口」

動画

卵からふ化したジュウイチのひなは、仮親の卵やひなを巣から落とすので、巣内は常に１羽だけになる。ひなの翼の裏側には、口内と同じ黄色い皮膚が裸出していて、目立つ。仮親にはこの黄色い部分がひなの口内に見える。ひなは仮親に対して、翼を広げて上下させるディスプレイを行ない、複数のひなが盛んに給餌をせがんでいるように見せ、より多くの食べ物を運ばせる。また、黄色い皮膚は紫外線も反射し、紫外線が見える仮親への給餌要求が強調されていることも研究によってわかっている。本種のひなは仮親のひなよりも体が大きく、多くの食べ物を必要とするので、仮親を利用するための「手口」が二重三重に仕掛けられており、興味深い。

♪鳴き声

- **さえずり**
  「ジュウイチ、ジュウイチ」と鳴いたあと、「ジュクジュクジュク」と鳴く。
- **地鳴き**
  「ジュジュジュ」など。

〈さえずり〉

ホトトギス ［杜鵑］

カッコウ目カッコウ科カッコウ属
［学名］*Cuculus poliocephalus*
［英名］Lesser Cuckoo

● 姿勢　立つ
● 行動位置　樹上
● 季節性　夏
● 大きさ　28 cm

昼も夜も鳴く、日本最小のカッコウ

どんな鳥？ 日本のカッコウ類では最小で、昼夜を問わずよく鳴く。カッコウ類の総称「トケン」は、本種の漢名「杜鵑」から。オスの鳴き声が「ホ、ト、トギス」に聞こえるのが名前の由来という説がある。おもにウグイス(p.246)の巣に卵を産みこんで子育てさせる。

どこにいる？ 北海道南部以南に渡来し、繁殖する。平地から山地林の比較的開けた環境に生息し、渡りの時期は平地でも見られる。姿はなかなか見られず、鳴きながら飛んでいくのを見ることが多い。

観察時期 春に渡来する夏鳥。飛来はツツドリ(p.86)よりも遅めで、5月中旬以降。秋に都市公園などに立ち寄りながら、南へ渡っていく。

外見 雌雄ほぼ同色。頭部から上面、胸は青灰色で翼は黒褐色。下面は白く、黒い横斑が7～9本あって間隔は広め。下尾筒には横斑がないが、まれにある個体も。メスで頭部から上面が赤褐色のタイプもいる。幼鳥は黒っぽく、虹彩は暗橙褐色。

食べ物 ガの幼虫を好み、秋の渡りでは公園で毛虫を捕食することも。

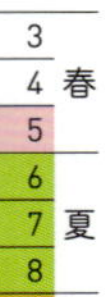

産みこむ卵は仮親によって似たり似なかったり

大部分がウグイス(p.246)に托卵(たくらん)する。ウグイスは卵の色の違いに敏感で、しばしば托卵を見抜く。そこで本種は、ウグイスの卵によく似たチョコレート色の卵を産みこむようになった。なお、伊豆諸島では純白の卵を産むイイジマムシクイに托卵するが、本種の卵はチョコレート色のまま。ムシクイ類は卵の色の違いに鈍感で、気にせずに本種の卵を抱くという。

托卵を見抜けるかどうか、駆け引きがある。

“聞きなし”もいろいろ 深夜にも「特許許可局」

「キョ、キョ、キョキョキョ」という特徴的な鳴き声は、「東京特許許可局」「てっぺんかけたか」などと聞きなす。飛翔中にもよく鳴き、春の渡りでは夜の市街地で上空から鳴き声が聞こえてくることがある。口の中が赤く見え、よく鳴くことから中国では「血を吐くまで鳴く鳥」と言い伝えられている。

万葉集などに詠まれ 古くから親しまれてきた

ホトトギスは季節を告げる鳥として知られ「時鳥」とも書き、田植えの時期を教えるともいわれる。万葉集をはじめ、古くから多くの人に詠まれてきた。松尾芭蕉や与謝蕪村、小林一茶、夏目漱石もホトトギスの句を詠んだ。ホトトギスとカッコウが混同されていたとする説もある。

©Shin Inagaki

♪ 鳴き声

● さえずり
「キョ、キョ、キョキョキョ」という5音の鳴き声でよく鳴き、トーンがだんだん下がっていく。

● 地鳴き
「ピピピピピ」など。

〈さえずり〉

ツツドリ［筒鳥］

カッコウ目カッコウ科カッコウ属
［学名］*Cuculus optatus*
［英名］Oriental Cuckoo

● 姿勢 立つ
● 行動位置 樹上
● 季節性 夏
● 大きさ 32cm

筒を叩いた音のような「ポポ」という鳴き声が特徴

どんな鳥？ 他の鳥の巣に卵を産みこみ、子育てさせるカッコウ類。おもにムシクイ類(p.252～255)に托卵(たくらん)し、北海道ではウグイスにも。同属の他種に比べ鳴き声が低く、筒を叩くと出る音のようなのが和名の由来。

どこにいる？ 北海道から九州に飛来し、繁殖する。平地から山地林の林内に生息し、姿はなかなか見られない。木の梢近くで鳴くことが多いので、ホトトギス(p.84)に比べるとやや見つけやすい。

観察時期 4月ごろに渡来して繁殖し、秋に南方へ去る夏鳥。渡りの時期は平地にも立ち寄る。なかなか見えないが、秋は比較的観察しやすい。

外見 雌雄ほぼ同色。頭部から上面、胸は青灰色で翼は黒褐色。下面は白く、黒くて太い横斑が9～11本ある。下尾筒にはふつう明瞭な横斑がある。これが類似種のホトトギスとの識別点のひとつだが、あまり目立たない個体もいる。メスには頭部から上面が赤褐色のタイプがいる。幼鳥は全体に黒っぽく、虹彩は暗黄褐色。

食べ物 昆虫を捕食し、ガの幼虫を好む。

ツツドリあるある

ガの幼虫が大好物! 秋はサクラをチェック

都市部で観察するなら、チャンスは秋。この時期、サクラにはモンクロシャチホコなどの幼虫が大量に発生するため、渡り途中の個体がそれを目あてに都市公園などに立ち寄る。まずは、幼虫に食べられているサクラの葉を探してみよう。大発生していれば下に虫のフンが落ちているはず。幼虫がいる木で葉をがさっと揺らす中型の鳥がいれば、本種やホトトギスの可能性がある。

モンクロシャチホコの幼虫を捕獲。

オオミズアオの幼虫を捕獲。

本州と北海道では産む卵の色が異なる!

本州では卵の色に鈍感なムシクイ類の巣に、白地に褐色斑のある卵を産みこむ。北海道ではウグイスにも托卵するが、ウグイスは卵の色に敏感なので、ホトトギスと同じようにウグイスの卵に似たチョコレート色の卵を産みこむ。ムシクイ類の巣に托卵する場合もチョコレート色。またホトトギスの分布する北海道南部では、淡い橙色で褐色斑の見える卵を産む。これは本州と南部以外の北海道との中間型の色ということになる。

北海道のツツドリ(左)とウグイスの卵

本州のツツドリ(右)とセンダイムシクイの卵

●さえずり
尺八の低音のような声で、
「ポポ、ポポ、ポポ、ポポ」と
2音ずつ区切って鳴く。

●地鳴き
「ピピピ」
「ピイピイピイ」など。

〈さえずり〉

カッコウ科

カッコウ［郭公］

カッコウ目カッコウ科カッコウ属
［学名］*Cuculus canorus*
［英名］Common Cuckoo

● 姿勢 横向き　● 行動位置 樹上　● 季節性 夏　● 大きさ 35cm

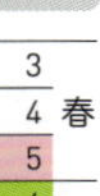

日本でも海外でも鳴き声が有名な鳥

どんな鳥？「カッコウ、カッコウ」というシンプルな鳴き声が、洋の東西を問わず親しまれる。和名も英名もこの鳴き声から名付けられた。国内で繁殖するカッコウ類４種で最も大きく、オオヨシキリ(p.256)、ノビタキ(p.310)、モズ(p.206)などに托卵（たくらん）する。

どこにいる？ 九州以北に渡来して繁殖する。草原、河川敷、農耕地など開けた環境に生息し、目立つ場所にとまって鳴くのでカッコウ類では一番姿を見つけやすい。秋に南方に去る。

観察時期 国内で繁殖する夏鳥。春の渡りではホトトギス(p.84)と同じ後半組で、５月ごろに飛来。秋の渡りではあまり見られない。

外見 雌雄ほぼ同色。頭部から上面、胸は明るい青灰色で翼は灰色。国内で見られるカッコウ類では青灰色が最も明るい。胸から下面にかけては白く、黒くて細い横斑が10本以上ある。虹彩とアイリングは黄色。幼鳥は頭部から上面、翼が赤みを帯び、虹彩は暗橙褐色。

食べ物 昆虫や節足動物を捕食し、とくにガの幼虫を好む。

3
4 春
5
6
7 夏
8
9
10 秋
11
12
1 冬
2

産まないで！ 親鳥も黙っていない

カッコウに托卵される側の鳥たちも、やられっぱなしではない。巣に近づくと威嚇して追い払ったり、巣に産みこまれた卵を見分けて排除したりするなど、反撃する。托卵が成功するかどうかは、こうした駆け引きの結果で決まる。

カッコウを威嚇するノビタキ（左上）。

オナガに托卵!? 市街地に出現！

カッコウは高原や湿原、牧場などに生息するが、平地にも分布を拡大している。平地ではオナガ（p.210）に托卵する例が知られ、東京西部では市街地の緑地で巣立った例がある。また近年、6〜7月ごろに住宅地のアンテナにとまってカッコウがさえずる例が増加。住宅地のオナガも托卵されている可能性がある。今後の動向に注目したい。

親心だもの

♪鳴き声

● さえずり
「カッコウ、カッコウ、カッコウ」と区切りながら鳴く。次第にテンポを上げ「カッコウ、カカッコウ、カカッコウ、ゴワワワワ」という鳴き方も。

● 地鳴き
「ポピピピピピピ」など。

〈さえずり〉

キジバト［雉鳩］

ハト目ハト科キジバト属
［学名］*Streptopelia orientalis*
［英名］Oriental Turtle Dove

●姿勢 横向き

●行動位置 地上 樹上
●季節性 留
●大きさ 33cm

身近な環境でよく見かけるハトのなかま

どんな鳥？ 市街地から山地林まで広い範囲に生息するハト。身のまわりの公園などでふつうに見かけ、「デデーポッポー」という鳴き声を耳にする機会が多い。地域によっては「ヤマバト」と呼ばれる。市街地にいる個体は、足元をうろうろするほど人との距離が近い。だが山で出合う個体は、かなり離れているにもかかわらず、すごい勢いで逃げていくことが多い。名前の由来は、翼のうろこ模様がキジ(p.74)のメスの羽色に似ていることから。力強く羽ばたいて高速で飛び、ときおり羽ばたきを停めて滑空を交える。

どこにいる？ 全国に分布する。住宅地や公園、里山から亜高山帯まで幅広い環境に生息する。通常はつがいで行動し、小さな群れをつくることが多い。ドバト(p.364)のような20羽、30羽の大群にはならない。

観察時期 1年中観察できる留鳥。北海道では夏鳥。

外見 雌雄同色で、全身が紫灰色。翼は黒っぽい褐色で、ふちが橙褐色。首の側面には紺色と明るい空色の横縞模様がある。虹彩は橙色。

食べ物 草の種子や木の実、農作物や植物の芽などを食べる。

キジバトあるある

食べ物が少ない時期でも子育てできる理由

ハトのなかまは「ピジョンミルク」と呼ばれる体内から分泌する物質をひなに与えて子育てするので、親鳥の栄養状態さえよければ1年中いつでも子育てできる。おもに種子食なので、年間を通じて食べ物は豊富にあり、年に数回繁殖することも珍しくない。巣のつくりはかなり大ざっぱで、危険を感じるとすぐに繁殖を放棄する。

真冬にツバキの中につくった巣で抱卵する個体(1月)。

種子のほか木の実もよく食べる

おもに草の種子を食べるが、サクラやムクノキなどの木の実もよく食べる。

ジューンベリー(アメリカザイフリボク)の果実を採食。

翼を広げて日光浴!?

晴れた日に翼を広げて日光浴することがある。水浴びや砂浴びのように、羽についた寄生虫を落とすためだと考えられている。

エゴノキの実も食べる

エゴノキの実はサポニンという毒成分を含むので、ふつう鳥たちは食べないが、本種とヤマガラ(p.226)は種子の部分を食べる。ヤマガラは毒のある果皮の部分を器用にむいて種子を食べるが、キジバトは種子が出ている実を探して食べる。

エゴノキの種子をついばむ。

♪鳴き声

●さえずり
木や電線にとまって、
「デデーポッポー」と繰り返しさえずる。
市街地でもよく耳にする。

●地鳴き
飛び去るときなどに
「プッ」と鳴く。

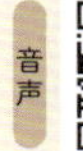

〈さえずり▶地鳴き〉

ハト科

アオバト［緑鳩］

ハト目ハト科アオバト属
［学名］*Treron sieboldii*
［英名］White-bellied Green Pigeon

● 姿勢 横向き
● 行動位置 樹上
● 季節性  留
● 大きさ 33cm

©Masahiro Noguchi

果実と海水を好む黄緑色のハト

どんな鳥？ 黄緑色の美しいハト。名前の由来はこの緑色の羽色から（信号機などで緑色をあおと呼ぶことがある）。ふだんは山地林に生息するが、群れで海岸に飛来し、海水を飲む行動で知られる。

どこにいる？ 北海道から九州にかけて分布し、東北以北の個体は冬季に南下する。年間を通して果実が豊富な山地の広葉樹林に生息し、海水を飲むために海へ移動するが、山間部の温泉や鉱泉を飲む個体群もいて、生息する地域によって利用する環境が異なる。冬は平地へ移動して越冬する個体もいる。

観察時期 1年中観察できる留鳥。海水を飲むのはおもに5〜11月ごろだが、その時期にずっと海岸にいるわけではなく、林と海を行き来する。海に近い林を探すと、木にとまっているのを見つけることができる。

外見 オスはほぼ全身が明るい黄緑色で、翼にワイン色の部分がある。メスは緑色が濃く、翼も一様に緑色。雌雄とも嘴と虹彩はコバルトブルーで黄緑色との取り合わせが美しい。

食べ物 果実や、どんぐりなどの堅果を食べる。

3 4 春 5 6 7 夏 8 9 10 秋 11 12 1 冬 2

いろいろな果実が大好き!

果実食専門のハトで、さまざまな果実を食べる。果実を求めて市街地の公園に飛来することもある。

海水や温泉水でミネラル補給?

海水飲みは、ときには波にさらわれて落鳥することもあるし、天敵のハヤブサに襲われることもある命がけの行動だ。そこまでして海水を飲むのは、果実食だけでは不足するミネラルを補給するためだと考えられている。温泉や鉱泉に共通しているのも、成分が各種ミネラルを含むことだ。

♪鳴き声

●さえずり

尺八のような音色で、「オー、アオーアオー、オアオー」などとさえずる。遠くまでよく通る声で、自分の名前を名のっているようでおもしろい。

音声

〈さえずり〉

クイナ科

クイナ［水鶏］

ツル目クイナ科クイナ属
［学名］*Rallus indicus*
［英名］Brown-cheeked Rail

● 姿勢 横向き
● 行動位置 地上
● 季節性 冬 北方では夏鳥
● 大きさ 29 cm

警戒心が強く、草むらにささっと逃げ込む

どんな鳥？ ずんぐりとした体型の水鳥。地上を歩いて行動し、飛ぶことはまれ。半夜行性で昼間は湿地の草むらの中にいるため、姿はなかなか見られない。繁殖期以外は単独で行動する。名前の由来は「キュイー」という鳴き声のためといわれる。

どこにいる？ 全国に分布し、河川や湖沼、水田、公園の池など水辺の浅瀬に生息する。

観察時期 東北以北で繁殖する夏鳥で、関東以南では冬鳥。ただし関東での繁殖例もある。

外見 雌雄同色で全体に褐色。黒い斑や縞がある。頭部は青灰色で太い過眼線がある。嘴は太く、上嘴は黒く、下嘴は赤い。翼は小さく、足指ががっしりしていて、地上で行動するのに適した体のつくりをしている。夏羽では、頭部の青灰色や上嘴の赤い色が濃くなる。

食べ物 魚や水生昆虫、エビやカニなどの甲殻類、両生類などを捕食したり、植物の種子を採食する。

3 4 春 5 | 6 7 夏 8 | 9 10 秋 11 | 12 1 冬 2

クイナあるある

声はすれども姿は見えず!?

湿地の草むらから鳴き声が聞こえてきても、警戒心が強いため姿はなかなか見せてくれない。あきらめずにじっと粘っているとと出てくることがあるが、足早に草むらへ逃げ込んでしまう。

開けた位置をさっと横切って、草むらから草むらに移動することも多い。

短い尾羽をぴょこんと立てる

短い尾羽があり、警戒しているときなどにぴょこんと立てる。尾羽を立てたまま、草むらに逃げ込むときも、飛ぶことはまずなく、速足で逃げていく。

短い尾羽を立てて草むらに逃げ込む。

なかなか見られないクイナの子育て

繁殖は北日本のみなので、都市公園などの身近な環境では、子育てのようすを観察する機会はなかなかない。親鳥は水生昆虫やカエルを捕らえてひなに運ぶ。

ひな（左）は全身がまっ黒で、嘴だけが白い。

♪鳴き声

● さえずり
「キュキュキュキュ、クリッ、クリッ、クリッ」など。繁殖期は夕方から夜に何度も鳴く。

● 地鳴き
「キュッ、キュッ」
「キュイー、キュイー」と夕方や早朝に鳴く。

音声

〈さえずり▶地鳴き〉

クイナ科

バン［鷭］

ツル目クイナ科バン属
［学名］*Gallinula chloropus*
［英名］Common Moorhen

●姿勢 横向き
●行動位置 地上 水上

●季節性 留
●大きさ 32cm

首を前後に振って泳ぐ、赤い額の鳥

どんな鳥? クイナ類での中では観察しやすく、都市公園の池でふつうに見られる。赤い額と嘴が特徴的。草むらに入ることもあるが、表に出てくることが多い。陸上や浅瀬だけでなく水上もよく利用し、飛ぶ姿も見ることができる。名前の由来は「田んぼの番」から。水辺の草むらなどにヨシの茎葉などで営巣。２回目の繁殖のとき、１回目の繁殖で巣立った若鳥が子育てを手伝う「ヘルパー行動」が見られることがある。

どこにいる? 全国に分布し、河川や湖沼、水田や公園の池など、水辺に生息する。近年、個体数の減少が顕著である。

観察時期 １年中見られる留鳥。北日本では夏鳥。

外見 雌雄同色で、頭部から胸、下面にかけては紫黒色で、上面は緑色を帯びた褐色。下尾筒は黒く両脇は白い。額坂と嘴の赤色、先端の黄色が目立つ。足指も黄緑色で目立ち、しっかりしていて地上で行動するのに適している。幼鳥は成鳥より全体的に褐色がかる。

食べ物 魚や貝、水生昆虫、草や水生植物などを採食する。

3 4 春 5
6 7 夏 8
9 10 秋 11
12 1 冬 2

バンあるある

泳ぐときに首を振るのはワケがある!

本種は足指に水かき(弁足)がなく、泳ぐのは不得意。首を前後に振りながら泳ぐ。一見、反動をつけて進んでいるように見えるが、首を振るのは、移動しながら周囲をよく見るための行動。ハト類が首を振って歩くのと同じだと考えられている。

ひなはまっ黒だが足はりっぱ!

都市公園の池で子育てを観察できることがある。生まれたばかりのひなはまっ黒でなんともかわいらしいが、バンらしいしっかりとした大きな足をすでにもっている。

ひなは黒い羽毛に覆われている。

黄緑色の足は指が長い

鮮やかな黄緑色の足は太くしっかりしたつくりになっている。足指が長いため、起伏の激しい場所でも巧みに歩いて移動することができる。

成長して茶褐色に生え換わった幼鳥。

なわばりへの侵入者は徹底的に排除する

のんびり過ごしているようにも見えるが、じつは気性が荒い。なわばりに他の個体が入ってくると、激しい闘争へと発展する。威嚇時には、下尾筒の白い部分を見せつける。

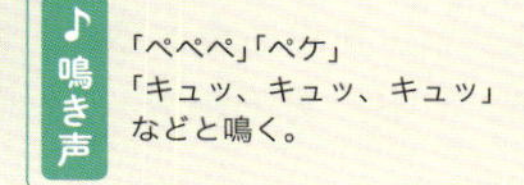

♪鳴き声

「ペペペ」「ペケ」
「キュッ、キュッ、キュッ」
などと鳴く。

音声

クイナ科

オオバン［大鷭］

ツル目クイナ科オオバン属
［学名］*Fulica atra*
［英名］Eurasian Coot

●姿勢 横向き
●行動位置 水上
●季節性 留
●大きさ 39 cm

潜水もするまっ黒なクイナ

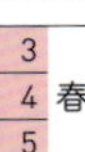

どんな鳥？ バン(p.96)と同じようにクイナ類の中では観察しやすい種で、都市公園の池でふつうに見られる。黒い羽色に白い嘴と額板がトレードマーク。陸に上がることもあるが、カモ類のように水上に浮かんでいることが多く、バンと異なり潜水できる。年に２～３回、繁殖する。

どこにいる？ 全国に分布し、河川や湖沼、水田や公園の池などに生息する。

観察時期 かつて北日本では夏鳥、西日本では冬鳥だったが、近年は分布が拡大して全国でほぼ１年中見られる。

外見 雌雄同色。丸みがある体型でほぼ全身が黒い。額板と嘴は白く、夏羽では額板が大きく発達する。虹彩は赤い。足は夏羽で黄緑色、冬羽では鉛色。大きくしっかりしていて地上で行動するのに適している。足指は弁足と呼ばれ、小さなひれがあるので、泳ぎも得意。

食べ物 魚や水生昆虫も食べるが、おもに逆立ち採食や潜水をして水生植物を採食する。ヒドリガモ(p.48)のように、陸に上がって草を食べるようすもよく見られる。

3 4 春 5 6 7 夏 8 9 10 秋 11 12 1 冬 2

せっかく採った水草をカモたちが横取り!?

動画

潜水して採ってきた水草をカモに狙われることがある。ヒドリガモやカルガモ(p.50)などのふつう潜水しないカモは、オオバンが潜水するのを確認し、浮上してくるのを待ち伏せて、くわえている水草を横取りしようとする。

ヒドリガモに囲まれた！

カルガモに目をつけられる。

指にひれがある！水陸両用の足

クイナ類なので大きな足で歩くのが得意なうえ、足指にひれがある(弁足(べんそく))ことである程度巧みに泳ぐことができる。飛び立つときはこの足を活かして水面を蹴って助走をつける。

ひれがあるのが見える。

地上を歩く姿もよく見かける。

潜水して採食するが短時間で水面に出る

飛び上がるようにして水中に飛び込む。潜水することで水中に生えている水草を採食できる。ただし、潜水ガモほど深くは潜れないため、数秒間で浮上する。

急角度で水に潜る。

♪鳴き声

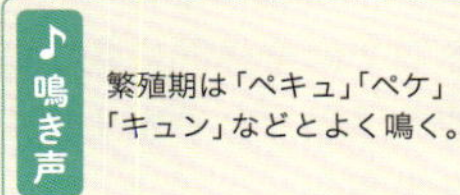

繁殖期は「ペキュ」「ペケ」「キュン」などとよく鳴く。

音声

クイナ科

ヒクイナ［緋水鶏］

ツル目クイナ科ヒメクイナ属
［学名］*Zapornia fusca*
［英名］Ruddy-breasted Crake

● 姿勢 横向き
● 行動位置 地上
● 季節性 留 夏
● 大きさ 23 cm

息をのむ鮮烈な赤が顔や胸に広がる

どんな鳥? ころっとした体型の水鳥で、地上を歩いて行動し、飛ぶことはまれ。湿地の草むらで行動し、姿はなかなか見られない。繁殖期の「コッコッコッ」という特徴的な声は「水鶏（くいな）の戸叩き」と呼ばれ、古来、歌人に親しまれてきた。威嚇の鳴き声がカイツブリ(p.102)と似ている。夕方以降に鳴くことが多い。顔から胸が赤いことが名前の由来。

どこにいる? 全国に分布。湖沼や河川、水田などの湿地に生息し、とくにヨシやガマが茂る水深が浅い環境を好む。

観察時期 関東以南では１年中見られる留鳥。東北と北海道では繁殖後に暖地へ移動する夏鳥。

外見 雌雄同色で顔から胸にかけて赤く、虹彩も足も赤い。頭頂から上面は褐色で、腹から下尾筒にかけて黒い縞がある。嘴は黒く、クイナ(p.94)に比べて短い。冬羽では全体的に色が暗くなる。

食べ物 湿地の浅瀬で魚や水生昆虫、エビなどの甲殻類、植物の種子、ミミズなどを捕食する。

3 4 春 5 6 7 夏 8 9 10 秋 11 12 1 冬 2

ヒクイナあるある

神出鬼没の赤い忍者。辛抱強く待って観察!

赤くて目立つので、草むらから不意に現れるとハッとさせられる。すぐに隠れるため、逃げ込んだあたりを注視していると、まったく違う場所に現れることがしばしばある。草むらの中を巧みに移動する神出鬼没な動きは、まるで忍者のようだ。

隠れた周辺でじっと待つと出てくることも。

豪快なジャンプ!その目的は?

動画

ガマの穂に向かって豪快に飛び上がり、崩して落とした綿状の穂をついばむ行動が繰り返し観察された。観察者がくわしく調べたところ、穂の中にニカメイガの幼虫が潜んでいることがわかった。ごちそうのありかを、よく知っているものだ。

繰り返し飛び上がって穂を崩している。

歌人たちが愛用した「くいな笛」

声はすれども姿が見えない「くいな」を誘い出すための笛で、歌人の松尾芭蕉が愛用したという。歌人たちが「くいな」として歌に詠んでいたのはヒクイナなので、「ひくいな笛」と呼ぶのが正しいかもしれない。

フィールドで使うのはマナー違反なのでやめよう。

時報を告げるヒクイナ!?

音声

ある地域では、毎日決まった時間にチャイムが流れる。その音に反応して鳴く個体がいることを地域の観察者が発見した。鳴き方はカイツブリに似た「キョレレレレレ」という地鳴き。チャイムが鳴り始め、少し間があってから鳴き始める。パトカーや救急車などのサイレンに反応して遠吠えする犬はいるが、チャイムに反応して鳴く鳥がいるとは驚きだ。

♪ 鳴き声

● さえずり
鳴き始めは「コッ、コッ、コッ」で、次第に声の間隔が短くなり、「ココココココ」と連続して鳴き終わる。

● 地鳴き
「ケケケケケレレレレ」とカイツブリに似た声や「キョッ、キョッ、キョッ」。

音声

〈さえずり▶地鳴き〉

カイツブリ科

カイツブリ［鳰］

カイツブリ目カイツブリ科カイツブリ属
［学名］*Tachybaptus ruficollis*
［英名］Little Grebe

● 姿勢  横向き

● 行動位置 水上

● 季節性  留

● 大きさ 26cm

3 4 5 春
6 7 8 夏
9 10 11 秋
12 1 2 冬

水上生活に特化した潜水のスペシャリスト

どんな鳥？ カイツブリ類の代表種で日本最小。潜水して水中の生き物を捕食し、水辺の「浮き巣」で子育てする。水上生活に適した体をしており、陸を歩きまわることはない。潜水していないときは水面に浮かんでいるので「カモの子ども」に間違われることもあるが、短くとがった嘴がカモ類と明らかに異なる。名前の由来は水を掻いて潜ることから。

どこにいる？ 本州中部以南に分布する。東北と北海道では夏鳥。河川や湖沼、公園の池など淡水域に生息する。

観察時期 東北以北以外では、１年中観察できる留鳥。

外見 雌雄同色。夏羽では全体に褐色で上面は黒っぽく、頬から首にかけては赤い。嘴は黒くて短く、基部にクリーム色の斑がある。虹彩は淡い黄色。翼は小さく、足は体の後方にあり、他種に比べて飛んだり歩いたりするのは苦手だが、潜水して水中を自在に移動するのが得意。

食べ物 魚類や甲殻類、水生昆虫を潜水して捕食。ユスリカなど、水上を飛んでいる虫を食べたり、水面に産卵中のトンボを捕食することもある。

カイツブリあるある

潜水に適した体をもち、まさに潜水のプロ！

動画

大きなひれのある足（弁足（べんそく））をもち、足は体の後方にあるので、水中で水を掻いて進むのに適している。翼も小さく、水の抵抗がより少ない体型。まさに潜水のスペシャリストだ。

水中をすばやく泳ぎまわる。

小魚やエビなどを探す。

なわばり争いが水上で繰り広げられる

動画

子育てには豊富な食べ物と営巣できる場所が必要なので、カイツブリのなわばり性は強い。なわばり内に他の個体が侵入すると、侵入者のほうへ急ぎ足で泳いでいき、水面ぎりぎりを飛んで向かっていくことで威嚇する。つがいの相手も参戦し、2対2になることも。ふつうはどちらかが退散するが、引き下がらない場合は取っ組み合い、噛みつき合いの争いに発展する。

ときには熾烈な争いになることも。

高い声で鳴き交わしてお互いのきずなを確認する

つがいは接近して「ケレケレケレケレ」と鳴き交わし、一緒に泳ぐことでお互いのきずなを確かめる。何らかの理由でどちらかが鳴き交わしをしなかった場合、鳴かなかったパートナーは攻撃され、なわばりから追い出されることがあるという。また、巣材運びも求愛行動のひとつである。

特徴的な鳴き声で鳴き交わすつがい。

「ケレケレケレケレケレケレ」と雌雄でよく鳴き交わす。
「ピッ」と鋭く短くも鳴き、
天敵に対しては「キーキーキー」などと鳴く。

巣を巧みにつくって子育てする

動画

ヨシやヒメガマなどの水生植物の茂みや、水面に垂れ下がった水辺の樹木の細い枝先に枯れ草や水草をひっかけ、落ち葉を積み上げて「浮き巣」をつくり、子育てする。巣には天敵が近づきにくく、雨で水位が上がっても水没しにくい。

巣上のひなに食べ物を与える親。

伏せのポーズはオスを迎えるサイン

巣の上で伏せる姿勢をとるのは、メスが交尾を促すポーズ。応じたオスは交尾する。本種は外見で雌雄を見分けられないが、通常は交尾で上になったのがオス、下がメス。しかし、メスが上になることがある。産卵するところを確認するのが雌雄を見分けるための唯一の手段だ。

巣上で伏せる姿勢をとり、相手を待つ。

ひなの避難場所は親の背中!

動画

卵からふ化したひなは羽毛に覆われていて、すぐに水に浮かび泳ぐことができる(早生性)。生まれたばかりのひなは巣にいて親鳥が食べ物を運んでくるのを待つが、成長してくると巣を離れるようになる。ひなは危険を感じたり、疲れたりすると親鳥の背に潜り込んで避難する。

ひなは親鳥の背に潜って危険を避ける。

暑い日は親鳥が扇風機になる

動画

雌雄で交代しながら卵を抱くが、暑い日には温度上昇を抑えるために翼を細かく羽ばたかせ、巣内の卵に風を送ることがある。まるで小型の扇風機のようでユニークだが、親鳥は一生懸命だ。この行動は、交尾の直後にもよく見られる。

羽ばたいて風を送る親鳥。

敵に対して水鉄砲で対抗!

動画

天敵は巣内の卵を狙うカラスやアオダイショウ。巣の近くにとまったサギ類も脅威だ。敵が巣に近づくと、親鳥はつがいで「キーキーキー」という警戒の声を出して威嚇し、羽ばたきで水をかけて追い払おうとするが、水鉄砲だけで敵を撃退するのは難しい。アオダイショウなど水上の天敵に対しては、潜水して水中からつつくことで撃退する技ももつ。

カラスに水をかけて威嚇する親鳥。

水中採食のほか水上の昆虫も食べる

動画

トンボを捕らえたカイツブリ。

水中の小魚やエビを食べることがほとんどだが、チャンスさえあれば、昆虫も捕食する。水辺を飛んでいる小さなユスリカを食べるのはふつうで、トンボを食べることもある。さすがにすばやく飛びまわるトンボを捕らえることは難しいため、産卵時を狙う。水面に何度も尾をつけて産卵するところを狙うのだ。それにしても魚やエビと違って、飲み込みにくそうだ。

カイツブリ科

カンムリカイツブリ［冠鳰］

カイツブリ目カイツブリ科カンムリカイツブリ属
［学名］*Podiceps cristatus*
［英名］Great Crested Grebe

● 姿勢 横向き

● 行動位置 水上
● 季節性 冬
● 大きさ 56cm

かつては珍しかった大型のカイツブリ

どんな鳥？ 国内のカイツブリ類の中で最大種。体が大きいだけでなく、首が長いのが特徴。冠羽のあるカイツブリというのが名前の由来。かつてはまれな鳥だったが、現在は越冬する個体数が多くなり、国内繁殖も次々に確認されている。

どこにいる？ 九州以北に飛来し、海上や港湾、河川や湖沼などに生息する。カイツブリ（p.102）と異なり、越冬期は群れをつくる。数十から百羽以上の大群になることも少なくない。

観察時期 10月頃に渡ってきて、4月ごろまでに去る冬鳥。本州各地で局地的に繁殖している。

外見 雌雄同色。冬羽では全体に白く、頭頂と目先、首の後ろ側と体の上面が黒っぽい。頭頂には短めの冠羽がある。夏羽では冠羽が長くなり、後頭に橙褐色の飾り羽が生える。嘴は淡紅色。足は体の後方にあるため、潜水に適している。

食べ物 潜水して、水中の魚類や甲殻類、水生昆虫などを捕食する。

3 4 春 5 6 7 夏 8 9 10 秋 11 12 1 冬 2

長い首を活かして魚を捕る

潜水が得意だが、潜水せずに水面近くで漁をするのも得意。長い首を使って、巧みに魚をつかまえる。

狩りは潜水だけじゃない。

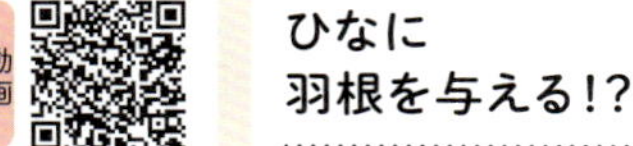

ひなに羽根を与える!?

親鳥から羽根を与えられると、ひなは喜んで食べる。これは食羽行動と呼ばれ、骨などとがったものから内臓を守るため、またペリットを吐き出すときに役立つなど諸説ある。

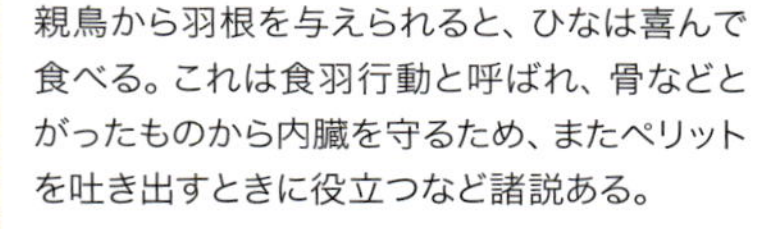

©Shota Nakahama

お腹のやわらかい羽毛を与える。

飾り羽を使って求愛ダンス

動画

本種の求愛は情熱的。つがいで一緒に泳いでから向き合う。冠羽を立て、飾り羽を膨らませてライオンのたてがみのようにし、鳴き交わしながら長い首を伸ばしたり縮めたりして頭を上下させる。このとき、かぶりを振るように何度も顔を左右に振り、飾り羽をひらひらとはためかせ合うようにダンスする。また、向き合って巣材を一緒にくわえたり、体をぶつけ合ったりする。

©Shota Nakahama

動画は求愛ディスプレイの一部、首振り行動を記録したもの。

♪鳴き声

震えが入った「クルォー、クルォー」という声や、「ケッケッケッ」という声で鳴く。
警戒するときは「ケケケ」と鳴くことも。

ハジロカイツブリ［羽白鳰］

カイツブリ目カイツブリ科カンムリカイツブリ属
［学名］*Podiceps nigricollis*
［英名］Black-necked Grebe

●姿勢 横向き ●行動位置 水上 ●季節性 冬 ●大きさ 31cm

灰色のカイツブリだが夏羽は美しく変身！

どんな鳥？ 冬鳥の小型カイツブリで、赤い虹彩が特徴。カイツブリ(p.102)よりやや大きい。名前の由来は翼(次列風切)が白いことからで、飛ぶときにそれが目立つ。

どこにいる？ 全国に飛来して越冬する。海岸や港湾、河口や湖沼などに生息。越冬時は単独で行動する。

観察時期 11月前後に渡ってきて、4月ごろまでに去る冬鳥。

外見 雌雄同色。冬羽では頬より上と首から体の上面が黒灰色で、ふつう頭頂が高く角張るが、比較的なだらかな個体もいる。喉と後頭、体の下面は白灰色。虹彩は赤い。夏羽になると体の下面以外が黒っぽくなり、目の後方に金色の飾り羽が伸びる。嘴はやや上に反る。類似種のミミカイツブリは、頭部がなだらかで角張らない。冬羽では頭頂の黒灰色と白い頬との境界がはっきり分かれ、ベレー帽をかぶったように見える。目から嘴の付け根まで赤い線があり、嘴は反らない。夏羽では首が赤褐色になる。

食べ物 潜水して水中の魚類や甲殻類を捕食する。

渡りの前は大きな群れになる

夏羽に換わるころ、海上などで大きな群れをつくり、繁殖地へ向けて渡っていく。群れが潜水したり浮上したりするようすは圧巻だが、なかなか見られる機会はない。

カイツブリと同じようにひなを背に乗せる

ヨーロッパからアフリカ、東アジア、北米から南米と広範囲で繁殖。カイツブリと同じように、ひなを背に乗せて泳ぐようすが微笑ましい。

高めあうふたり

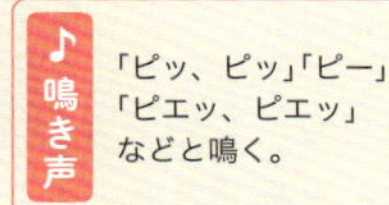

♪鳴き声

「ピッ、ピッ」「ピー」
「ピエッ、ピエッ」
などと鳴く。

音声

タゲリ［田鳧］

チドリ目チドリ科タゲリ属
［学名］*Vanellus vanellus*
［英名］Northern Lapwing

● 姿勢 横向き　● 行動位置 地上　● 季節性 冬　● 大きさ 32cm

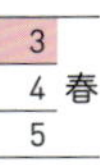

ぴょこんと伸びた「ちょんまげ」がチャーミング

どんな鳥？ 美しい虹色の翼と、ちょんまげのような冠羽が目立つ大型のチドリのなかまで、冬の農耕地を歩きながら獲物を探す。美しさと愛嬌を併せもつ人気の冬鳥だが、警戒心が強い。

どこにいる？ 本州以南に飛来し、水田や畑、河川敷などに生息する。

観察時期 晩秋、稲刈りが終わったころに飛来する冬鳥。広大な田んぼの中でお気に入りの区域がある。春までに繁殖地である中国などに去る。北日本では冬鳥だが、北陸や関東では繁殖例がある。

外見 雌雄ほぼ同色。顔は白く、くまどりのような黒い模様がある。頭頂は黒く、細長い冠羽がある。胸には幅広の黒い帯があり、上面と翼は緑や紫など虹色の光沢がある。足は暗い赤色で長くしっかりしていて、地上行動に適している。メスや若鳥は冠羽が短い。夏羽は、顔が白くなり、喉に黒い部分ができる。

食べ物 歩いたり、立ち止まったりしながら、ミミズや昆虫、カニや貝などの水生生物などを捕食する。

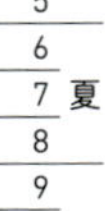

3 4 春 5 6 7 夏 8 9 10 秋 11 12 1 冬 2

タゲリあるある

だるまさんが転んだ！ 千鳥足が得意技

動画

ツグミ(p.286)の「だるまさんが転んだ」のように、数歩進んでは立ち止まる動きを繰り返しながら、目視で食べ物を探し、急に向きを変える「千鳥足」も見せる。そのほか、足踏みで昆虫や土壌動物を探ったり、足をふるわせたり地面を叩くなどして土の中からミミズやヤスデなどを追い出したり、引っ張り出して食べる行動も見せる。

足を使って食べ物を探索。

ふわふわ飛ぶ姿が英名の由来

翼を広げると風切羽は黒く、先端には丸みがある。この翼でふわふわとした独特の飛び方をする。

鳴き声はかわいらしいが群れで飛ぶ姿は優雅

ミミズなどを探して「だるまさんが転んだ」のように歩く姿と、音の出る玩具かネコのような鳴き声はかわいいが、飛ぶ姿は優雅。冬の田んぼに群れが舞うと、青空に白と黒のコントラストが映えて美しい。

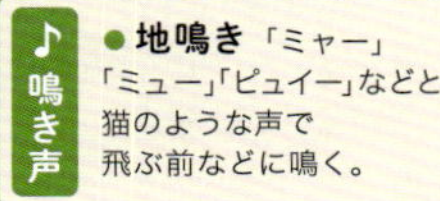

♪鳴き声

● **地鳴き** 「ミャー」「ミュー」「ピュイー」などと猫のような声で飛ぶ前などに鳴く。

音声

〈地鳴き〉

ケリ［鳧］

チドリ目チドリ科タゲリ属
［学名］*Vanellus cinereus*
［英名］Grey-headed Lapwing

●姿勢 横向き　●行動位置 地上　●季節性 留　●大きさ 36cm

用心深く、気が強い大型のチドリ

どんな鳥？ タゲリ(p.110)よりも大きく、スマートな体型で足も長いチドリのなかま。褐色の羽色が冬の農耕地に溶け込んで目立たない。警戒すると伏せてじっと動かないので、飛び立たせてしまって初めて存在に気づくことが多い。繁殖期は逆に、巣に近づく人や動物、天敵の猛禽類を、鋭く鳴きながら上空から急降下するなどして、激しく威嚇する。

どこにいる？ 東北から九州にかけて局地的に分布する留鳥。水田や畑、草地など開けた場所に生息。北日本の個体は冬は暖地へ移動。

観察時期 1年中。繁殖期は3～8月で、田んぼなどで営巣する。

外見 雌雄同色。頭部から胸の上部にかけて青灰色で、目には黄色いアイリングがあり、虹彩は赤。嘴は黄色で先端が黒い。胸にはリング状の黒い斑があり、下面は白い。足は嘴の色に近い黄色で、長くしっかりしている。翼下面は白と黒のコントラストが美しい。尾羽は白く、黒い帯がある。幼鳥は全体に色が淡く、虹彩は暗赤色。

食べ物 歩きながらミミズなどの土壌動物や昆虫などを捕食する。

ケリあるある

気持ちは首に表れる!?
頭の動きに注目!

カワセミのように頭を上下させて顔の向きを変える動きをする。警戒すると首を縮めたり、足を曲げて伏せたりすることも。逃げるときは徐々に首を伸ばしていき、最後にひと声鳴いて飛び去る。

伏せているとなかなか見つけられない。

長い足を使って
スマートに歩く

足が長く、歩くのが得意。ゆっくり歩いていたかと思うと、スタスタスタと早歩きしてある程度の距離を移動することも。長い足を器用に使い、地形に多少の起伏があっても頭や体をあまり上下させずに滑らかに歩くことができる。

歩きながらミミズなどを探す。

飛翔時は黒と白の
コントラストが美しい

飛ぶときは、翼の初列風切と雨覆の黒と、次列風切の白がはっきりとして目立つ。胸の黒い帯も下から観察するとよく見える。

立ち止まるときに
尾羽をふりふり

立ち止まったときなどに、尾羽をぴょこっと下げたり、左右にぷるぷるっとふるわせたりするようすが見られる。

● 地鳴き

「ケリ、ケリリ」と鋭く鳴くのが名前の由来。
また、「ピュイ、ピュイ」と音が出る子どもの靴や犬の玩具のような声でも鳴く。

〈地鳴き〉

チドリ科

イカルチドリ［桑鳲千鳥］

チドリ目チドリ科チドリ属
［学名］*Charadrius placidus*
［英名］Long-billed Plover

● 姿勢 やや立つ

● 行動位置 地上
● 季節性 留
● 大きさ 21 cm

足と嘴が長めでスリムなイメージのチドリ

どんな鳥？ 川の中流域の河原にすむチドリのなかま。コチドリ（p.116）に似るが、より大きく、足と嘴が長め。英名のLong-billed Plover（長い嘴のチドリ）もこの特徴から名付けられた。

どこにいる？ 本州、四国、九州に分布する。石がごろごろ転がる河原や田んぼなどに生息。干潟や海岸では少ない。

観察時期 1年中見られる留鳥。北海道では夏鳥。２月ごろから繁殖行動が始まり、盛んに鳴きながら飛びまわるなど、なわばりを占有する行動や求愛ディスプレイが見られる。非繁殖期には小さな群れをつくる。

外見 雌雄同色。頭から体上面、尾羽にかけては褐色。喉から体下面にかけては白い。夏羽では頭頂の前方に黒い部分があるが、冬羽では目立たなくなる。過眼線、黄色いアイリング、胸から後頭にかけて黒いリング状の斑があるが、いずれも類似種のコチドリより細く目立たない。

食べ物 河原を歩きながら昆虫や節足動物を、水辺を歩きながら水生昆虫を見つけて捕食する。

月	季節
3	春
4	春
5	春
6	夏
7	夏
8	夏
9	秋
10	秋
11	秋
12	冬
1	冬
2	冬

河原の景色に溶け込み見つけるのが難しい！

卵やひなは河原の石などに似た保護色で、天敵から見つけにくくなっている。成鳥も伏せてじっとして鳴かなければ、河原に転がっている大小さまざまな石にまぎれてわかりにくい。知らずに近づいて飛び立たせてしまい、初めて存在に気づくことが多い。

幼鳥と成鳥合わせて５羽いるのがわかるだろうか。

非繁殖期は群れる

非繁殖期には群れで行動する。写真は11月の観察で、30羽近い大きな群れだった。

♪鳴き声

● 地鳴き

「ピピピピピ」と短い音で連続的に鳴いたり、「ピィオ、ピィオ、ピィオ」などと間隔を空けて鳴く。

〈地鳴き〉

チドリ科

コチドリ［小千鳥］

チドリ目チドリ科チドリ属
［学名］*Charadrius dubius*
［英名］Little Ringed Plover

● 姿勢 横向き
● 行動位置 地上
● 季節性 夏 西日本では一部越冬
● 大きさ 16cm

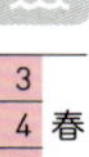

黄色いアイリングの小さなチドリ

▎どんな鳥？ その名の通り小型のチドリで、国内のチドリ類では最小。はっきりした黄色いアイリングが目立つ。

▎どこにいる？ 九州以北に渡来。河原や水田など水辺の砂れき地に生息するが、同じような環境があれば市街地でも繁殖することがある。

▎観察時期 3月ごろ繁殖地に飛来する夏鳥。夏にかけて子育てし、7～8月ごろには去る。繁殖期は雌雄ともに営巣地の上空を盛んに鳴きながら飛びまわる。本州中部以西では越冬する個体もいて、越冬地では10～2月ごろまで見られる。

▎外見 雌雄同色。夏羽は頭部から体下面にかけて白く、胸から後頭にかけて太いリング状の黒斑がある。黒くて太い過眼線があり、額と目の後方も黒く、黄色いアイリングが目立つ。頭頂と体上面から尾羽は褐色。冬羽では黒い部分が淡くなり、アイリングが目立たなくなる。類似種のイカルチドリ(p.114)よりもアイリングと黒い帯が目立つ。

▎食べ物 地上を歩きながら昆虫や土壌動物などを捕食する。

3 4 春 5
6 7 夏 8
9 10 秋 11
12 1 冬 2

繁殖に適した空き地をすばやく見つけて利用！

おもに水辺で繁殖するが、市街地の空き地で繁殖することもある。住宅地の空き地、砂利敷きの駐車場、ビルの屋上、造成前の公園やグラウンドなどを目ざとく見つけて子育てする。繁殖期とグラウンド造成の工期が重なったときは、工期を遅らせて無事に巣立つよう対応してもらったこともあった。

空き地で子育てするコチドリ。

頭を上下させるのは警戒しているサイン

動画

カワセミ（p.182）のように頭部を上下させて、鳴きながら顔の向きを左右に変える動きを見せることがある。これはなわばりに天敵が近づいたときの警戒行動。繁殖期なら近くに巣がある可能性が高いので、すみやかにその場を離れよう。

ゆずれない たたかい

♪ 鳴き声

● 地鳴き

「ピピピピピ」と連続的に鳴いたり、
「ピオ、ピオ、ピオ」と間隔を空けて鳴いたりする。抑揚をつけながら連続的に鳴くこともある。

音声
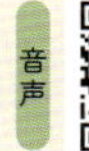

〈地鳴き〉

シギ科

ヤマシギ［山鷸］

チドリ目シギ科ヤマシギ属
［学名］*Scolopax rusticola*
［英名］Eurasian Woodcock

●姿勢 横向き　●行動位置 地上　●季節性 漂　●大きさ 34cm

一度見たら忘れられない!? 林に潜むユニークな風貌のシギ

どんな鳥？ ハト大のジシギ類。ずんぐりした体型にとがった形の頭、目の位置が頭頂の後頭寄りにあり、嘴が長いという独特の風貌。和名の由来は、山林にすむシギというところから。

どこにいる？ 本州中部以北および伊豆諸島で繁殖。本州以南で越冬。繁殖期は山地の広葉樹林、越冬期は平地の雑木林、湿地や農耕地などに生息する。夜間に行動することが多いが、昼間も活動する。薄暗い林にひっそり生息し、羽色のカムフラージュ効果も相まって、簡単には見つけられない。

観察時期 山地で繁殖し、平地で越冬する漂鳥。北海道では夏鳥、中部以南では冬鳥。繁殖地では３〜8月、越冬地では10〜3月に見られる。

外見 雌雄同色で、ずんぐりした体型。羽色は雑木林の落ち葉に溶け込むような色。頭部は頭頂が山形にとがり、４本の太い黒帯がある。目が頭頂の後頭寄りにあり、黒い過眼線が目立つ。嘴は太くて長い。

食べ物 長い嘴を盛んに地面にさしたり出したりしながら移動し、地中のミミズなどの土壌動物や昆虫を捕食する。

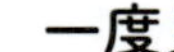

3 4 春 5
6 7 夏 8
9 10 秋 11
12 1 冬 2

ヤマシギあるある

独特な顔は身を助ける? じっと動かず周囲を見る

目が後頭寄りにあることで、地面に嘴を入れた体勢でも周囲をほぼ360°見渡すことができる。本種はすばやく飛びまわって逃げるより、じっと動かずにカムフラージュ効果で身を隠すほうが向いている。独特な顔はいち早く天敵を発見して対応することができる体のつくりだ。

目が自分の後ろも見ることができる位置についている。

プロポーズはナイトフライトで

大きな目は夜でも見える構造になっている。繁殖期のオスは暗くなると「チキ、チキ」と鳴いて飛び立ち、「ブーブー」や「ウー」などという声を出して飛びながらメスに求愛する。求愛に応じたメスはオスについて一緒に飛びまわる。ちなみに北米に生息する近縁のアメリカヤマシギは、飛ぶ速度が約8km/hで「世界一遅い鳥」として知られる。

©Munenori Miyauchi

1羽で飛ぶときは直線的だが、2羽で飛ぶときはジグザグに飛ぶ。

長い嘴をさし込んで食べ物を探す!

動画

嘴を地面にさし込んで上下させ、食べ物を探しながら雑木林の地上を移動する。長い嘴は先端だけを開くことができ、探りあてた生き物をつまみとることができる。

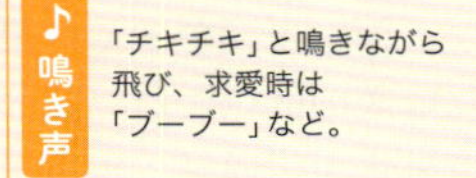

♪鳴き声

「チキチキ」と鳴きながら飛び、求愛時は「ブーブー」など。

音声

シギ科

タシギ［田鷸］

チドリ目シギ科タシギ属
［学名］*Gallinago gallinago*
［英名］Common Snipe

● 姿勢 横向き
● 行動位置 地上
● 季節性 旅 冬
● 大きさ 27cm

田んぼでせっせと活動する嘴の長いシギ

どんな鳥？ 水田や湿地など、開けた水辺で見られるシギ。ずんぐりした体型で、体の大きさに対して嘴が際立って長いのが特徴。

どこにいる？ 水田や湖沼、河川などに生息。湿った泥地を好む。狭い水路や三面護岸された川で越冬することも。

観察時期 春(4〜5月)と秋(8〜9月)の渡りでは、旅鳥として全国で見られ、関東以西では越冬する。越冬地では10〜11月に飛来し、3月までに去る。越冬期は数羽の群れで過ごすことも多い。

外見 雌雄同色。体型はころっとしていて、嘴が長い。長い嘴は地中の獲物を探索、捕らえるのに役立つ。褐色、茶、橙と黒からなるカムフラージュ効果のある羽色はジシギ類の他種に似ているが、本種は全体に黄みを帯び、白い線状の模様が太く目立つ点で区別できる。頭頂と左右3本の線も目立つ。尾羽は短いが、ジシギ類の中では長めで、翼をたたんだ状態でも外側へ出る。飛んだときには翼の後縁に白い線が出る。

食べ物 土壌動物や甲殻類、水生昆虫などを捕食する。

3 4 春 5 6 7 夏 8 9 10 秋 11 12 1 冬 2

タシギあるある

田んぼでダンス!? 尾羽をぷるぷるっ!

動画

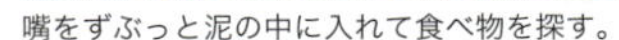
嘴をずぶっと泥の中に入れて食べ物を探す。

田んぼなどで、長い嘴を盛んに泥の中にさし入れ、獲物を探しながらせわしなく歩きまわる。このとき腰を上下に振りながらゆっくり歩くことがあり、リズムを取りながらノリノリで食べ物を探しているように見えるのは、ヤマシギ(p.118)同様に微笑ましい。この行動は、地中の土壌生物などをおびき出すための行動のようだ。ときおり短い尾羽をぷるぷるっとふるわせるが、これもまた愛嬌がある。

嘴なのに硬くなくてやわらかい?

長い嘴を泥の中に入れてミミズなどを食べるようすが観察できる。この嘴はとても硬そうで、けんかのときなどは強力な武器になるように思える。しかし、じつは先端から2cmほどはやわらかい構造。この先端部分を自在に動かせるので、地中の獲物を効率よく捕らえることができるというわけだ。

嘴の先が動くので採食に役立つ。

オスとメスが向かい合って求愛し、飛んで愛を確認

求愛のディスプレイは、雌雄が向かい合い、尾羽を立てて扇のように広げ、体を上下させるが、観察できるのはまれ。繁殖地では、羽音を立てながら急降下する求愛飛翔も行なうようだ。

いつか見てみたいものだ。

♪ 鳴き声

● 地鳴き

ほとんど鳴かないが「ジュエー、ジュエー」と鳴くことがある。
また、危険を感じて飛び立つときなどに「ジェッ」と短く鳴くことも。

音声

〈地鳴き〉

イソシギ［磯鷸］

シギ科

チドリ目シギ科イソシギ属
［学名］*Actitis hypoleucos*
［英名］Common Sandpiper

● 姿勢 横向き ● 行動位置 地上 ● 季節性 留 ● 大きさ 20 cm

水辺でよく見られる身近なシギ

どんな鳥？ ほぼ全国の水辺でふつうに見られるシギ。腰を振るような独特の動きをしながら、水辺をすばやく歩きまわったり、低く飛んだりして細長い嘴で採食するようすがよく見られる。

どこにいる？ 奄美諸島以北に分布。河川、湖沼、河口、海岸など幅広い水辺環境に生息し、都市公園の池に姿を見せることもある。和名は「磯のシギ」というのが由来だが、海岸だけでなく淡水環境にもよくいる。河川の上流部でも見かけることがある。群れをつくることは少なく、つがいになる時期以外は単独で生活することが多い。

観察時期 ほぼ1年中観察できる留鳥。北日本では夏鳥。

外見 雌雄同色。上面は褐色で、灰色みの強い個体もいる。下面は白く、白い羽の一部が脇から肩のほうへ入りこむ。頭部は白い眉斑と白いアイリングがあり、黒い過眼線が目立つ。頭頂は上面と同じ褐色。

食べ物 水辺を歩きながら、水生昆虫や幼虫、小魚や小型の甲殻類、水辺を飛ぶハエやユスリカなどの昆虫を捕食する。

3 4 春 5 6 7 夏 8 9 10 秋 11 12 1 冬 2

腰&尾羽をふりふり!
セキレイのような行動が見られる

動画

シギ・チドリ類は見分けにくいものが多いが、イソシギは見分けが容易。脇の白い羽が上に向かって入るのが大きな特徴だ。また、本種はセキレイ類のように腰と尾羽をよく振る行動をするが、それも見分けやすいポイント。

独特の飛び方と
白い翼帯に注目

翼を下げ、先端だけをふるわせるように上下させる独特の羽ばたきで、水面すれすれをまっすぐ飛ぶ。「チーリーリー」と澄んだ声で鳴きながら飛ぶことが多い。翼を広げると白い帯(翼帯)が目立つ。

子育てのためなら
踏ん張ります!

河原の草むらなどで営巣するが、海外では、本来の営巣場所が大雨の影響で水没し、やむを得ず芝生地の木の根元に営巣した例も。人や機械に踏まれる危機を乗り越えて、繁殖に成功したという。

● さえずり
地鳴きと同じような笛の音で
「ピピピピ、ピピピピ」
「ピロロロ、ピロロロ」と鳴く。

● 地鳴き
笛ラムネのような声
「ピー、ピー、ピー」と鳴く。

〈さえずり〉

ユリカモメ［百合鷗］

チドリ目カモメ科ユリカモメ属
［学名］*Chroicocephalus ridibundus*
［英名］Black-headed Gull

● 姿勢 横向き
● 行動位置 水上 地上
● 季節性 冬
● 大きさ 40 cm

海岸や河川、都心の公園にもくる身近なカモメ

どんな鳥？ 海辺だけでなく、身近な公園でもよく見かける小型のカモメ。赤い嘴と足、目の後方の黒斑で他種と容易に見分けられる。名前の由来は、「入り江カモメ」が転じたという説や「ユリのように白い」などの説がある。1965年に東京都の鳥に指定されている。

どこにいる？ 全国に飛来する。海岸や港、干潟など海辺のほか、内陸の河川、湖沼、公園の池などでふつうに見られる。夜間は水面で休息し、早朝に移動して採食。夕方また群れになり海などに戻る。

観察時期 秋に各地で確認され、越冬ののち、春に北へ去る冬鳥。

外見 雌雄同色。冬羽は頭部と胸、下面にかけて純白で、目の後方に黒い斑がある。虹彩は暗色。上面と翼は淡い青灰色。嘴と足は赤い。若鳥は雨覆に褐色の斑が入り、嘴と足が橙黄色。夏羽では頭部はこげ茶色になり、ズグロカモメに似るが、ズグロカモメの嘴は本種よりも短くて黒い点で見分けられる。本種の嘴は濃い赤になる。

食べ物 魚類や昆虫、甲殻類を捕食するが、雑食で残飯なども食べる。

求愛？けんか？
にぎやかにシンクロする2羽

真冬の干潟で２羽のユリカモメが、にぎやかに鳴き合っていた。頭を上げたり、突き出したりしながら鳴き、２羽の動きがそろっていた。その後２羽は離れ、静かになった。求愛行動なのか、争っていたのか、興味深い行動だった。

餌の切れ目が
縁の切れ目？

内陸の公園にも飛来するのは、餌を与える人がいるからだ。筆者が観察を続けている公園では毎シーズン数十羽が飛来し、パンやスナック菓子などをもらいながら越冬していた。ある年から餌やりをやめてもらったところ、次のシーズンには数が激減し、その翌年からまったく飛来しなくなった。その後もまれに単独で現れることがあるが、翌日にはいなくなる。偵察役がたまにようすを見に来ているのかもしれない。

公園で餌に群がるユリカモメとオナガガモ。

ユリカモメが
本当の都鳥!?

都鳥の別名もある。平安時代の『伊勢物語』には「名にし負はば いざ言問はむ都鳥 わが思ふ人はありやなしやと」（在原業平）という有名な和歌があるが、この鳥はミヤコドリ科のミヤコドリではなく、ユリカモメのことだといわれている。ほかにも『万葉集』にも都鳥が登場するが、ユリカモメとミヤコドリ、それぞれを歌った和歌が混在するとされている。そんな視点で古典を読むのもおすすめだ。

古くから和歌などに詠まれてきた。

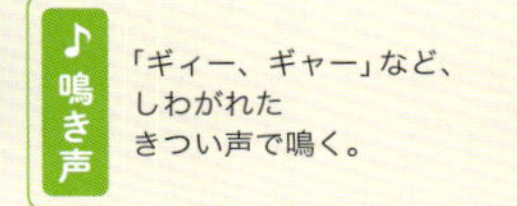

♪ 鳴き声

「ギィー、ギャー」など、しわがれたきつい声で鳴く。

音声

ウミネコ［海猫］

チドリ目カモメ科カモメ属
［学名］*Larus crassirostris*
［英名］Black-tailed Gull

● 姿勢 横向き
● 行動位置 水上 地上
● 季節性 留
● 大きさ 46cm

ネコのような鳴き声が名前の由来

どんな鳥？ 水辺でふつうに見かけるカモメ。
どこにいる？ 本州以南で１年を通して見られ、海岸や港、河口などに生息。越冬期は公園の池でもよく見られる。
観察時期 1年中見られる留鳥。北海道では夏鳥。
外見 雌雄同色。冬羽では頭部から胸、下面にかけて白く、頭部に褐色の斑。嘴は黄色で先端が赤く、手前に黒斑がある。上面と翼は濃い黒灰色。白い尾羽に黒い帯があるのが特徴。
食べ物 魚類や甲殻類、昆虫のほか、動物の死骸や残飯も食べる。

市街地の屋上で集団繁殖！

通常は離島や海岸で集団繁殖するが、近年、東京の市街地のビルの屋上や不忍池の浮島などでも繁殖が確認されている。

● **さえずり** 「オオ、オオ、オオ、ミャー、ミャー、ミャー」などネコのような声。

● **地鳴き** 「ミャー」「ミョー」。映画やドラマなどの海の場面でもよく使われる。

カモメ［鴎］

チドリ目カモメ科カモメ属
［学名］*Larus canus*
［英名］Common Gull

● 姿勢 横向き
● 行動位置 水上 地上

● 季節性 冬
● 大きさ 45cm

「ミュー」と鳴くカモメ

どんな鳥？ カラスという名のカラスはいないが、カモメという名のカモメはいる。「ミュー」という鳴き声から英名では「Mew Gull」とも呼ばれる。

どこにいる？ 全国に飛来する。海岸や漁港、河口や干潟に生息するほか、内陸の河川や湖沼にも来る。北日本に多い傾向がある。

観察時期 秋に飛来し、春までに去る冬鳥。

外見 雌雄同色。冬羽では頭部から胸にかけて白く、汚れたような褐色の斑がある。

食べ物 魚類や甲殻類のほか、トラクターの後ろについて歩き、昆虫などを食べることも。

他のカモメ類の中に混じっている

ウミネコ（p.126）やユリカモメ（p.124）などと群れをつくることが多い。左がカモメ、右がウミネコ。

「ミュー、ミュー」と短く鳴いたり、叫ぶように「ミュイーヤー」「ミュイーヤー」と鳴いたりする。

季節	月
春	3
	4
	5
夏	6
	7
	8
秋	9
	10
	11
冬	12
	1
	2

セグロカモメ［背黒鷗］

チドリ目カモメ科カモメ属
［学名］*Larus vegae*
［英名］Vega Gull

●姿勢 横向き
●行動位置 水上 地上
●季節性 冬
●大きさ 61cm

名前は「背黒」でも、背は灰色

どんな鳥？ よく見かけるユリカモメ(p.124)などより、ふたまわりは大きいカモメ。

どこにいる？ 全国に飛来し、海岸や漁港、河口、干潟などに生息する。内陸の河川や湖沼、公園の池にも現れる。

観察時期 秋に飛来し、春までに去る冬鳥。

外見 雌雄同色。冬羽では頭部から胸にかけて白く、汚れたような褐色の斑があるが、個体差が大きい。虹彩は黄色で、目の周囲に赤いアイリングがある。体の上面は青灰色で、黒い初列風切と色の差がある。足はピンク色。

食べ物 魚類や貝、ウニ、水生昆虫などのほか、動物の死骸や漁港で捨てられたアラや、残飯などいろいろなものを食べる。

落下させて殻を砕く

本種とオオセグロカモメ（右頁）は干潟などで二枚貝をくわえて飛び、上空から落として殻を割って食べる行動が見られる。

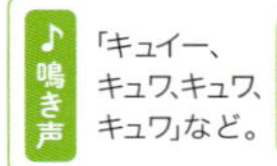

月	季節
3	
4	春
5	
6	
7	夏
8	
9	
10	秋
11	
12	
1	冬
2	

オオセグロカモメ［大背黒鷗］

チドリ目カモメ科カモメ属
［学名］*Larus schistisagus*
［英名］Slaty-backed Gull

● 姿勢 横向き
● 行動位置 水上 地上
● 季節性 冬 北方では夏鳥
● 大きさ 64 cm

背が黒っぽい大型のカモメ

どんな鳥？ 背が黒灰色の大きなカモメ。大型カモメ類の中では背や翼の色が最も濃い。

どこにいる？ 全国に飛来する冬鳥だが、東北以北では繁殖。岩礁で集団繁殖するほか、港や市街地でも営巣。海岸や漁港、河口などに生息し、内陸の河川や湖沼、市街地にも飛来する。

観察時期 秋から春。北日本では１年中。

外見 雌雄同色。冬羽では頭部から胸にかけて白く、汚れたような褐色の斑があり、目の周囲の斑が濃い。上面は濃い黒灰色で、初列風切先端の黒色との差はあまり目立たない。下面や尾羽は白。夏羽では頭部から胸にかけて白になる。

食べ物 魚類や甲殻類、動物の死骸などを食べ、海鳥の卵やひなも捕食する。

市街地上空を飛び交う

北海道ではビルの屋上などで繁殖している。夏の札幌では繁殖中の個体が街の上空を飛ぶようすが見られる。

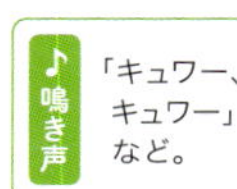

「キュワー、キュワー」など。

	月
春	3
	4
	5
夏	6
	7
	8
秋	9
	10
	11
冬	12
	1
	2

COLUMN

身近で見られるカモメを見分けよう

身近な環境で見られるカモメは多くない。
容易に見分けられるユリカモメ以外の４種を見分けるポイントを紹介する。

頭部に褐色斑
青灰色。
この濃さを基準として覚えるとよい
嘴は黄色で
先端に赤色斑
黒色で先端に
白斑がある
尾羽は白い
足はピンク色
セグロ
カモメ
p.128

頭部に褐色斑。
目の周囲に多い
黒灰色。大型カモメで最も濃い
嘴は太め。
黄色で
先端に赤色斑
黒色で先端に
白斑がある
尾羽は白い
足は肉色で
赤みが強い
オオセグロ
カモメ
p.129

カモメ科

コアジサシ［小鰺刺］

チドリ目カモメ科コアジサシ属
［学名］*Sternula albifrons*
［英名］Little Tern

● 姿勢　横向き
● 行動位置　地上
● 季節性　夏
● 大きさ　28cm

急降下してダイビングし、魚を捕らえる小型のアジサシ

どんな鳥？ ヒヨドリ大でスリムな体型の水鳥。水辺の上空を飛びながら魚を探し、狙いを定めると急降下して捕らえる。かつては都市公園や皇居のお堀で見られるほど身近な鳥だったが、近年個体数が減り、次第に見られなくなってきている。

どこにいる？ 本州以南に飛来し、海岸、河口、河川や湖沼に生息する。河川の中州や砂浜、空き地や埋め立て地など、砂れき地に巣をつくり、集団で繁殖。繁殖後の晩夏は干潟などに集団が見られる。

観察時期 初夏から夏にかけて子育てし、秋に去っていく夏鳥。4〜5月ごろに飛来し、コロニー（集団営巣地）を形成する。

外見 雌雄同色。頭部はなだらかで、帽子をかぶったように黒く、額は白い。黒い過眼線も太い。黄色い嘴は鋭く、先端が黒い。上面や翼は淡い青灰色で、頬から下面にかけては白い。足は短めで黄色い。

食べ物 ダイビングして水面近くの小魚を捕らえる。名前は「鯵刺し」だが、アジだけを好んで食べるわけではない。

3 4 春 5 6 7 夏 8 9 10 秋 11 12 1 冬 2

コアジサシあるある

まっ逆さまにダイビング！

水上をひらひらと飛びまわり、あるいは空中の一点にとどまる停空飛翔をしながら狙いを定め、獲物に向かって急降下。翼を広げたまま真下に頭から降下し、水面に落ちる。くるくるときり揉みするように落ちることも。水面近くの小魚をすくうようにして捕らえる。

上空を飛んで獲物を探す。

見事に小魚をゲット。

獲物を見つけると水面に向かって急降下。

つがいの愛情確認はプレゼント作戦で

メスのために魚を捕ってきて求愛するオス。

オスは捕らえた魚をメスにプレゼントして求愛する（求愛給餌）。魚をくわえた嘴を上に向け、メスの周囲を歩きまわるディスプレイも行なう。つがい成立後もメスはプレゼントのおねだりを続けるので、交尾の前にはプレゼントが欠かせない。これはカワセミ（p.182）の求愛給餌と同じで愛情確認の意味があり、どこか人間の行動のようでおもしろい。プレゼントの要求は抱卵(ほうらん)が始まるころまで続くという。

●地鳴き

飛びながら「クイッ、クイッ」「キリッ、キリッ」「キッ、キッ、キイッキイッ」などとよく鳴く。

〈地鳴き〉

COLUMN

コアジサシの保全活動「リトルターン・プロジェクト」

コアジサシは個体数が減り、絶滅のおそれがあるとして環境省のレッドリストに記載されている。繁殖には玉砂利の河原や砂浜のような環境が必要だが、そのような営巣できる場所が減少しているのが現実だ。保護活動は各地で行なわれているが、NPO法人リトルターン・プロジェクトは、コアジサシが営巣できる環境を整備しながら、保全する活動に取り組んでいる。ちなみにリトルターン(Little Tern)は、コアジサシの英名だ。

○安心して営巣できる環境づくり

本来、営巣は川の中州や砂地、海岸の砂浜などにくぼみを掘り、小石や貝殻などを敷いて子育てする。保護活動を展開している施設屋上の営巣地では、玉砂利を敷いて子育て環境を整備。広さは約6.2 ha。コアジサシを誘引して繁殖を促すため、デコイ(本物に似せてつくったおとりの模型)を設置し、スピーカーで鳴き声を流している。コアジサシにとって、なかまが多いことは安心につながるためだ。

もともと開けた環境で子育てするため天敵が多い。プロジェクトの営巣地では、生まれたひなが逃げ込むためのシェルターも設置し、カラスやタカ類などの天敵からひなを守る工夫をしている(ちなみにネコも入れないように、対策されている)。

こうした努力によって、2001年から2021年の20年間の活動で、累計11522羽がふ化し、1824羽が巣立った(推定値)。

スピーカーからコアジサシの鳴き声が流れるしくみ。

デコイのそばで営巣する親鳥。　©LITTLETERN PROJECT

○これまでの活動の足跡

プロジェクトでは営巣地の整備、調査方法、天敵対策など試行錯誤を繰り返してきた。

プロジェクトの目下の課題は、天敵（カラス類、チョウゲンボウ）対策。この営巣地での安定した繁殖を目ざして、今後も活動を続けていく。興味のある方は、ぜひプロジェクトに参加したり、支援してみよう。

ウェブサイト：https://littletern.net/

※写真と動画はすべて
リトルターン・プロジェクト提供

手づくりのデコイを営巣地に設置。

営巣状況を調査する。

元気いっぱいのひなに
親鳥は大忙し。

動画

危険を知らせる鳴き声に反応し、
身を隠す幼鳥。

動画

天敵のチョウゲンボウを集団で威嚇する親鳥たち。

立派に育った幼鳥。無事にまた戻ってきてね。

ウ科

ウミウ［海鵜］

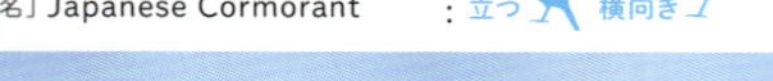

カツオドリ目ウ科ウ属
［学名］*Phalacrocorax capillatus*
［英名］Japanese Cormorant

海に生息するが、「鵜飼い」に使われる

どんな鳥？ おもに海域に生息するウで、カワウ(p.138)より希少。岩場や小さい島などにコロニーをつくって、集団で営巣。鵜飼いに使われる。

どこにいる？ 九州以北で局地的に分布し、北海道では比較的多い。岩礁や断崖のある海岸などに生息する。カワウと違って樹木にはあまりとまらない。市街地の身近な環境では見る機会が少ないが、まれに公園の池などに現れることもある。観察地の環境は参考になる情報だが、「公園の池にいるのでカワウ」「海にいるからウミウ」と決めつけず、しっかり観察することが大切。身近な公園にいるウをよく見てみよう。

観察時期 繁殖地では留鳥、それ以外の地域では冬鳥。

外見 雌雄同色。カワウより大きい。ほぼ全身が黒く、翼や背には黒緑色の光沢がある。カワウ同様、繁殖羽では頭頂から首にかけてと足の付け根が白くなる。虹彩はエメラルド色。

食べ物 海中に深く潜水し、魚類や甲殻類などを捕食する。集団で採食する行動が見られる。

3 4 5 春
6 7 8 夏
9 10 11 秋
12 1 2 冬

カワウとウミウを見分けよう!

ウミウの羽色は全体が黒で緑色の光沢を帯びるが、カワウは全体が黒く、上面が茶褐色だ。他にも違いがいくつかある。

飛翔時 カワウは翼が体の中央にあるが、ウミウは翼が体のやや後方にある。

鵜飼いに使われるのは我慢強いから!?

長良川(ながらがわ)の鵜飼いでは、茨城県で捕獲したウミウを鵜匠(うしょう)が訓練して使う。カワウではなくウミウを使うのは、カワウより大型で喉が太く、体力で勝り、おとなしく我慢強い傾向があるからだといわれている。

飛びたくなかった?

動画

防波堤をひょこひょこ歩いて移動する個体がいたが、飛びたくなかったのだろうか。ちなみにウのなかまでガラパゴス諸島に分布するガラパゴスコバネウは、「飛べないウ」として知られる。

飛びたくなかった?

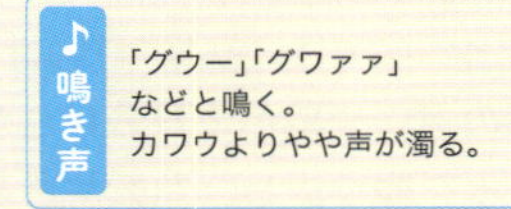

♪鳴き声

「グウー」「グワァァ」などと鳴く。
カワウよりやや声が濁る。

音声

ウ科

カワウ［川鵜］

カツオドリ目ウ科ウ属
［学名］*Phalacrocorax carbo*
［英名］Great Cormorant

● 姿勢
立つ 横向き

● 行動位置
樹上 水上

● 季節性
留

● 大きさ
82 cm

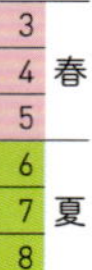

潜水が得意で大食いの黒いハンター

どんな鳥？ 卓越した潜水能力で、魚類を巧みに捕食する大型の黒い水鳥。ウというと鵜飼いを連想するが、国内の鵜飼いで使われるのはおもにウミウ(p.136)だ。高度成長期の公害による環境悪化で絶滅が危惧されるほど個体数が減ったが、その後の水質改善などによって、個体数は増加中。水辺近くの樹木に営巣し、コロニーをつくることが多い。

どこにいる？ 全国に分布する。河川、湖沼から河口、海岸などに生息する。

観察時期 1年中見られる留鳥。北海道では夏鳥、九州南部より南方では冬鳥。おもな繁殖期は春から初夏にかけてだが、食資源が豊富であれば、秋冬にも子育てし、1年を通して繁殖するようになることも。

外見 雌雄同色。ほぼ全身が黒く、翼は茶褐色で光沢がある。繁殖羽では頭頂から首にかけてと足の付け根が白くなる。嘴は細長くて付け根が黄色く、その外側の裸出部(皮膚)は白い。虹彩は美しいエメラルド色。ウミウとは頭部の白い裸出部(らしゅつぶ)の違いや羽色で見分けられる。

食べ物 潜水を繰り返し、魚類や甲殻類などを捕食する。

3 4 5 春
6 7 8 夏
9 10 11 秋
12 1 2 冬

カワウあるある

翼を広げるのはいったいなんのため？

動画

石や杭などにとまり、翼を広げてひらひらさせるようすをよく見かける。これはポーズをとったり、パフォーマンスしたりしているわけではなく、翼を乾かす行動。本種の羽毛には油分が少なく、潜水時に水の抵抗が少なくて有利だが、その反面、乾きにくい。翼が濡れたままでは体温維持や飛ぶのに不都合なので、ときどき乾かす必要がある。

猛暑はカンベン！嘴を開ける理由

動画

暑い日には嘴を開けて頬をふるわせる行動が見られる。犬が口を開けて舌を出し、ハアハア息をするのと同じで、体温を下げるために行なっていると考えられている。

枝をくわえて情熱的に求愛！

動画

オスは巣材となる木の枝をくわえてメスに渡すことでプロポーズ。雌雄で樹上に木の枝を組んだ巣をつくり、子育てする。オスは巣の上に伏せ、頭を後ろに大きく反らすディスプレイをする。メスがオスに応じると交尾し、巣材を一緒にくわえるなどしてきずなを深める。

巣上で反りかえってメスに求愛するオス。

水音を立てて豪快に水浴び

本種の水浴びはとにかく豪快。「バシッバシッバシッ」と騒々しいほどの音を立て、大きな翼を力強く水面に叩きつける。これを数回繰り返す。

♪鳴き声

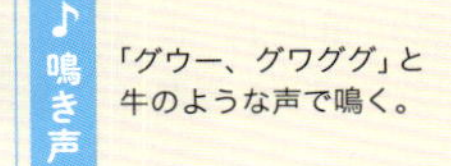

「グウー、グワググ」と牛のような声で鳴く。

サギ科

ミゾゴイ［溝五位］

ペリカン目サギ科ミゾゴイ属
［学名］*Gorsachius goisagi*
［英名］Japanese Night Heron

姿勢：立つ　行動位置：地上　季節性：夏　大きさ：49cm

里山の薄暗い森にすむサギ

どんな鳥？ 沢沿いの薄暗い森にすみ、樹上の巣で子育てするサギのなかま。姿を見かける機会は少ないが、春秋の渡りの途中で都市公園の林のような身近な環境にも立ち寄ることもある。まれに、緑地もない街のどまん中に突然現れて、謎の鳥として人々を驚かせることも。

どこにいる？ 本州、四国、九州に分布し、里山や低山の沢が流れる広葉樹林などの樹上で営巣する。日本国内のみで繁殖するサギで、2021年現在の世界の総個体数は約1000羽とされる。

観察時期 4月ごろに渡来し、子育てののち10月頃に去る夏鳥。

外見 雌雄同色。頭部から上面、尾羽にかけては赤みのある栗色で、頭頂はやや紫色を帯びる。目先や嘴にはかすかに青みがあり、繁殖期に濃くなる。下面はやや白っぽく、首から胸にかけて黒い縦斑があり、腹にも数本の黒い縦斑がある。虹彩は黄色。

食べ物 林縁や沢を歩きまわってミミズやムカデ、ハサミムシ、サワガニ、昆虫などを捕食する。

隠れ身の術で敵から身を守る

天敵の声や気配を感じると、首を伸ばしてじっと動かなくなる。首から下腹にかけての黒い縦斑が周囲の環境に溶け込み、カムフラージュになるという。その効果のほどはわからない。

謎の鳥が出現!?
東京・新宿駅に登場

2020年5月15日、新宿駅東口にたたずむミゾゴイが発見された。見慣れない「謎の鳥」としてちょっとした騒ぎに。時期的に渡り途中に地上に降りたものと推測されるが、よりによって日本有数の繁華街のターミナル駅に降りるとは、なんともお茶目である。

まるで分身の術!?
幼鳥のエサゴイ

巣立った幼鳥が、ダンスを踊るような動きを見せることがある。頭の高さまで両翼を上げ下げするのだ。これは親鳥に食べ物をねだるときの行動で、翼を上下に動かし続けることで、2～3羽のひなが給餌をせがんでいるように見せ、給餌を促す「分身の術」だという説がある。

食後にくねくね!
首を動かす理由

動画

ミゾゴイは移動時に首を左右にくねらせることがあるが、その理由ははっきりわかっていない。威嚇のための行動という説もあるが、捕食後によく行なうことから、食べたものを効率的に消化するための行動という説があたっているかもしれない。

♪鳴き声

おもに繁殖期の夜間に、「ポー、ポー」とウシガエルのような声で鳴く。

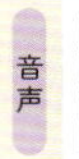

音声

サギ科

ゴイサギ［五位鷺］

ペリカン目サギ科ゴイサギ属
［学名］*Nycticorax nycticorax*
［英名］Black-crowned Night Heron

● 姿勢 立つ
● 行動位置 地上
● 季節性 留
● 大きさ 58 cm

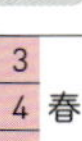

なかなか首を伸ばさない夜行性のサギ

どんな鳥？ 日中はおもに水辺のやぶで休んでいて、夕暮れになると、ひと声鳴いて飛び立ち、行動を開始する夜行性のサギ。首を縮めてめったに伸ばさない体勢に、紺色と白の羽色も相まって、都市公園では「ペンギンみたい」と親しまれることも。和名は『平家物語』の中の故事が由来とされる。醍醐天皇の命によって本種が捕らえられたときにおとなしくしていたので、神妙なりとして帝から正五位の位階を賜ったという。

どこにいる？ 本州以南に分布する留鳥で、河川や湖沼、公園の池などの水辺に生息する。

観察時期 １年中。春から初夏に子育てする。東北以北では夏鳥。

外見 雌雄同色。頭部から上面にかけては濃紺で、翼は青灰色。後頭に細長い２本の白い冠羽がある。虹彩は赤く、顔から下面にかけては白い。足は黄色。若鳥は茶色と白のまだら模様で、俗に「ホシゴイ」と呼ばれ、別種と間違えられることもある。成鳥の羽衣になるまで２～３年かかる。虹彩は黄～橙色。

食べ物 水辺で魚類や甲殻類、カエルなどを捕食する。

3 4 春 5 / 6 7 夏 8 / 9 10 秋 11 / 12 1 冬 2

ゴイサギあるある

たまには泳ぐ!?

ふつうは水辺にとまって獲物を待ち伏せしたり、歩いて獲物を捕らえたりするが、カモが泳ぐような姿勢でいるのを観察した。たまにはカモのように泳ぐのかと思いきや、よく見ると繁茂した水草の上を歩いているようだ。

獲物を求めてゆっくり歩いていたのだろうか。

チャンスがあればこんなものも食べる!?

通常はおもに魚類や甲殻類、両生類を捕食するが、カイツブリ(p.102)のひなを捕食することもある。写真の捕食シーンは積極的に襲ったのではなく、ゴイサギのすぐ目の前に、運悪く浮かんでいたためにパクっとやられたところ。機会があればいろいろなものを食べる。

カイツブリのひなを捕食。嘴から足が見えている。

ペンギンじゃないよ！　ペンギンじゃないけど…

首を縮めていることが多いので、パッと見るとペンギンぽい印象があるようだ。かつて上野動物園のペンギン舎に忍び込み、餌の魚を横取りする個体がいた。来園者からは好評だったが、感染症予防のためにネットが設置され、入れなくなってしまった。

あまり首を伸ばさないが、たまに伸ばす場面が見られる。首を伸ばすとサギらしく見える。

ゴイサギ(右)は、ペンギン(左)と一緒にいても違和感がない？

♪ 鳴き声

飛び立つとき、飛んでいるときなどに「クワッ」と鳴く。
夜歩いていると、上空から鳴き声が聞こえることもある。

サギ科

ササゴイ［笹五位］

ペリカン目サギ科ササゴイ属
［学名］*Butorides striata*
［英名］Striated Heron

●姿勢 立つ
●行動位置 地上
●季節性 夏
●大きさ 52cm

笹の葉模様の翼をもつサギで「釣り」が得意

どんな鳥? 鋭く長い嘴を使って魚を捕食するサギ。一部地域では生き餌や疑似餌を使って「釣り」をする個体もいる。名前の由来は、翼の白い模様が笹の葉に似ていることから。

どこにいる? 九州以北に飛来し、北海道では少ない。九州南部以南では越冬個体も。河川や湖沼、池などに生息する。水辺に近い林や高木などに小規模のコロニーをつくって繁殖する。

観察時期 春に飛来し、秋ごろに去る夏鳥。南西諸島では冬鳥。

外見 雌雄同色。全体に青みを帯びた灰色。頭部は紺色で、後頭に細長い冠羽が伸びる。虹彩は黄色で、目の下には紺色の線がある。足は黄色だが、繁殖期に赤くなる個体もいる。幼鳥は体が黒褐色で、翼には白斑があり、体の下面は白で褐色の縦斑がある。喉の両脇の白い線が目立つ。

食べ物 水辺を歩いたり待ち伏せしたりして、魚やカエルなどを捕食する。生き餌や疑似餌を使って獲物を引きつけ、捕食する積極的な行動も一部地域で見られる。

3
4 春
5
6
7 夏
8
9
10 秋
11
12
1 冬
2

まさに釣り人さながら！ ササゴイの巧みな技

ふつうは歩くか待ち伏せるかして、近づいてきた獲物に飛びついてくわえとる。だが、熊本県や鹿児島県には「釣り」をする個体がいる。魚の釣り餌となるもの、あるいはそれに代わるものを使って、獲物を「射程距離」に引きつける積極的な行動だ。

©Hiroyoshi Higuchi

1

釣りのポイントへ移動し、餌を調達

岸辺の石や低木の枝など、お気に入りのポイントへ移動し、餌を調達する。ハエやトンボ、アリなどの昆虫やクモ、ミミズなどの生き餌から、木の実や小枝、樹皮やキノコ、羽毛といったものも使う。また、人が魚に与えるために池に投げ込んだパン切れやスナック菓子も利用する。小枝を使う場合、長さを調節するために折ることもする。道具をつくって使う知恵には脱帽する。

2

餌を投入する

餌を投げ込み、流れに乗って自分のほうに近づく餌を見つめ、魚が近寄ってきたら捕らえる。また、複数の餌を次々に投げ込む撒き餌漁のようなこともする。うまくいかなかった場合、同じことを繰り返したり、餌をくわえて別のポイントへ移動して試したりする。まさに「釣り人」のような行動だ。

3

状況に応じて釣り方を変える

岸辺に低い石や水面に近い木の枝がない場合は、水の中に直接立ったり、木の高い位置から餌を投げたりする。不利を補うために餌を次々に投げたり、じっくりと狙いを定めて投げることも。状況に合わせて釣り方を変えるが、狩りの成功率はそう簡単には上がらない。

4

離れ業も

熊本の個体が見せる離れ業が、魚の動きをじっくり見つめ、その目の前に餌を投げる方法。鼻先に落ちてきた餌（らしきもの）に魚が近づいた瞬間に捕らえるのだ。「釣り」の行動は海外の個体でも見られるが、この方法は国内外問わず、他の地域では見られないという。

♪ 鳴き声

飛翔時や樹上などで
「ピョー」「キュー」「キュウ、キュウ」など高い声で鳴く。
「ゴア」と低い声で鳴くことも。

音声

アマサギ［黄毛鷺］

ペリカン目サギ科アマサギ属
［学名］*Bubulcus ibis*
［英名］Cattle Egret

● 姿勢 立つ
● 行動位置 地上
● 季節性 夏
● 大きさ 51 cm

夏羽の色が名前の由来のシラサギ

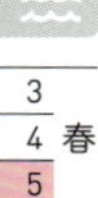

どんな鳥？ 小型の「シラサギ」で、群れで行動することが多い。夏羽の色が名前の由来だが、亜麻色（淡い黄褐色）とは若干異なるため、飴色（淡い橙色）が転じたようだ。名前の通り、淡い橙色と純白の取り合わせが美しい。近年、分布や総個体数が減少している。

どこにいる？ 本州以北に飛来する。チュウサギ（p.152）と同様に、河川や湖沼などの水辺ではなく、おもに水田や畑、草地など比較的乾いた環境に生息する。九州以南では越冬する個体も少なくない。

観察時期 春に飛来し、秋ごろに去っていく夏鳥。

外見 雌雄同色。夏羽では頭部から首、胸にかけて淡い橙色になり、背にも同色の飾り羽が伸びる。嘴は橙色で、足は黒。婚姻色では、嘴の基部やアイリングが赤みを帯びる。冬羽は全身が純白になるが、黄色が頭頂など一部に残る個体も。嘴の色は冬でも変わらず橙色のため、比較的大きさが近いコサギ（p.154）と見分けられる。

食べ物 バッタやミミズ、カエルなどを好む。

月	季節
3	
4	春
5	
6	
7	夏
8	
9	
10	秋
11	
12	
1	冬
2	

田んぼや草原などで群れでいることが多い

アマサギは他のサギ類に比べると群れで行動することが多い。開けた草地などで、数十羽の群れになることも珍しくない。群れでトラクターについていき、飛び出した昆虫や掘り出された土壌動物を捕食するようすも見られる。

牛などの背にとまる姿から共生の象徴とされる

違う種の生き物同士の相利共生の象徴として紹介されることが多い。シマウマやバッファローは寄生虫をアマサギに食べてもらい、アマサギは虫を容易に得ることができる。英名のCattle Egret（ウシサギ）もそこから名付けられた。

牛やトラクターなどのまわりにいるようすがよく見られる。

バッファローの背に乗る個体（ナクル湖国立公園・ケニア）。

♪鳴き声

「グワッ、グワッ」「ゴウ」「ガアー」などと鳴く。

アオサギ［蒼鷺］

ペリカン目サギ科アオサギ属
［学名］*Ardea cinerea*
［英名］Grey Heron

● 姿勢 立つ
● 行動位置 地上
● 季節性 留
● 大きさ 93cm

身近な野鳥では最大級の大型のサギ

どんな鳥？ 公園などの身近な環境でもよく見られる大型のサギ。個体数が増えていて、市街地の上空を飛ぶ姿を見かけることも多い。青灰色の羽色が名前の由来。

どこにいる？ 全国に分布する留鳥で、北海道では夏鳥、南西諸島では冬鳥。河川、湖沼、海岸、水田などあらゆる水辺環境に生息し、公園の池でもふつうに見られる。林などにコロニーをつくって営巣する。

観察時期 1年中。春から夏にかけて子育てする。

外見 雌雄同色。顔は白く、額から後頭に紺色の線があり、長い冠羽へつながる。首は明るい灰色で、濃紺の縦斑がある。翼と上面は青灰色。夏羽では、胸と背に飾り羽がある。幼鳥は冠羽がなく、羽色全体がやや淡く、目の上の黒い線も不明瞭。

食べ物 魚類や甲殻類、カエルやヘビのほか、ネズミやモグラ、鳥のひなを捕食することもある。大きく長い嘴をもりのように使って、コイなど大型の魚類を突き刺して捕食することも。

3 4 春 5 6 7 夏 8 9 10 秋 11 12 1 冬 2

アオサギあるある

首を伸ばして雌雄で行なう求愛のディスプレイ

繁殖期のオスは嘴が赤みを帯び、目先の青紫色がアイシャドウを塗ったように濃くなり、胸と背には飾り羽が伸びて美しい姿になる。雌雄とも空に嘴を向けて首を伸ばし、反りかえる求愛のディスプレイを行なう。メスはオスがいないと行なわないが、オスは単独でも行なうことがある。

メスに向かってディスプレイするオス。

水面をスーイスイ！
謎の湖水浴

動画

ふだんは水辺や樹上、地上で行動するが、たまに水中に入って「遊泳」することがある。その姿はまるでハクチョウが泳いでいるかのよう。ゆったりした動きでジグザグに泳いでいたかと思うと、不意に水中に嘴を突き入れる。これも採食方法のひとつなのだ。しばらく採食した後、水面から一気に飛び上がって、樹上や岸辺にとまる。

「遊泳」（左）と採食成功（右）のようす。

ヨガのようなポーズは
何をしているところ？

動画

首を伸ばし、両翼を下げて直立不動のポーズをとることがある。虫干しのための日光浴だろうか。

翼を広げて日光浴。

♪鳴き声

「グェー」「グワッ」「キャッ」など大きめの声で鳴く。

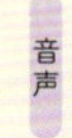

音声

サギ科

ダイサギ［大鷺］

ペリカン目サギ科アオサギ属
［学名］*Ardea alba*
［英名］Great Egret

● 姿勢 立つ
● 行動位置 地上
● 季節性 留
● 大きさ 80~90cm

シラサギの中では国内で最大種

どんな鳥? 俗に「シラサギ」と呼ばれる白いサギの最大種で、それが名前の由来。２亜種が生息し、全長に約10cmの差がある。

どこにいる? 亜種ダイサギは全国に渡来する冬鳥で大きく、亜種チュウダイサギは本州、四国、九州で繁殖する夏鳥でやや小さめ。河川や湖沼、水田、海岸、公園の池などに生息。水辺の林などに集団で営巣する。

観察時期 春から夏に繁殖するのが亜種チュウダイサギ。冬鳥として飛来するのが亜種ダイサギ。季節で亜種が入れ替わるが、チュウダイサギで越冬する個体も。種としては、１年中見られる留鳥ということになる。

外見 雌雄同色で純白。亜種チュウダイサギの夏羽では嘴が黒、目先は青緑、胸や背には飾り羽が伸びる。足は黒で脛が淡紅色を帯びる。冬羽は飾り羽がなくなり、嘴と目先が黄色みがかり、足は黒っぽくなる。亜種ダイサギはチュウダイサギより大きく、冬羽では嘴が黄色で目先は黄緑。夏羽の嘴は黒。足は脛が黄肉色で足指裏はやや黄みを帯びることも。

食べ物 魚類や甲殻類、昆虫やカエル、小型哺乳類など。

3 4 春 5 | 6 7 夏 8 | 9 10 秋 11 | 12 1 冬 2

ダイサギあるある

細長い首と嘴で巧妙に獲物を捕らえる

動画

細長い首をすばやく伸ばし、長い嘴を使うダイサギの漁。立っている位置より、さらに遠くの獲物を一気に捕食することが可能だ。

遠くの獲物もすばやく捕らえる。

サギ類は飛翔時に首を縮める

ツル類やトキ類は飛ぶときに首を伸ばすが、サギ類は縮めて飛ぶのが特徴。首が長いので、バランスを取るためだろうか。

大きな獲物も丸呑み！

口角が目の後方まで切れ込み、嘴が大きく開くので、大きい獲物も丸呑みできる。

モグラは獲物としては大きかったようで、飲み込むまでに時間がかかっていた。

♪鳴き声

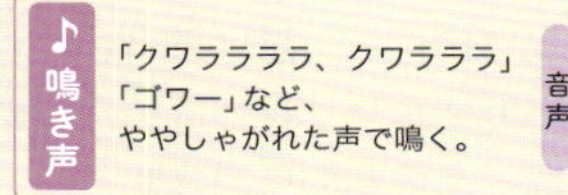

「クワラララ、クワララ」「ゴワー」など、ややしゃがれた声で鳴く。

音声

サギ科

チュウサギ［中鷺］

ペリカン目サギ科アオサギ属
［学名］*Ardea intermedia*
［英名］Intermediate Egret

● 姿勢 立つ

● 行動位置 地上

● 季節性 夏

● 大きさ 69 cm

乾いた環境を好む夏鳥のシラサギ

どんな鳥？ 中型のシラサギで嘴や首は短め。地上の獲物を捕食するのに適している。

どこにいる？ 本州、四国、九州で繁殖する夏鳥。水辺に生息するが、干潟などには少なく、淡水域でも河川や湖沼よりも水田や畑、草地など比較的乾燥した環境を好む。

観察時期 春に来て子育てし、秋に去る。基本的には夏鳥だが、一部越冬する個体も。

外見 雌雄同色で純白。夏羽では嘴が黒くなり、胸と背に飾り羽が伸びる。婚姻色では目先が黄緑色になる。冬羽では嘴も目先も黄色く、嘴の先端が黒い個体も。足は黒い。

食べ物 カエルやザリガニ、バッタなどの昆虫、ミミズなど土壌動物を捕食する。

生息環境や時期も手がかりになる

見分けに迷ったときは、生息環境や時期も判断材料のひとつ。本種は河川や湖沼より農耕地や草原など比較的乾いた環境によくいる夏鳥。

鳴き声 「クワー、クワー」と鳴く。

3
4 春
5
6
7 夏
8
9
10 秋
11
12
1 冬
2

COLUMN

白いサギを見分けよう！

大きさでいうと、ダイサギ＞チュウサギ＞コサギ＞アマサギとなる。
羽衣や嘴の色も差があるが、個体差がある。
とくに春に渡ってきたばかりの時期は、嘴の色が違ったり、
飾り羽がない個体も多いので、以下のポイントを参考に見分けてみよう。

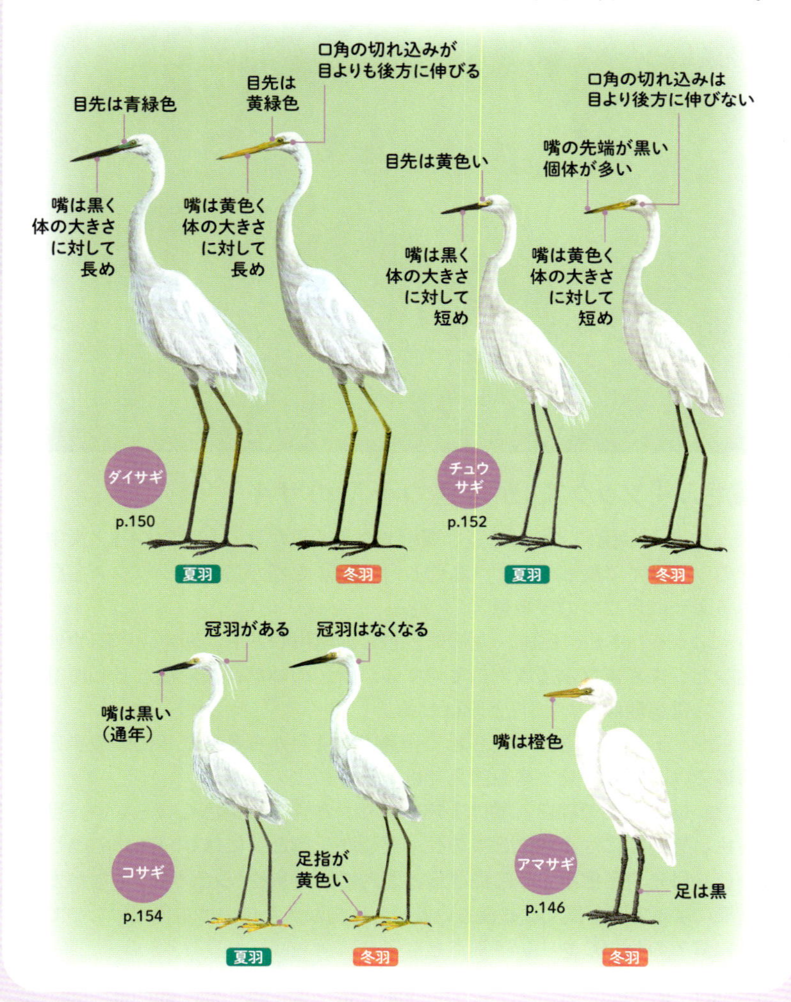

コサギ［小鷺］

ペリカン目サギ科コサギ属
［学名］*Egretta garzetta*
［英名］Little Egret

●姿勢 立つ
●行動位置 地上
●季節性 

●大きさ 61 cm

黄色い「ソックス」が目立つ小型のサギ

どんな鳥？ 公園の池など身近な環境でもよく見かける「シラサギ」。大中小３種のシラサギで最も小さく、名前も「小鷺」。足指が黄色いソックスを履いているように目立つのが特徴。

どこにいる？ 本州、四国、九州に分布し、河川や湖沼、海岸、水田や公園の池などさまざまな水辺環境に生息する。水辺の林などに他種とともに集団営巣し、営巣地は「サギ山」と呼ばれる。

観察時期 年間を通して見られる留鳥で、４月から８月ごろに繁殖する。北海道ではまれな夏鳥、南西諸島では冬鳥。

外見 雌雄同色で純白。嘴は１年中黒く、冬羽でも黄色くならない。目先は黄色。繁殖期には後頭に２本の長い冠羽が、胸と背にはレース状の飾り羽が伸び、目先や足指は赤みを帯びる。国内に生息する「シラサギ」のなかまには季節によって嘴が黒くなる種もいるが、足指が黄色いのは本種だけなので、野外観察でのわかりやすい識別点となる。

食べ物 魚や水生昆虫、ザリガニ、エビ、カニやカエルなどを捕食。

3 4 5 春
6 7 8 夏
9 10 11 秋
12 1 2 冬

コサギあるある

水辺の獲物を足で追い出すのが得意

動画 

獲物をじっと待ち伏せもするが、積極的に動いて捕らえることも多い。水辺の生き物を網で捕獲する際に足で追い出すのを「ガサガサ」と呼ぶが、コサギも足を動かして獲物を追い出す「ガサガサ」を行なう。

水に入って「ガサガサ」を行ない、獲物を狙うコサギ。

こんなに賢い漁法も

嘴を水中に入れ、細かくすばやく開閉させることで波紋を起こし、寄ってきた魚を捕食する漁もする。これは「波紋漁法」と呼ばれ、水面に落ちた昆虫がもがいて生じる波紋を模して魚を誘引する技である。

チュウサギやゴイサギでも同じ行動が観察されている。

黄色い足がトレードマーク

木にとまっていても、空を飛んでいても、黄色い足指がよく目立つ。距離が離れていても、他のシラサギと容易に識別することができる。夏羽で長く伸びる冠羽も見分けのポイントになる。

夏羽では頭部に２本の長い冠羽が伸びる。

飛んでいるときも黄色い足指が目立つ。

♪鳴き声

「グワァー」「ゴア」「ガー」などと鳴く。

音声  

ミサゴ［鶚］

タカ目ミサゴ科ミサゴ属
［学名］*Pandion haliaetus*
［英名］Osprey

●姿勢 立つ
●行動位置 空中
●季節性 

●大きさ 

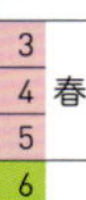

魚を食べる特有の足のつくりに注目！

▍どんな鳥？ 魚を主食とするタカで、大きさはほぼカラス大。空中の一点にとどまる停空飛翔をしながら急降下して獲物を捕食する行動がよく知られる。そのようすから、垂直離着陸できる軍用機に、本種の英名「Osprey（オスプレイ）」が愛称として名付けられた。水面近くの獲物を足で捕らえるようすが「水さぐる」ように見えることが、和名の由来といわれる。

▍どこにいる？ 全国に分布するが、寒冷地のものは冬に暖地へ移動する。魚食なので海岸、河口など海の近くにいることが多いが、内陸の河川や湖沼にも現れる。沿岸の崖や木の上などに営巣する。

▍観察時期 １年中見られる留鳥。繁殖は４月前後から８月前後まで。

▍外見 雌雄同色。頭部から下面にかけて白く、顔には太い過眼線がある。虹彩は黄色で目立つ。胸に褐色の帯があり、メスは濃く、オスは淡い傾向がある。上面は褐色。翼は細長く、翼角が曲がって見える独特の飛翔形。

▍食べ物 魚が主食。飛びながら獲物を探し、急降下して水面近くの魚をキャッチし、とまれる場所に運んで食べる。

月	季節
3	春
4	春
5	春
6	夏
7	夏
8	夏
9	秋
10	秋
11	秋
12	冬
1	冬
2	冬

魚を握らせたら右に出る者なし!?

すし職人の話ではない。本種は獲物が小さいと片足、大きいと両足と、獲物の大きさによってつかみ方を使い分ける。片足でつかむ場合は鷲づかみ、両足でつかむ場合は魚の頭を前にして縦に持ち直して運ぶ。通常、足指は前３本後１本だが、前の外側１本を動かすことができる。前後２本に変えることで、巧みな握り方ができるタカ類としては本種だけの足のつくりだ。

狩りでダイビングするとき、脚を伸ばし、足指を前後２本にする。

かわいい鳴き声の正体は? 精悍だけど意外な声!

鋭い眼光、とがった嘴とかぎ爪……タカ類らしく精悍な風貌で、英名の「オスプレイ」が軍用機の愛称になったのも納得だが、鳴き声は「ピヨピヨピヨ」。拍子抜けするほどかわいい声だ。野外で初めて耳にしたとき、それがタカの声だとは想像できる人は少ないだろう。

獲物が大きくて溺れてる!?

捕らえた獲物が大きいと、そのまま運ぶことができずに水面にいったん着水する。その後、力を振り絞って羽ばたき、岸まで獲物を運ぶ。獲物がさらに重い場合は、何度も飛んでは着水することを繰り返し、ようやく岸まで運ぶ。溺れかけているようにも見えるが、しっかり運び上げる。

「ピヨッ、ピヨッ」とひと声ずつ鳴いたり、「ピヨピヨピヨピヨピヨ」など。

音声

ハチクマ［蜂角鷹］

タカ目タカ科ハチクマ属
［学名］*Pernis ptilorhynchus*
［英名］Crested Honey Buzzard

● 姿勢 立つ
● 行動位置 空中
● 季節性 夏
● 大きさ オス 57 cm メス 61 cm

ハチが大好物。数万キロを移動するタカ

どんな鳥？ ヒトにとっては危険なスズメバチを好むグルメなタカ。数万キロの旅をして日本と東南アジアを行き来する。「クマタカに似た、ハチが好きなタカ」というのが名前の由来。

どこにいる？ 九州以北に飛来し、山地の林などで営巣する。渡りの季節には、峠や岬などでタカ類の他種を含めた渡りを観察できる。

観察時期 夏鳥で、５月ごろ朝鮮半島から九州へ渡り、繁殖地へ到着。繁殖後に南下し、本州中部では9月中旬～10月上旬に渡りが観察できる。

外見 雌雄とも上面は褐色だが、下面は白っぽい淡色型、茶色っぽい暗色型、その中間型など、羽色の違いに何通りか傾向がある。オスの頭部は青灰色で虹彩は赤褐色。尾羽には太い帯状の黒斑が２本ある。メスは虹彩が黄色で、尾羽の黒帯の本数はオスよりも多い。

食べ物 いろいろなハチの幼虫やさなぎを食べるが、とくにクロスズメバチやコガタスズメバチなどスズメバチ類を好む。ミツバチの養蜂場を訪れることもある。両生類やは虫類、他の鳥類なども捕食する。

3
4 春
5
6
7 夏
8
9
10 秋
11
12
1 冬
2

ハチクマあるある

季節の気候に応じて、リスクの低いルートを選択

衛星追跡によって、渡りの詳細な時期や経路が調査されている(2003年秋以降に調査)。9～10月に本州の繁殖地から南下したハチクマは、九州の五島列島付近から東シナ海を渡って中国大陸へ到達。内陸部を南下し、マレー半島を経て、スマトラ島へ。それまではほぼ同じルートだったものの、ここで大きく二手に分かれ、インドネシアやフィリピンに11～12月に到達。
越冬後の春の渡りは2～3月に始まる。マレー半島北部までは秋とほぼ同じルートをたどって北上するが、そこから先の動きが大きく変わる。寄り道したり滞在したりしながら、時間をかけて北上。秋よりも中国大陸の内陸側を北上し、日本には戻らないかと思えば、大きく方向転換して朝鮮半島を南下して九州へ入り、本州の繁殖地へ北上した。
秋は約700kmの東シナ海を渡ったものが、春には朝鮮半島まで内陸沿いに移動し、対馬海峡を渡ったのだ。秋は東からの追い風を利用することで、危険な長距離の海を渡ってのけ、風況が不安定な春には、朝鮮・対馬海峡の短い距離を渡っていると考えられている。

〈秋の渡りのルート〉

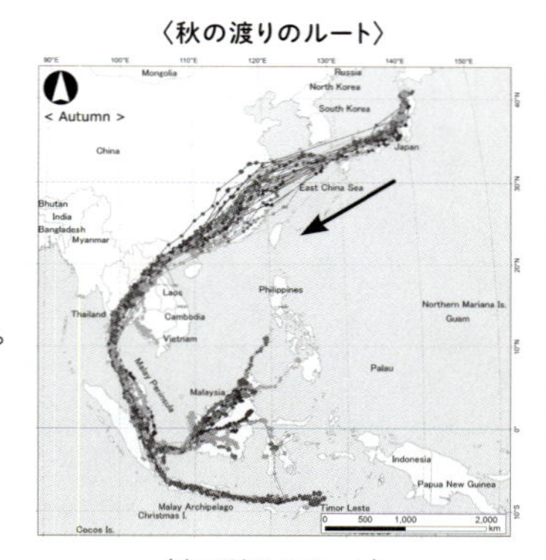

〈春の渡りのルート〉

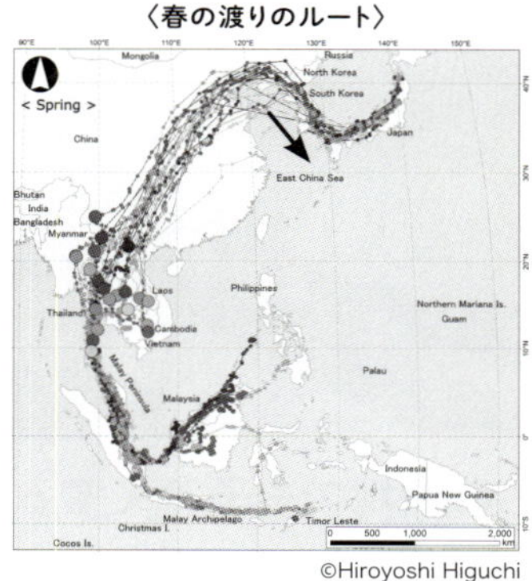

©Hiroyoshi Higuchi

なぜハチの毒針をものともしないのか?

巣を襲われたスズメバチやミツバチは反撃するが、ハチクマは多くの場合、毒針で刺されても平気。羽毛は全体にかためで、とくに頭部が剛毛に覆われていて毒針を通しにくいのが理由のひとつとされる。また、襲われたハチが魔法をかけられたように反撃をやめておとなしくなることもあり、行動を操るなんらかの化学物質を発しているのではないかとも考えられている。ただ若鳥がハチの反撃に耐え切れずに退散することもあり、無敵というわけではない。

♪鳴き声

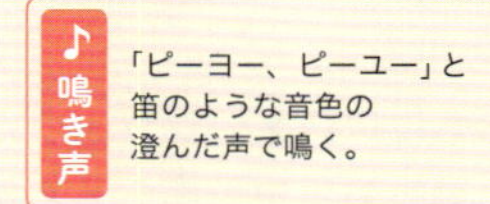

「ピーヨー、ピーユー」と笛のような音色の澄んだ声で鳴く。

音声

タカ科

ツミ［雀鷹］

タカ目タカ科ハイタカ属
［学名］*Accipiter gularis*
［英名］Japanese Sparrowhawk

● 姿勢

立つ

● 行動位置

樹上　空中

● 季節性
留

● 大きさ
オス 27cm
メス 30cm

市街地でも子育てする小型のタカ

どんな鳥？ 近年、街路樹や公園でも子育てするようになった日本最小のタカ。特徴的な鳴き声で存在に気づくことが多い。

どこにいる？ 全国に分布し、市街地から森林まで幅広い環境に生息。街路樹やあまり木が多くない公園、団地などにも営巣する。

観察時期 3月ごろつがいになり、初夏にかけて子育てする。暖地へ移動する個体は子育てを終えると、秋に渡っていく。かつては夏鳥と考えられていたが、近年は越冬する個体も多く、1年中観察できる。

外見 オスはヒヨドリ大で上面は青灰色、胸から下面にかけては橙色。未成鳥は胸に横斑、幼鳥は縦横に斑がある。メスはハト大で上面は褐色、胸から下面にかけては白く、横縞がある。雌雄とも黄色いアイリングが目立ち、喉に1本の黒い線がある。飛翔時、翼の先が5つに分かれる。同属の類似種ハイタカ(p.162)は6つ。

食べ物 おもにスズメやシジュウカラなど小鳥を捕食する。ネズミやコウモリなどの小動物や昆虫も捕らえて食べる。

月	季節
3	春
4	春
5	春
6	夏
7	夏
8	夏
9	秋
10	秋
11	秋
12	冬
1	冬
2	冬

街路樹や公園などで子育て

1980年代に関東の都市部で繁殖が確認されて以降、市街地での子育てが増えている。繁殖期にオスは鳴きながら飛翔してメスにアピール。街路樹、公園、校庭などのサクラやケヤキなどに営巣し、スズメやシジュウカラなどを捕食して子育てする。天敵が少ない市街地を巧みに利用しているのかもしれない。

捕らえた小鳥を運ぶ。

つがいでフェンスにとまる。

オナガとツミのビミョーな関係

ツミが営巣すると、周囲にオナガ(p.210)がやってきて巣を構えることがある。卵やひなの天敵となるカラス類が巣に近づくと、ツミは雌雄で協力して威嚇攻撃をかけて追い払う。オナガは天敵のカラスに対して通常は集団で威嚇して追い払おうとするが、ツミがカラスを追い払うときには動かないことが多いという。オナガにとってツミは天敵のひとつなのだが、こういう状況下で捕食されてしまうことはまれだという研究結果もある。ただ、食べられてしまう個体もいるので、絶対に安全というわけではない。

オナガの幼鳥。

羽をぐい〜と伸ばしてリラックス

水浴びのあとや日光浴のとき、翼や尾羽を大きく広げるのを見かける。文字通り、思いきり「羽を伸ばして(翼を広げて)」リラックスしているように見える。

セミで狩りの練習!?

動画

ひなは巣立ってしばらくは、親鳥から給餌を受ける。その後、セミなどを相手に狩りの練習をし、やがて親元を離れていく。巣立ちの時期はちょうどセミが増える時期と重なるので好都合というわけだ。

♪鳴き声

「キーキー、キキキキキ」という尻下がりの鳴き声。
ハイタカ属では最もよく鳴き、上空を飛んでいるときや他種に突っかかるときなどにもよく鳴く。オスがメスに求愛するときや、獲物を捕ってきたときなどには「キョー、キョー」と少し甘い感じの声で鳴く。

音声

ハイタカ［灰鷹］

タカ目タカ科ハイタカ属
［学名］*Accipiter nisus*
［英名］Eurasian Sparrowhawk

●姿勢  立つ
●行動位置  樹上 空中
●季節性 漂
●大きさ オス 31cm メス 39cm

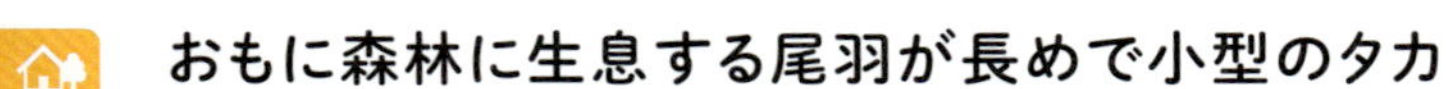

おもに森林に生息する尾羽が長めで小型のタカ

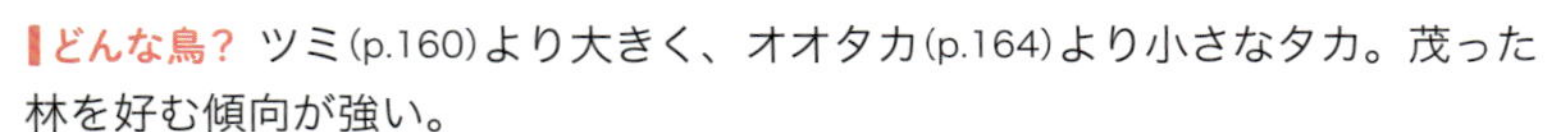

どんな鳥？ ツミ(p.160)より大きく、オオタカ(p.164)より小さなタカ。茂った林を好む傾向が強い。

どこにいる？ 北海道から本州、四国に分布し、九州では冬鳥。繁殖期は山地林などに生息する。非繁殖期は平地に移動し、農耕地や河川敷など開けた場所に単独で越冬する。その場合も林に隣接する環境を好む。

観察時期 同属のツミやオオタカに比べると、都市部では繁殖期に見る機会は少ない。秋のタカの渡りでは比較的観察しやすい。冬は平地林や都市公園、郊外の農耕地などで観察できるが、多くはない。

外見 雌雄とも頭部の黒灰色の部分は目の下まで(ツミは頬まで)。虹彩は黄色で、目の周囲は黒っぽい。メスはオスよりもひとまわり大きく、胸から腹にかけて褐色の横斑。オオタカに比べ、細くて短めの明瞭な白い眉斑。オスは胸から腹にかけての横縞が橙色、眉斑はないこともある。

食べ物 おもに小鳥を捕食する。飛んでいる小鳥を、長い足指の爪でひっかけて巧みに捕らえる。

3
4 春
5
6
7 夏
8
9
10 秋
11
12
1 冬
2

長い足を伸ばして、小鳥を捕獲

すばやく飛翔して小鳥を追い込み、長い足を伸ばして捕獲する。まん中の足指がとくに長い。「疾(はや)き鷹(たか)」が転じたのが和名の由来といわれる。

空中でヒヨドリに追いついて捕獲。

ツミやオオタカとハイタカを見分けよう！

オスはツミのメスと、メスはオオタカのオスと同じくらいの大きさなので、上空を飛んでいるときに見分けるのは困難。見分けのポイントは、オオタカやツミに比べると尾羽が長めで先端がやや角張って見えること。また、翼の先（翼指）が6つに分かれるが、ツミは5つに分かれる（オオタカは6つ）。写真を撮って、拡大して確認するとよい。また、オオタカより羽ばたきの回数が多く、軽く飛翔する傾向がある。

小鳥を生け垣などに追い込んでキャッチ

やぶや生け垣などに小鳥を追い込み、長めの足を伸ばして俊敏に捕らえることもある。

生け垣に逃げ込んだスズメを捕食しようとしている。

身近な環境で繁殖することも

通常は森林で繁殖するが、筆者は北海道の市街地での営巣例を観察したことがある。場所は学校に隣接した神社。校庭のフェンスにとまるなどして子育てをしていた。

橙色みがないオス。

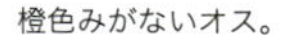

神社の手水舎(てみずや)で水浴び。

♪鳴き声

繁殖期に「キョキョキョキョ」と鳴く。

音声

タカ科

オオタカ［蒼鷹］

タカ目タカ科ハイタカ属
［学名］*Accipiter gentilis*
［英名］Eurasian Goshawk

● 季節性

● 大きさ

里山生態系の頂点から都市のタカへ

どんな鳥？ カラス大のタカ。精悍で迫力ある風貌がいかにもタカらしく、古来、鷹狩りによく使われた。一時は絶滅が危惧されたが、近年は都市公園など身近な環境に進出して繁殖し、個体数が増えている。

どこにいる？ 九州以北に分布する留鳥。平地林や山地林に生息し、農耕地や干拓地、河川敷などで越冬。都市部の公園では通年見られる。

観察時期 2～3月に求愛や営巣を始め、6～7月に幼鳥が巣立ち、真夏を前に親離れする。オスは次の繁殖に備えて冬もなわばりを守る。

外見 雌雄ほぼ同色。体上面はやや青みのある濃い灰色。この青みから蒼鷹(あおたか)と呼ばれ、転じたのが和名の由来。胸から腹にかけては白く、細くて黒い横縞がある。頭部には太くてはっきりした白い眉斑、黒くて太い過眼線がある。虹彩は黄色いが老齢のオスには橙色になっていく個体もいる。メスはオスよりひとまわり大きく、全体にやや褐色がかる。若鳥は全体に茶褐色で、胸から腹に縦斑がある。幼鳥の虹彩は青みがかる。

食べ物 カモ類やハト類、ヒヨドリやムクドリなどを捕食。

3 4 春 5 / 6 7 夏 8 / 9 10 秋 11 / 12 1 冬 2

オオタカあるある

繁殖期の
興味深い行動

オスは繁殖期に自分のなわばりの高木の梢などで「ケッ、ケッ、ケッ」と鳴き、メスを探す。呼びかけに応えたメスがくると、オスは巣材になる枝をくわえたり、食べ物をプレゼントして求愛。巣づくりでは、生木の枝を折って運んだり、スギやヒノキの樹皮をはがして、巣にもっていったりする。

公園利用者が
多い場所で繁殖

都市部では近年、オオタカの繁殖が増えている。都市公園の繁殖地では、人怖じしない個体も出現。あえて人通りが多く、利用者が多い場所に巣を構え、子育てを成功させている。

いつもは小鳥がくる水場にオオタカがきて驚くことも！

つがいで
なわばりを誇示

繁殖期に、メスは「フィー、フィー」という鳴き声で、幼鳥のようにオスに給餌をせがみ、交尾を促す。つがいはふつう巣の候補を複数もつが、子育てに使う巣が決まると、巣の近くの目立つ位置につがいでとまり、なわばりをアピールする。

タカ？ ネコ？
食痕を見分けるには？

都市公園ではハトやムクドリを捕食するので、食痕（食べられた痕跡）を見かけることが多い。ノネコもハトを襲うが、羽根を細かく観察すると、どちらが襲ったかがわかる。ノネコの食痕では羽根が散らばっていることが多く、羽根が牙や爪で傷つく。オオタカの食痕では羽根がまとまって落ちていることが多く、嘴で引き抜かれた羽根には傷がない。

「ケッ、ケッ、ケッ、ケッ、ケッ」という声で鳴き、警戒時は速いテンポで繰り返し鳴く。交尾時の声は雌雄とも「クェークェークェー」。メスや幼鳥が食べ物をねだるときは「フィー、フィー」と笛のような音色のややかすれた声で鳴く。

タカ科

トビ［鳶］

タカ目タカ科トビ属
［学名］*Milvus migrans*
［英名］Black Kite

● 姿勢 立つ
● 行動位置 空中
● 季節性 留
● 大きさ オス 59cm メス 69cm

「トンビ」と呼ばれ、最もふつうに見られるタカ

どんな鳥？ 羽色の白いサギが一般に「シラサギ」と呼ばれるように、トビは「トンビ」と俗称されることが少なくない。「トンビが鷹を産む」「トンビに油揚げをさらわれる」などのことわざでも俗称で呼ばれる。

どこにいる？ 全国に分布するが、南西諸島ではまれ。海岸や農耕地に多く、市街地、湖沼、河川から平地林、山地林まで幅広い環境でふつうに見られるが、都心の街中で見かけることは少ない。

観察時期 1年中見られる留鳥。繁殖期は3月から8月前後。

外見 雌雄同色。全身が赤みのある茶褐色で、翼の下面の両端に白斑がある。虹彩は暗褐色で、目の周囲の黒さと相まって黒く見えることが多い。飛行中の尾羽の形は浅い凹型。角度を変えて、空中で舵を取るようすも観察できる。この形は日本産のタカ類で本種だけなので、飛んでいるタカの見分けのポイントになる。翼角が曲がり、翼の先端が下がるような飛翔形も特徴的。

食べ物 魚や動物の死骸を見つけて食べるほか残飯も食べ、スカベンジャー（腐肉食動物）と呼ばれる。繁殖期を中心に狩りも行なう。

3 4 春 5 | 6 7 夏 8 | 9 10 秋 11 | 12 1 冬 2

まるで凧!?
羽ばたかず優雅に飛ぶ

風をとらえるとほとんど羽ばたかずに帆翔し、上空を旋回しながら地上の食べ物を探す。羽ばたかずに上空をゆっくりと舞う姿はまるで凧のようで、Kite（凧）という英名も納得だ。本種が飛ぶ姿を観察すると、尾羽の角度を頻繁に変えて、巧みに飛行をコントロールしているようすがわかる。

狩りをするより
残飯やゴミが主食？

上空をくるくると帆翔しながら、生き物の死骸や残飯を見つけて採食することが多い。このため海岸やゴミ捨て場の近くに集まる傾向がある。競合するカラスに追われるようすを見かける。しかし、繁殖期を中心に小鳥やヘビ、昆虫やネズミをみずから捕食することもある。

カラスに威嚇されるようすがよく見られる。

トンビに油揚げを
さらわれない方法

神奈川県湘南地方の海岸では、観光客が持っている食べ物をトビに奪われる被害が絶えない。ことわざ通りに油揚げだけが狙われるわけではなく、ハンバーガー、パン、おにぎりなど、食べ物であれば何でも狙われる。トビは海岸付近でカモならぬヒトを待ち構えていて、上空を旋回しながらターゲットを見定め、急降下して食べ物をかっさらう。気づいたときにはすでに手遅れ。そんな手練れの湘南トビたちに食べ物をさらわれない方法がある。彼らはヒトがこわくて正面からは来られない。必ず背後から急降下で飛んできて食べ物をさらうので、壁やフェンスを背にすればいいのだ。傘をさすのも効果的。一度お試しあれ。

♪ 鳴き声

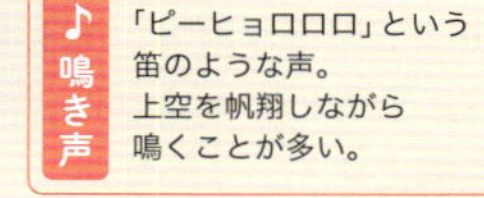
「ピーヒョロロロ」という
笛のような声。
上空を帆翔しながら
鳴くことが多い。

タカ科

サシバ［差羽］

タカ目タカ科サシバ属
［学名］*Butastur indicus*
［英名］Grey-faced Buzzard

● 姿勢
立つ

● 行動位置

樹上

空中

● 季節性
夏

● 大きさ

オス 47cm
メス 51cm

秋の風物詩「タカの渡り」の代表格

どんな鳥？ 里山で子育てするカラス大で茶褐色のタカ。里山の荒廃や農薬使用によって生息環境が悪化し、個体数が減少している。

どこにいる？ 本州、四国、九州に分布する夏鳥で、南西諸島では越冬する個体も。山地林や、森林と谷戸田（やとだ）が隣接する里山環境に生息する。

観察時期 ３月末〜４月上旬に飛来して繁殖し、本州中部の峠では９月中旬、東海地方の岬では９月末〜10月上旬に南方へ渡る。九州南部の岬から渡るピークは10月中旬。越冬地の南西諸島や東南アジアへ向かう。

外見 雌雄とも全体に茶褐色で、喉に１本の太い黒線があり、虹彩は黄色。メスは顔が灰色で太い眉斑が目立つが、オスは顔から首までが灰色で、眉斑はないか、あってもきわめて細い。雌雄とも胸から腹にかけて赤褐色の横斑がある。胸が太い帯になる個体もいるが、羽色には個体差が大きい。幼鳥は胸から腹にかけての斑が縦で、虹彩は暗色。

食べ物 カエルやヘビ、トカゲなどの両生類、は虫類、カマキリやトンボ類などの昆虫を捕食する。

3
4 春
5
6
7 夏
8
9
10 秋
11
12
1 冬
2

サシバあるある

タカの渡りでは観察の主役!

秋にはタカ類が渡るようすを観察できるが、本種が数千羽渡っていく日もある。渡りは天候と風向きに左右されるが、一般に晴れて上昇気流が起こり、北東の風が吹くときに多くが渡っていく。天候を参考に数を予測して観察するのも楽しい。

サシバはタカの渡りでは主役級だ。

両生類やは虫類以外に小型哺乳類も食べる!

他の鳥を襲うタカと異なり、本種はおもに両生類、は虫類、昆虫を捕食し、小型の哺乳類を捕食することも。秋に渡るのは、気温が下がると主食の両生類、は虫類、昆虫類が捕りにくくなるからだ。

木の梢から地上に降りて飛び立った足に、捕らえたモグラが!

渡りの時期の雨!周辺を探してみよう

天候が悪い日は、渡りは期待できないが、観察地の周辺を探してみよう。運がよければ、渡るタイミングを待ってスギなどの梢や電柱、電線にとまっている個体を見つけることができる。雨でもあきらめずに観察を!

♪鳴き声

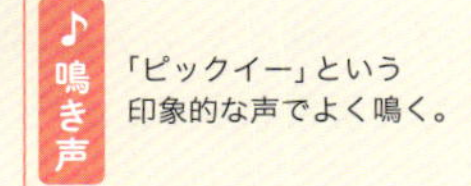

「ピックイー」という印象的な声でよく鳴く。

音声

タカ科

ノスリ［鵟］

タカ目タカ科ノスリ属
［学名］*Buteo japonicus*
［英名］Eastern Buzzard

● 姿勢

● 行動位置

● 季節性

● 大きさ

黒い目で愛嬌があるが、じつは見た目よりもどう猛

どんな鳥？ カラス大でずんぐりした体型のタカ。黒目が大きく見えるのでかわいらしい印象だが、じつは気性が荒い。

どこにいる？ 全国に分布する留鳥で、南西諸島では少ない。繁殖期は平地から山地の林に生息。冬場は、農耕地や干拓地、河川敷など開けた環境で越冬する。電柱のてっぺんにとまっているのをよく見かける。南方へ移動する個体も多く、秋に渡りを観察できる。

観察時期 3月ごろから営巣を始め、春から夏にかけて子育てする。幼鳥が親離れし、山地の冬が近づく10月ごろ平地へ移動して越冬。秋の渡りでは、国内で繁殖した個体のほか、大陸から渡ってくる個体も加わる。

外見 雌雄とも全体に褐色で、胸は白い。上面は茶褐色で、淡い羽縁があってまだらに見えるが、個体によって差がある。腹には腹巻きのような太い黒褐色の帯があり、翼角や翼先の黒い部分と共に飛んでいるときに目立つ。成鳥の虹彩は暗色で黒目に見え、幼鳥の虹彩は淡い黄色なので精悍に見える。

食べ物 ネズミやモグラのほか、は虫類や昆虫、鳥類などを捕食する。

見かけによらず、どう猛で他の鳥も襲う

目が大きく見えることと、ずんぐりした体型から、トビ(p.166)のようにおとなしく、どんくさいイメージをもつ人も多い。しかし、獲物とするのはネズミやモグラだけではなく、ときには小鳥を捕食することも。オオタカ(p.164)の獲物を奪ったり、コミミズク(p.176)を捕食したり、キジ(p.74)やヤマドリ(p.72)を襲うこともある。じつはどう猛なタカといえる。

冬は農耕地に下りているようすをよく見かける。

2通りの狩りで「野を擦る」

樹上や電柱の上などから地上へ降下し、地面を擦るようにしてネズミやモグラを捕らえる。これが名前の由来と考えられる。ホバリングも得意で、少し風があると大きな体で器用に停空飛翔する。

求愛も威嚇も波状飛行で

翼をすぼめ、急降下と上昇を繰り返す波状飛行を見せることがある。侵入個体を威嚇したり、求愛のディスプレイ飛行に交えたりする。

♪鳴き声

「ピエー」「ピヨー」とよく通る声で鳴く。

音声

COLUMN

タカのなかまを見分けよう！

ツミ・ハイタカ・オオタカの見分け

成鳥 メス

幼鳥

おもなタカ類の飛翔の見分け

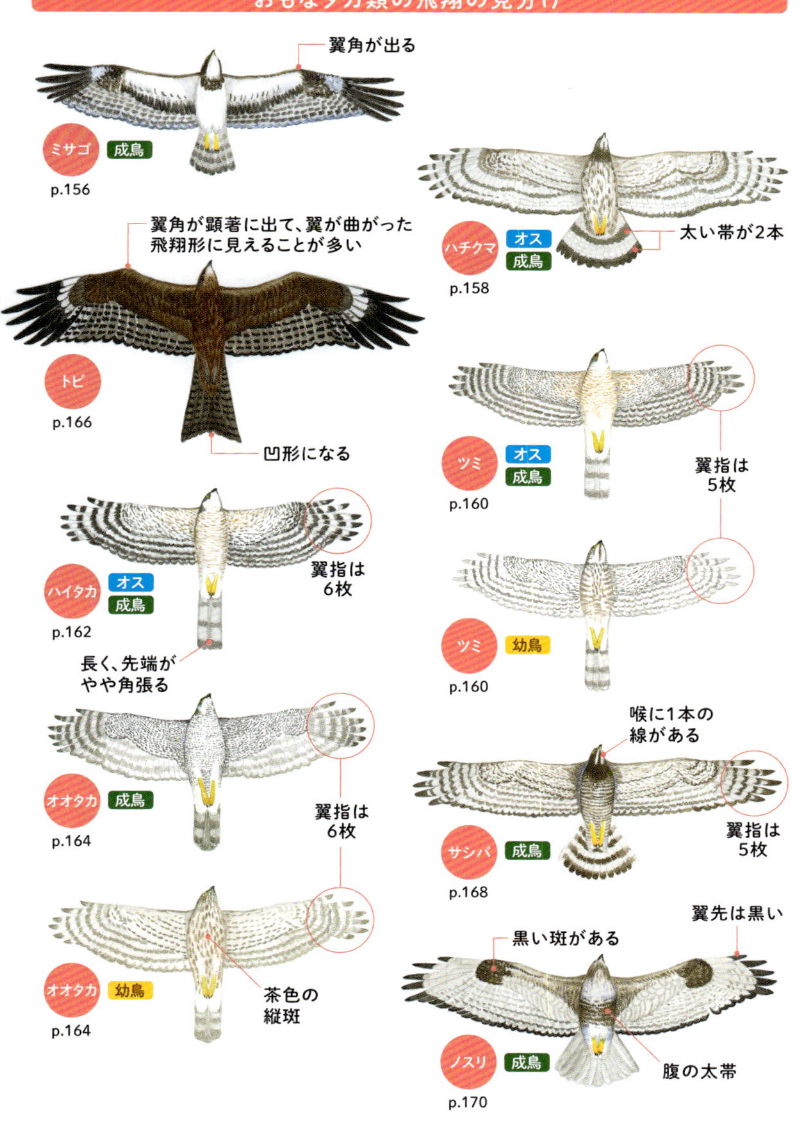

アオバズク［青葉木菟］

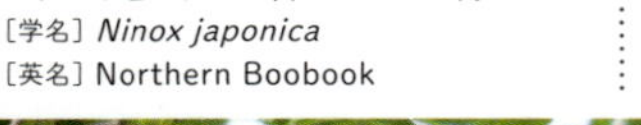

フクロウ目フクロウ科アオバズク属
［学名］*Ninox japonica*
［英名］Northern Boobook

●姿勢 立つ ●行動位置 樹上 ●季節性 夏 ●大きさ 29cm

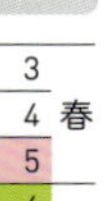

青葉が茂るころにやってくるフクロウ

どんな鳥？ 最も身近なフクロウのなかま。キジバト(p.90)よりも小さい。渡りの途中に市街地の公園に立ち寄る。夜行性で日中は寝ていて、暗くなると「ポーポー」と鳴きながら行動する。「青葉が茂る時期に飛来するフクロウ」というのが名前の由来。

どこにいる？ 九州以北に分布。郊外や里山の平地林、社寺林などに生息し、大木の樹洞などに営巣するが、近年、減少している。

観察時期 春に飛来し、秋に去る夏鳥。春の渡りでは4〜５月ごろに市街地の公園などに立ち寄る。夏にかけて里山や寺社などの人里近い林で子育てし、秋の渡りで再び市街地の緑地に立ち寄りながら渡っていく。

外見 雌雄同色。全体に茶褐色で、胸から腹にかけて茶色の縦斑がある。頭部は丸みがあり、虹彩は黄色い。フクロウ(p.178)と異なり、聴覚ではなく視覚で獲物を狩るので、顔に平たい部分(顔盤(がんばん))がない。

食べ物 大型のガ、カブトムシやクワガタムシ、セミ類など、おもに昆虫を捕食。まれに小鳥やコウモリを捕らえることもある。

3
4 春
5
6
7 夏
8
9
10 秋
11
12
1 冬
2

アオバズクあるある

発達した視覚で狩りをする

フクロウのように高度な聴覚はもたないが、すぐれた視覚をもっているため、夜間に食べ物を目で見つけて捕食することができる。昆虫が集まる街灯の近くで待ち伏せする。おもな食べ物は昆虫のため、聴覚より視覚を使うのが効率的なのかもしれない。

巣立った幼鳥。好奇心たっぷりだ。

主食は昆虫！
昆虫で子育てするフクロウ

夏に子育てするのは、カブトムシやセミなどの昆虫が多い時期だからだ。春の昆虫が少ない時期は、おもにオオミズアオなど大型のガを食べる。渡り途中のアオバズクのとまり木の根元を調べると、黄緑色の翅が落ちている。アオバズクの生息には、昆虫相の豊かな緑地が欠かせない。

オオミズアオなど大型のガを捕食する。

今が一番幸せ♡

● さえずり

「ポーポー、ポーポー」「ホッホッ、ホッホッ」などと２音ずつ区切って鳴く。日中はあまり鳴かず、夜間に木にとまったり、飛びまわったりしながら鳴く。

〈さえずり〉

コミミズク［小耳木菟］

フクロウ目フクロウ科トラフズク属
［学名］*Asio flammeus*
［英名］Short-eared Owl

●姿勢 立つ
●行動位置 地上  空中 
●季節性 冬
●大きさ 38cm

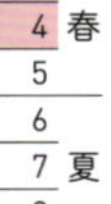

ネズミを求めて渡り歩く冬フクロウ

どんな鳥？ アオバズク(p.174)よりもひとまわり大きいフクロウのなかま。雪に閉ざされる北方から秋に渡ってきて、ヨシ原がある草原など、主食であるネズミの多い環境で越冬する。

どこにいる？ 全国に飛来して越冬するが、南西諸島では少ない。草原、河川敷、農耕地など開けた環境に生息する。

観察時期 国内で越冬する冬鳥。10月ごろに飛来し、より条件のよい越冬地を求めて移動しながら越冬する。おおむね４月ごろまでに去っていく。

外見 雌雄同色で、ずんぐりした体型。フクロウ(p.178)と同じように顔盤（がんばん）があり、聴覚がすぐれている。虹彩は黄色で、目の周囲に黒い模様がある。頭部には羽角があるが、とても小さく、ふだんは寝かせていて目立たない。これが和名と英名の由来だが、耳ではない。胸は白く、こげ茶色の縦斑がある。上面もこげ茶色で、黄褐色と白の斑でまだら模様に見える。

食べ物 動物食で、おもにネズミ類を捕食する。モグラや小鳥のほか、は虫類や昆虫などを捕らえて食べることもある。

3
4 春
5
6
7 夏
8
9
10 秋
11
12
1 冬
2

コミミズクあるある

開けた環境で日中に行動。観察しやすいフクロウ

草原など開けた環境に生息し、日中行動することが多いため、飛んでいる姿を最も観察しやすいフクロウといえる。日中はカラス類やトビ(p.166)、ノスリ(p.170)などと争うことも多いため、捕獲した獲物を横取りされるようすを観察できることも。また、本種自身がノスリなどに捕食されてしまうこともある。

夜行性ながら日中から行動することも多い。

上空でカラスと争うようすも見かける。

ネズミの数が飛来を左右する

前年に越冬した環境も、その年にネズミが少ないと、飛来しないか、来てもいなくなってしまう。飛来数はネズミの個体数によって増減する傾向があり、ネズミが大発生した地では2ケタ以上の個体が乱舞することも。雪が積もって狩りがしにくくなると、積雪が少なくてネズミを捕りやすい環境へ移動する。

ネズミを求めて移動していく。

地上の茂みをねぐらにする

狩りで地上に降りることの多い本種は、ねぐらも地上の草むらなどでとる。

地上の枯れ草と色がよく似ている。

♪鳴き声

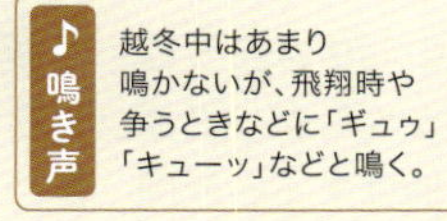
越冬中はあまり
鳴かないが、飛翔時や
争うときなどに「ギュゥ」
「キューッ」などと鳴く。

音声

フクロウ科

フクロウ［梟］

フクロウ目フクロウ科フクロウ属
［学名］*Strix uralensis*
［英名］Ural Owl

●姿勢 立つ
●行動位置 樹上
●季節性 留
●大きさ 50cm

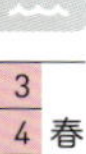
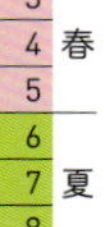

かすかな音を聞き取り、音を立てずに襲う闇夜のハンター

どんな鳥？ カラス大でずんぐりした体型。つぶらな瞳で愛嬌があるが、おっとりしているわけではない。古来から「智の象徴」「森の賢者」「福が来る」などと呼ばれ親しまれてきた。樹洞などに営巣する。

どこにいる？ 九州以北に分布する。−30℃にもなる真冬の北海道や本州山間地の原野から、都心部郊外の社寺林まで幅広い環境に生息。近年は都内の平地林でも観察される。

観察時期 通年見られる留鳥で、繁殖行動が始まるのは真冬。１月ごろから雌雄で盛んに鳴き交わす。首都圏の平地で幼鳥が巣立つのは5月の連休ごろ。北海道ではそれから１カ月遅れくらいで巣立つ。幼鳥が親離れするのは夏ごろ。一部の個体は秋から冬にかけて、平地へ移動する。

外見 雌雄同色。褐色から白までが混じりあう羽色は南の個体ほど褐色みが強く、北海道の個体は白っぽい。頭部は大きく、顔は平たい。

食べ物 ネズミやモグラを捕食。夜間に樹上で待ち伏せし、音を立てずに降下して獲物を捕食する。夜間、鳥のねぐらを襲い、捕食することも。

月	季節
3 4 5	春
6 7 8	夏
9 10 11	秋
12 1 2	冬

フクロウあるある

天敵である本種にカラスが集団で対抗

夜間にカラスのねぐらを襲撃して捕食してしまうことがあるので、カラス類は本種を見つけると徹底的に排除しようと集団でモビング（疑似攻撃）する。カラスが束になってかかってきてはフクロウに勝ち目はない。

カラスの群れに追われると逃げの一手しかなくなる。

都市近郊でよく観察されている

都市部では、開発によって営巣できる大木と獲物を十分に確保できる環境は減少している。近年は大学のキャンパス内やアミューズメント施設の敷地内など、都市近郊の平地林でよく観察されている。

日中は常緑樹の中など、目立たない場所で休んでいる。

羽音を消す秘密は翼に隠されていた！

フクロウは飛翔音が無音に近いことで知られるが、その理由は翼にある。初列風切や小翼羽のふちは大きなギザギザになっていて、飛翔時の空気の渦が小さくなることで羽音が立ちにくいのだ。そのおかげで、獲物に気づかれることなく捕獲することができる。鉄道会社はこの仕組みに着目し、高速で走る新幹線の騒音を低くすることに成功した。

初列風切

©Ryota Shinya

小翼羽

少しくぼんだ平たい顔は究極の地獄耳!?

平たい顔は集音器のような役目を果たし、獲物が立てるかすかな音を聞き逃さない。さらに左右の耳は離れ、上下に微妙にずれていることで音を立体的に聞き取ることが可能。大きな目は集光力にすぐれている。

首は左右にそれぞれ270度回転でき、獲物の位置を正確に把握する。

♪鳴き声

こもったような低い声で「ホホー、ゴロスケホッホー」と鳴く。メスは「ギャー」など。

音声

アカショウビン［赤翡翠］

ブッポウソウ目カワセミ科アカショウビン属
［学名］*Halcyon coromanda*
［英名］Ruddy Kingfisher

● 姿勢 立つ
● 行動位置 樹上
● 季節性 夏
● 大きさ 27cm

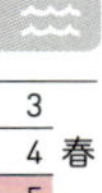

湿地のある森にすむ、赤いカワセミ

どんな鳥？ 嘴の長いカワセミ科の鳥でヒヨドリ大。真紅の嘴と赤みのある羽色はまさに「赤いカワセミ」で他種と見間違うことはない。国内に生息するカワセミのなかまでは、本種のみが夏鳥。

どこにいる？ 全国に飛来するが数は少ない。沢や湖沼など湿地のある薄暗く湿った森林、とくにブナ林に多く生息する。

観察時期 初夏に飛来する夏鳥。５月ごろ渡ってきて、求愛してつがいになると枯れ木に巣穴を掘り、子育てをする。7月ごろに幼鳥が巣立ち、その後、幼鳥が親離れしたのち、９月ごろに去っていく。

外見 雌雄ほぼ同色。まっ赤で太く長い嘴がシンボル。足も赤い。頭部から上面にかけては赤褐色、胸から下腹にかけては橙色。腰にコバルトブルーの部分があるが、なかなか見えない。メスはオスよりも下面が淡色だが、雌雄並ばない限り、単独で見分けるのは難しい。

食べ物 カエルやサワガニ、ザリガニ、魚類やカタツムリのほか、昆虫などを捕らえて食べる。

3
4 春
5
6
7 夏
8
9
10 秋
11
12
1 冬
2

アカショウビンあるある

太い嘴を使って獲物をすくいとる

カワセミ科は長い嘴をもつのが共通の特徴だが、種によって嘴の形が異なる。カワセミ(p.182)の嘴が上下同じくらいの厚みで鋭くとがるのに対し、本種は下嘴に厚みがあり、細長いシャベルのような形をしている。カワセミが水中に飛び込んで獲物を「つかみとる」のに対し、本種は地表付近や浅瀬の獲物を低空飛行で「すくいとる」ため、それに適した形をしている。

「雨乞い鳥」の別名は雨の前によく鳴くから

日中や夕方も鳴くが、よく鳴くのは夜明け前から早朝にかけて。また、雨が降る前によく鳴くといわれ、「雨乞い鳥」「水乞い鳥」という別名をもつ。また、羽色から「火の鳥」の異名も。市街地では、ウグイス(p.246)の「谷渡り(たにわたり)」の連続した鳴き声が似ているため、本種のさえずりと誤認されることも。

オスのほうが忙しい? 巣穴掘りもがんばります!

カワセミと同じように、オスは捕らえた獲物をメスにプレゼントする「求愛給餌」を行なう。つがいになると、森の枯れた木に巣穴を掘るが、キツツキ類の古巣を利用することが多い。巣穴掘りはおもにオスの仕事。オスが掘っているとき、メスは巣穴の近くにとまってオスの働きぶりを観察し、ときおり巣の出来具合をチェックする。巣が完成するとメスは産卵し、雌雄交代で卵をあたためて子育てする。

♪ 鳴き声

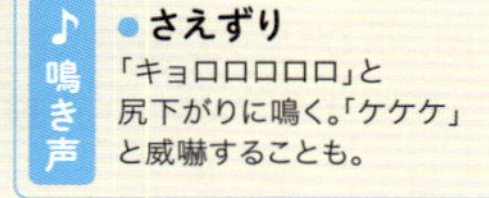

● さえずり

「キョロロロロロ」と尻下がりに鳴く。「ケケケ」と威嚇することも。

音声

〈さえずり〉

カワセミ科

カワセミ［翡翠］

ブッポウソウ目カワセミ科カワセミ属
［学名］*Alcedo atthis*
［英名］Common Kingfisher

● 姿勢 立つ
● 行動位置 樹上
● 季節性 留
● 大きさ 17cm

水面を駆け抜ける青いきらめき

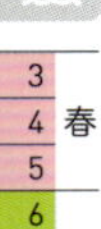
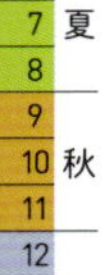

どんな鳥？ 鋭く細長い嘴が特徴のスズメ大の青い鳥。都市公園でもふつうに見られる。「水辺の宝石」とも呼ばれ、本種に魅了されたのがきっかけで本格的に鳥見を始める人は多い。筆者もその一人。

どこにいる？ 全国に分布する留鳥で、冬季に湖沼や河川が結氷する地域では夏鳥。湖沼や河川、都市公園の池など幅広い水辺環境に生息する。

観察時期 通年観察できる。3月ごろから求愛行動が始まり、つがいになると、巣穴を掘って子育てを開始する。幼鳥の巣立ちは5～6月ごろ。

外見 雌雄ほぼ同色。鋭く細長い嘴が特徴で、オスは一様に黒く、メスは下嘴が橙赤色。頭部と翼は光沢のある青で、背から下尾筒にかけてはより輝きが強いコバルトブルー。胸から下腹にかけては橙色。喉と耳羽の後方は白く、足は赤くて短い。幼鳥の羽は全体に黒みを帯びる。

食べ物 水中に飛び込んで魚類や甲殻類を捕食する。産卵にきたトンボなど水辺の昆虫を捕食することも。捕獲した生き物をとまり木に叩きつけて弱らせ、くわえ直して丸呑みする。

月	季節
3	春
4	春
5	春
6	夏
7	夏
8	夏
9	秋
10	秋
11	秋
12	冬
1	冬
2	冬

カワセミあるある

短い足でとことことこ。かわいい動きも魅力

動画

首が短く、向く方向を変えるとき、頭を上下させる。これがうなずきのようでかわいらしい。また、足がとても短く、歩くのが苦手。高速で横に歩くようすも愛嬌がある。

足が短く、かわいい動きを見せる。

求愛のためにはプレゼントが欠かせない

動画

3月ごろ、メスは「チュッ、チュッ」と短い声で鳴き、オスに食べ物をねだる。オスは捕らえた生き物をメスに運ぶ(求愛給餌)。メスが受け取ると、オスは背を伸ばすような姿勢をとって誇らしげに上方を向くが、ほどなく次の食べ物探しへと飛んでいく。つがい成立後もオスはせっせと運び続け、とくに交尾前には求愛給餌が欠かせない。

メスが食べやすいようにオスは獲物の頭部を前にして渡すが、メスはくわえ直してしまうことも。

輝く羽色は構造色!青く見える秘密

誰もが魅了される輝く青い羽色は、色素ではなく目には見えない羽毛内部の微細構造が生み出している。光の波長と同じナノメートルの微小な棚のような構造に光が差し込むと、青い波長のみが強められて反射する。そのため、輝いて見えるしくみだ。

空中や水中で抵抗が少ないカワセミの嘴に注目!

カワセミの細長い嘴は、水中に飛び込むときの抵抗が少ない形状になっている。新幹線500系車両や産学連携で開発された競技用カヌーの設計の参考にされている。

カヌーの先端。

♪鳴き声

● 地鳴き 飛びながら「チー」とよく鳴くので、この声で本種が飛んできたことに気づくことが多い。枝にとまった後は「チッチー、チッチー」、狩りなどで水中に飛び込んだ後に枝にとまった後には「チーチチチチ、チッチー」と鳴き方が連続的になる。威嚇するときは「キリキリキリ」と鳴く。

音声

〈地鳴き〉

ヤマセミ［山翡翠］

ブッポウソウ目カワセミ科ヤマセミ属
［学名］*Megaceryle lugubris*
［英名］Crested Kingfisher

● 姿勢 やや立つ　● 行動位置 樹上　● 季節性 留　● 大きさ 38cm

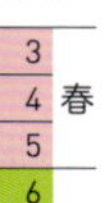

モノトーンでとさかが目立つ、日本最大のカワセミ

どんな鳥？ ハトより大きい大型のカワセミ類。色彩の鮮やかなカワセミ(p.182)やアカショウビン(p.180)とは対照的に、白黒でシックな装い。

どこにいる？ 九州以北に分布する。山地の渓流や湖沼のほか、平地の河川など、巣穴を掘れる崖や斜面がある水辺環境に生息するが、数は少ない。警戒心が強く、飛んでから存在に気づくことも多い。

観察時期 通年観察できる留鳥。真冬につがいになり、3月ごろ巣穴を掘って子育てを始める。幼鳥は初夏に巣立ち、その後親離れする。

外見 雌雄ほぼ同色。細長い嘴はカワセミ類共通だが、他種に比べるとやや太くて短め。頬や喉、下面は白く、とまっているときによく目立つ。それ以外は黒と白の鹿(か)の子(こ)模様で、オスは胸と頬の下に橙色の斑があり、メスは雨覆の一部が橙色。雌雄とも色彩は地味だが、とさか状の冠羽がよく目立つ。幼鳥は黒い横斑があまりはっきりしない。

食べ物 水面に張り出した枝や電線から水中に飛び込み、魚類やサワガニなどの甲殻類や水生昆虫、カエルなどの両生類を捕食する。

ヤマセミあるある

高い位置やホバリングから飛び込んで獲物を捕らえる

体が大きいので、ある程度の水深がないと魚などを捕らえるのは難しい。高木や電線にとまって、高い位置から飛び込むことが多い。とまる場所がない場合はすばやく羽ばたいて空中の一点にとどまるホバリングをし、狙いを定めて一気に飛び込む。とまりからのほうが成功率は高い。

電線にとまって獲物を狙う。

ホバリングから一気に飛び込んで魚などを捕らえる。

イケメン角度

♪ 鳴き声

● **地鳴き**

尾羽を上下させながら「キョッ、キョッ、キョッ」「キュッ、キュッ」「ケレッ、ケレッ」などと鳴くほか、「ペッペッペッ」「ケラケラケラ」とけたたましく鳴く。

〈地鳴き〉

キツツキ科

アリスイ［蟻吸］

キツツキ目キツツキ科アリスイ属
［学名］*Jynx torquilla*
［英名］Eurasian Wryneck

●姿勢 やや立つ
●行動位置 樹上
●季節性 漂
●大きさ 18cm

キツツキらしくない!? 異端児のキツツキ

どんな鳥？ 小型のキツツキ。巣穴を掘らない、幹に垂直にとまらず横枝にとまるなど、キツツキ類としては他種と異なる面が多い。

どこにいる？ 全国に分布し、東北と北海道では夏鳥、関東以西では冬鳥。河川敷の明るい林や湿地のヨシ原などに生息。自分で巣穴を掘らず、樹洞や他のキツツキ類が掘った古巣、巣箱などを利用して子育てする。

観察時期 東北や北海道には４～５月ごろ渡来し、夏にかけて子育てする。関東以西では10月ごろに渡来し、越冬する。

外見 雌雄同色。嘴は短めでとがり、こげ茶色の過眼線が目立つ。目は小さめで虹彩は暗色。喉と下尾筒に黒い横斑があり、胸から腹にかけては白っぽい。ハート形の斑が点在する上面は黒や茶、こげ茶、灰色などが混じった複雑な模様。頭頂から背に太い黒線があり、その左右にも帯がある。冬の枯れ色のヨシ原や茂みに溶け込む隠ぺい色になっている。

食べ物 とても長い舌でアリをなめとるように捕食する。それが和名の由来となった。クモ類やカエルなども食べる。

3 4 春 5
6 7 夏 8
9 10 秋 11
12 1 冬 2

アリスイあるある

キツツキっぽくない？ 枝のとまり方が違う

キツツキ類の他種はふつう木の幹や枝に平行になるようにとまるが、本種は横枝にふつうにとまることが多い。しかし、足指は他種のキツツキと同じように前後２本ずつのつくりだ。地上に降りて、地中のアリを捕食するようすもよく見かける。

枝にふつうにとまることが多い。

風景に溶け込む「隠ぺい色」でなかなか見つからない！

天気のよい日など、樹上や地上でじっと動かずにとまっていることがある。そのようすは日向ぼっこをしているかのよう。羽色が樹皮や枯れ枝などの周囲に溶け込む隠ぺい色なので、目立ちにくい。キツツキだがドラミングもしないため、静かにしていて動かないと、見つけるのはなかなか難しい。

枯れ枝などにじっととまるアリスイ。

ときにはモズを威嚇して追い払う気迫をもつ

越冬期はモズ(p.206)と生息域が重なることがあるため、争いに発展することも。本種は小鳥を狩ることもあるモズと違ってアリ食で、見た目もつぶらな目でかわいい印象だ。モズに対して挑むのは無謀のようだが、堂々とモズを威嚇する。

梢のてっぺんのモズとにらみあい。

威嚇されたモズが退散！

「キチキチキチキチ」「キーキーキーキーキー」
「ピョーピョーピョーピョーピョー」など、声量のある甲高い声で、
連続的に鳴く。

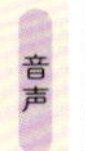

コゲラ［小啄木鳥］

キツツキ目キツツキ科コゲラ属
［学名］*Yungipicus kizuki*
［英名］Japanese Pygmy Woodpecker

●姿勢 幹に平行 ●行動位置 樹上 ●季節性 留 ●大きさ 15cm

市街地でも耳にする「ギー」という声

どんな鳥？ 国内で最小のキツツキで、スズメ大。現在は公園や住宅地でも見かけるが、かつてはおもに山地林に生息し、平地ではなかなか見る機会がなかった。「ギー」という鳴き声で存在に気づくことが多い。

どこにいる？ 全国に分布する。山地林から市街地の街路樹まで、幅広い環境に生息。

観察時期 早春につがいになり、枯れ枝などに巣穴を掘る。幼鳥は5～6月に巣立ち、しばらく親鳥から給餌を受ける。非繁殖期の秋冬はシジュウカラ(p.230)、エナガ(p.249)、メジロ(p.260)などと一緒に混群を形成して行動する。他種が枝移りして動く中、本種は幹から幹へと移り、幹や枝に対して平行に移動するので見つけやすい。

外見 雌雄ほぼ同色。嘴は短めでとがる。虹彩は暗色のため、つぶらに見える。胸から下尾筒にかけて褐色の縦斑がある。上面は黒褐色で白い斑が入るだんだら模様。オスの後頭には数枚の赤い羽がある。

食べ物 昆虫やクモを食べる動物食だが、木の実を食べることもある。

3 4 春 5 6 7 夏 8 9 10 秋 11 12 1 冬 2

コゲラあるある

オスの頭部に赤い羽がある

オスの後頭には赤い羽があり、興奮して羽を逆立てたり、風で羽がめくれたりすると見えることがある。頭部の羽が換羽するときなど、常に見えていることもある。この羽、何枚あるのだろう。片側4枚写っている写真は確認している。

控えめなドラミング音はカエルの鳴き声みたい?

キツツキらしく、木をつつくことで音を出すドラミングをするが、音量は控えめで1回1回が短い。「カラカラカラカラ」「コロコロコロコロ」という音は、カエルの声と聞き間違えられることも。ドラミングはなわばりの主張や求愛のために行なう。

高速でドラミング中!

クモや昆虫、卵やさなぎなど獲物を求めてあちこち移動する

木をつついて樹皮の下にいる昆虫などを捕食する場面を観察できることが多いが、他にもいろいろなものを食べる。林内からヨシ原、市街地まで多様な環境を移動し、樹上のカマキリの卵や、イラガのまゆ、ヨシの茎にいるカイガラムシなど、いろいろな虫を捕食する。住宅地では電線や電柱にとまって移動するようすを見かけることもある。

カマキリの卵のうを食べる。

ヨシの茎をつつく。

イラガのまゆをつつく。

移動中に電線にとまることも。

♪ 鳴き声

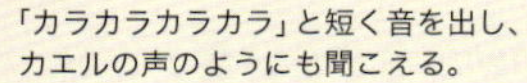

●**ドラミング**
「カラカラカラカラ」と短く音を出し、カエルの声のようにも聞こえる。

●**鳴き声**
「ギー」とひと声鳴くことが多いほか、「キーッ、キッキッキッ」と鋭い声で鳴く。

音声

〈ドラミング▶鳴き声〉

アカゲラ［赤啄木鳥］

キツツキ目キツツキ科アカゲラ属
［学名］*Dendrocopos major*
［英名］Great Spotted Woodpecker

● 姿勢 幹に平行
● 行動位置 樹上
● 季節性 留
● 大きさ 24cm

お腹が赤い中型のキツツキ

どんな鳥？ ムクドリ大のキツツキ。和名の漢字表記は赤啄木鳥だが、全体の羽色は白黒のシックな装いで、赤い部分は少ない。

どこにいる？ 北海道、本州、四国に分布。公園などの平地林から山地林まで、幅広い環境に生息する。

観察時期 通年観察できる留鳥。早春に巣穴を掘り子育てを始める。幼鳥は５～６月ごろに巣立ち、しばらく親鳥のそばで給餌を受ける。留鳥だが、山地から平地へ移動して越冬する個体もいる。ふだんは生息しない環境に冬季に現れることも。九州には本来分布しないが、越冬例がある。

外見 雌雄ほぼ同色。全体に黒と白の羽色で、下腹から下尾筒が鮮やかな赤。風切に白斑がある。オスの後頭は赤い。幼鳥の頭頂は雌雄とも赤い。類似種のオオアカゲラの上面には「逆ハの字」斑がなく、胸から腹にかけて縦斑があり、腹から下尾筒にかけては淡紅色。

食べ物 木をつついてアリやカミキリムシの幼虫などを捕食するが、秋冬には樹木の実も食べる。

3 4 春 5 | 6 7 夏 8 | 9 10 秋 11 | 12 1 冬 2

アリや土壌動物を求めて地上にも降りることも!

動画

ふだんは木の幹や太い枝の中のカミキリムシの幼虫、葉の上のイモムシ、樹皮の裏に潜む節足動物などを食べる。木から木へ渡り歩く生活だが、ときおり地上に降りることがある。理由はアリや土壌動物を捕食するため。地上にいるようすはキツツキらしくなくておもしろい。

地面に降りてアリなどを探す。

頭上から木くずがバラバラ降ってきたら…

動画

頭上から木くずが降ってきて、存在に気づくこともある。そんなときは、耳を澄ませてみよう。「コンコンコン」と木をつつく音が聞こえたら、本種がいるかもしれない。とがった嘴で枯れ木を盛んにつついて崩しながら、中にいる昆虫類などを捕食する。

北海道などでは市街地の街路樹で子育て

北海道では、市街地で本種をふつうに見ることができる。とくに子育てシーズンは、街路樹からひなの声が聞こえてくることも。離れてそっと観察すると、親鳥が給餌するようすが見られるだろう。

幼鳥の頭頂はオスもメスも赤い。

♪鳴き声

●ドラミング
音が響きやすい木や人工物を高速でつつき、「ココココココ」「カラララララ」などという音を立てる。

●地鳴き
「キョッ、キョッ、キョッ」とひと声ずつ鳴くほか、「ケレケレケレケレ」と連続的に鳴く。

〈ドラミング▶地鳴き〉

キツツキ科

アオゲラ［緑啄木鳥］

キツツキ目キツツキ科アオゲラ属
［学名］*Picus awokera*
［英名］Japanese Green Woodpecker

● 姿勢 幹に平行
● 行動位置 樹上 
● 季節性 留
● 大きさ 29 cm

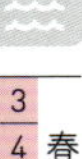

日本だけにすむ緑色のキツツキ

どんな鳥？ ヒヨドリ大のキツツキで、日本だけに生息する日本固有種。和名のアオは緑色のことで、上面の落ち着いた色合いの緑系の羽色から名付けられた。英名も「日本の緑色のキツツキ」の意。

どこにいる？ 本州、四国、九州に分布する。平地林から山地林に生息し、公園の林でも見ることができる。

観察時期 通年観察できる留鳥。さえずりやドラミング、オスがメスを追いかけるなどの求愛行動は真冬から始まり、つがいになると早春から雌雄で巣穴を掘り進める。初夏から夏に幼鳥が巣立つ。

外見 額から後頭まで赤いのがオスで、頭頂から後頭のみ赤いのがメス。ほかは雌雄ほぼ同色。嘴はがっしりしていて、下嘴の付け根から中ほどまでが黄色。赤い顎線が目立ち、目先は黒い。背はやや褐色みのある緑色で、翼と腰、尾羽は落ち着いた黄緑色。下面は白く、胸下部から下尾筒にかけてハート形に近い黒斑が並び、横斑状に見える。

食べ物 カミキリムシの幼虫やアリなどのほか、木の実も採食する。

月	季節
3	春
4	春
5	春
6	夏
7	夏
8	夏
9	秋
10	秋
11	秋
12	冬
1	冬
2	冬

アオゲラあるある

長い舌を使って好物のアリを食べる

動画

キツツキは木をつつきながら、中に潜む昆虫の動く音を聞き取っているといわれる。まるで医師が聴診するときのよう。食べ物を探知すると、長い舌を器用に使って捕食する。舌の先端にはトゲのようなものがあり、さらに唾液に粘度があるため、昆虫などを舌でからめ捕ることができる。アリが好物で、地上に降りて地中のアリを食べることもあれば、木の中の巣を襲って食べることもある。

長い舌をさし込んで採食中。

巣穴を横取り!? 意外な天敵とは

巣穴は候補として2～3カ所で仮に掘る。本命が定まると雌雄交代で巣穴を掘り、子育てに入る。枯れ木よりも生木を好み、筆者の観察地ではサクラ類、イヌシデ、ヒノキに掘ることが多い。巣穴をめぐっては意外な天敵がいる。それはムクドリ(p.274)。何日もかけて掘った巣穴をあっさりムクドリに奪われてしまうことがある。キツツキ類の古い巣穴は、アオゲラがねぐらとして利用するほか、他の鳥や小型哺乳類も活用する。

昆虫が減ったらどうする? 冬の食事情

動画

アリが少なくなる冬は、木の中に潜むカミキリムシの幼虫を掘り出したり、木の実を食べたりする。とくにハゼノキの実は脂が豊富で、和ロウソクの原料として使われるほど。多くの鳥類が好んで採食する。イロハモミジの樹皮を傷つけ、樹液をなめることも。

カミキリムシの幼虫を捕食。

ハゼノキの実を採食。

求愛も争いも、首を伸ばして頭を振って

動画

オスは「ピョー、ピョー」と鳴き、林中に響き渡るドラミングでメスに求愛する。「キュルキュルキュル」という声を出しながら、首を伸ばして頭を左右に振ることもある。オス同士の争いでも同じ動きをし、2羽で向き合ってフェンシングさながらに嘴で激しくつつきあう。

♪ 鳴き声

- **さえずり** 「ピョー、ピョー、ピョー」とよく通る声。
- **ドラミング** 「ココココココ」と林中によく響く音を出す。
- **地鳴き** 「ケレケレケレケレ」と連続的に鳴いたり、「キョッ、キョッ、キョッ」とひと声ずつ区切る。

音声

〈さえずり▶ドラミング〉

COLUMN

木をつつくキツツキの秘密

幹に平行にとまり、木をつつく行動で知られる
キツツキのなかま。スズメ大のコゲラから、
ヒヨドリ大のアオゲラまで
大小さまざまなキツツキが木をつつく秘密に迫る！

○キツツキが木をつつく3つの理由

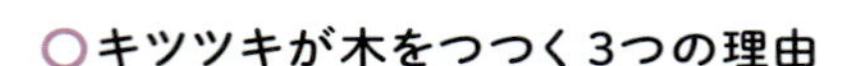

木を掘ったり、枯れ木を崩して中にいる獲物を捕食する。つつくことで、木の中にいる虫が動き、それを感じ取ることができる。

動画

2
求愛行動

なわばりの誇示や求愛のため、さえずりの代わりにドラミングで大きな音を出す。空洞があって音が出やすい木のほか、街灯など人工物をつついて派手に音を出すこともある。

街灯でドラミングするアオゲラ。

動画

巣穴を掘るために木をつつく。枯れ木のほか、アオゲラは生きている木に巣穴を掘る傾向がある。

動画

○幹にとまれるヒミツは足指と尾羽にあった！

キツツキ類の足指は、木の幹にしっかりとまれるように、前後2本ずつになっている。さらに、中央の尾羽2枚が堅いため、この尾羽も使って木の幹にしっかりとまることができるしくみだ。ちなみにアリスイ(p.186)は同じキツツキ科だが、木の幹に平行にとまらないため、中央の尾羽は堅くない。

前後2本ずつの指と尾羽を使ってしっかりとまる。

高速連打をしても目がまわらない理由

キツツキのドラミングは、なんと1秒間に20回ほどの速い動きで音を立てる。巣穴掘りは雌雄が交代しながら掘り進め、作業は穴が十分な深さになるまで続く。脳へのダメージが気になるが、心配無用。キツツキのなかまは、つつく衝撃をやわらげる体のつくりをしている。頭や舌の骨、首の筋肉などで脳が守られているのだ。

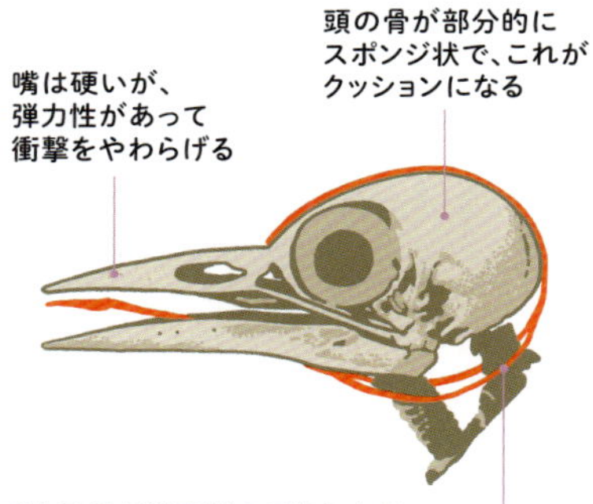

キツツキの巣穴はいろいろな生き物が利用

キツツキが掘った穴は、鳥類も含め、みずからは穴を掘れない多くの生き物のすみかになる。

キツツキの巣穴を活用するモモンガ。

万能 解答

ハヤブサ科

チョウゲンボウ ［長元坊］

ハヤブサ目ハヤブサ科ハヤブサ属
［学名］*Falco tinnunculus*
［英名］Common Kestrel

● 姿勢 立つ
● 行動位置 樹上
● 季節性 留
● 大きさ オス 33cm メス 39cm

負けん気の強い小型のハヤブサ

どんな鳥？ ハト大のハヤブサ類。気が強いことで知られ、体がひとまわりもふたまわりも大きな相手に突っかかっていき、空中戦を演じているようすがよく見られる。

どこにいる？ 近畿地方以北で繁殖し、冬季は全国に分布。河川敷や農耕地のような開けた環境に生息し、繁殖の際は崖地の穴から橋の欄干、市街地のビルの排気口など人工物もよく利用して営巣する。

観察時期 年間を通して観察できる留鳥。近畿地方以南では10月ごろに渡来し、3月ごろまで見られる冬鳥。

外見 オスは頭部が青灰色。上面は栗色で黒い斑があり、尾羽は灰色で黒い線がある。メスは頭部から上面、尾羽が赤褐色で、上面には黒い横斑がある。雌雄とも下面は褐色みのある白で黒い縦斑があり、目の下にひげのように見える黒い線（ひげ状斑）がある。

食べ物 ネズミやモグラなどの小動物、小鳥を捕食するほか、カエルなど両生類、トカゲなどは虫類、昆虫も捕食。

3 4 春 5 6 7 夏 8 9 10 秋 11 12 1 冬 2

チョウゲンボウあるある

紫外線を見る能力を活かし、ネズミを上手に狩る

昼行性の鳥類の多くは、ヒトには見えない光の波長、紫外線の領域まで見ることができる4色覚をもつ。また、ヒトには認識できないほどわずかな色の違いを見分けることができる。本種は、ネズミが行動した痕跡が紫外線を反射するのを見つけ、効率よく捕食できることが知られている。

電柱の上や木の梢など見通しのよい場所にとまって獲物を探す。

上空でホバリング。獲物を見つけると急降下して捕らえる。

市街地の橋など人工物を利用して繁殖

もともとの繁殖地は崖地だったが、現在では市街地周辺のさまざまな場所を利用して繁殖している。

集団繁殖地になっている崖地。

ノスリが近くにいるにもかかわらず、橋で交尾するつがい。

小型哺乳類以外にバッタも捕食する

本種はネズミなど小型の哺乳類が主食だが、昆虫もよく食べる。秋には河川敷などでバッタをよく捕食する。

秋に湖の堤防近くの草原でひたすらバッタを捕食していた。

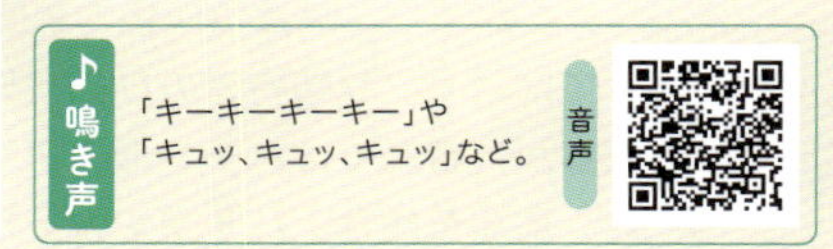

ハヤブサ［隼］

ハヤブサ目ハヤブサ科ハヤブサ属
［学名］*Falco peregrinus*
［英名］Peregrine Falcon

● 姿勢 立つ
● 行動位置 空中

● 季節性

● 大きさ オス 42cm メス 49cm

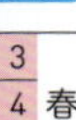
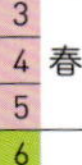

高所から鳥類を狙う！ 鳥類界で最速のハンター

どんな鳥？ 空中で鳥類を狩る猛禽類でほぼカラス大。急降下のスピードは鳥類最速といわれ、300km/hに達することもある。ハヤブサ類は猛禽類ながらワシタカ類やフクロウ類とは進化の系統が異なり、どちらかというとインコ類に近いとされる。

どこにいる？ 九州以北に分布し、海岸や山地の崖、市街地のビルなどで繁殖する。非繁殖期は農耕地や河川敷、湖沼など開けた環境に生息し、鉄塔などの見通しのいい高台にとまって獲物を狙う。

観察時期 年間を通して観察できる留鳥。秋は岬から海を渡るヒヨドリの大群などを襲い、冬は河川敷や湖沼、農耕地などでカモを狙う。

外見 雌雄同色。頭部から上面にかけては濃い青灰色。虹彩は暗色で黄色のアイリングがあり、嘴は黒灰色で蝋膜（嘴の付け根の部分）は黄色、目の下から頬にかけてはハヤブサ類特有のひげ状斑がある。胸から下腹にかけては密に横斑が入るが、若鳥ではハート形の斑や縦斑が入る。

食べ物 鳥類を捕食。ハト類やカモ類、ヒヨドリなどが多い。

3 4 春 5 6 7 夏 8 9 10 秋 11 12 1 冬 2

群れをかく乱して離れた個体を狩る

狩りでは、高台や上空から急降下して獲物を捕らえる。ときにはカモやハトの群れに突撃してかく乱することも。群れから離れた個体を空中でつかんだり、蹴って気絶させて捕らえる。また、岬に集結して海を渡るヒヨドリ(p.236)の大群を狙うことでも知られる。つがいで協力し、突撃してかく乱する役割と、狙いをつけて襲う役割を分担し、狩りを成功させることもある。

アオアシシギを狙う。

獲物を空中で解体!? 求愛給餌も空中で!

本種の求愛給餌は空中で行なう。オスは獲物を捕らえると空中でさばき、つがいのメスが一緒に飛ぶと、空中で獲物を放す。メスは獲物を受け取り、きずなを深め合う。共同で狩りをすることもあるので、息が合う相手かどうか確かめる意味もあるのだろう。

某ビルにて

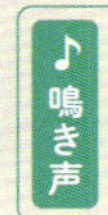

「キー、キーキー」と甲高い声で鳴くほか、「キュッ、キュッ」と鳴くことも。

サンショウクイ［山椒食］

スズメ目サンショウクイ科サンショウクイ属
［学名］*Pericrocotus divaricatus*
［英名］Ashy Minivet

●姿勢 立つ ●行動位置 樹上 ●季節性 夏 ●大きさ 20cm

上空から聞こえる「ピリリ」という鳴き声

どんな鳥? スズメよりも大きく、スマートな体型で尾羽が長い。白黒灰色のモノトーンで、シックな色合いが特徴。

どこにいる? 九州以北に飛来する夏鳥で、里山や山地林で繁殖。渡りの途中に市街地の上空を通過したり、都市公園に立ち寄ったりする。本種とリュウキュウサンショウクイ(p.202)は、以前は同じ種の別亜種とされていた。

観察時期 4月ごろ飛来し、離島や市街地の公園などに立ち寄りながら、繁殖地の里山や山地林へ渡る。子育て後に南方へ移動するが、秋に市街地で見かける機会は少ない。公園などの平地林で越冬するのはリュウキュウサンショウクイ。

外見 オスは頭頂から後頭が黒く、額は白い。尾羽までの上面は灰色。メスは頭部も灰色で、額の白い部分がオスよりも狭い。リュウキュウサンショウクイのオスは、額の白い部分が狭く、上面は黒く、胸から腹にかけて汚れたような灰色。

食べ物 樹上で昆虫やクモを捕食したり、空中で飛んでいる昆虫を捕らえて食べる。

3 4 春 5 6 7 夏 8 9 10 秋 11 12 1 冬 2

飛んでいる虫を採食する

ヒタキ類に似た採食方法。とまった位置で周囲を見回し、空中の虫を見つけるとすばやく飛び上がって、空中で捕らえる。

とまったまま頭を動かして虫を探索する。額の白い部分が広く、上面が灰色なので、リュウキュウサンショウクイと区別できる。

飛び上がって虫を捕らえる。停空飛翔も行なう。

♪鳴き声

「ピュリリリ、ピュリリリ」「ピュリリ、ピュリリリリン」などと鳴く。
鳴き声がよく似たリュウキュウサンショウクイ(p.202)よりも、尻上がりに聞こえる傾向がある。

音声

リュウキュウサンショウクイ［琉球山椒食］

スズメ目サンショウクイ科サンショウクイ属
［学名］*Pericrocotus tegimae*
［英名］Ryukyu Minivet

●姿勢	●行動位置	●季節性	●大きさ
立つ	樹上	留	20cm

真冬の公園で聞こえる「ピリリ」の声

▎どんな鳥？ スズメより大きい。スマートな体型で尾羽が長く、白と黒、灰色のモノトーンの羽色。

▎どこにいる？ かつて分布は中国地方以南とされたが、近年は東日本まで分布を広げている。平地から山地の林に生息し、樹上でくらす留鳥。近縁種のサンショウクイ（P.200）は夏鳥。

▎観察時期 低山から山地林で子育てし、非繁殖期は平地へ移動して林のある公園などで越冬する。越冬時はカラ類の混群と行動する。群れに混じるというより近くにいて、独自に行動しているように見える。

▎外見 オスは頭部から尾羽にかけての上面が黒く、頭部はヘルメットをかぶったように、あるいはおかっぱ頭のように見える。額に白い部分があるが、サンショウクイより狭い。メスはオスの黒い部分が灰色。雌雄とも下面は汚れたように灰色を帯びる。

▎食べ物 樹上を移動しながら周囲をよく見回し、樹上性の昆虫、カメムシ、クモなどを見つけて捕食する。また、飛んでいる虫を空中で捕らえて食べる。

月	季節
3 4 5	春
6 7 8	夏
9 10 11	秋
12 1 2	冬

リュウキュウサンショウクイあるある

周囲を見回して虫を探索する

動画

名前は「山椒食い」でも、本種は動物食。木の実は食べない。枝にとまると、頭を動かして周囲をぐるっと見回し、葉や枝の上に虫を見つけると、鋭く飛びついて捕らえる。動きまわるのではなく、とまった状態で周囲を見回して虫を探索する動きは、エナガ(p.249)の動きに似ているようだ。

とまった位置で頭を動かして周囲をよく見る。

次にとまる枝や、見つけた虫に向かって飛んでいく。

冬の林でさまざまな虫を採食する

秋は樹上性のバッタ目やカマキリを、それらが姿を消す真冬はカメムシやクモを採食する。以前、中国地方以南だった分布を、近年関東まで広げているのは、温暖化で秋冬でも食物となる虫が豊富になっているのが理由かもしれない。

ハラビロカマキリを捕らえた。

秋にバッタ目の昆虫を捕らえた。

アオオニグモを捕らえた。

カメムシ類を捕らえた。

♪鳴き声

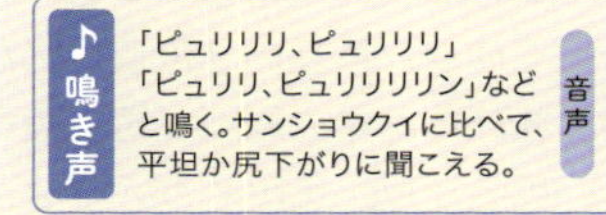

「ピュリリリ、ピュリリリ」「ピュリリ、ピュリリリリリン」などと鳴く。サンショウクイに比べて、平坦か尻下がりに聞こえる。

音声

サンコウチョウ［三光鳥］

スズメ目カササギヒタキ科サンコウチョウ属
［学名］*Terpsiphone atrocaudata*
［英名］Black Paradise Flycatcher

● 姿勢 立つ
● 行動位置 樹上

● 季節性 夏
● 大きさ オス 45cm メス 18cm

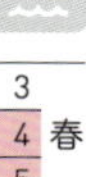

長い尾羽と青いアイリングに陽気なさえずり

▍どんな鳥？ コバルトブルーのアイリングと嘴が美しい鳥。オスは長い尾羽をはためかせる。「ホイホイホイ」というさえずりの前段を「月日星」と聞きなしたのが和名の由来。

▍どこにいる？ 本州以南に渡来する夏鳥。丘陵地から山地の沢が流れる林で繁殖する。広葉樹林でも繁殖するが、どちらかというと薄暗いスギ林やヒノキ林が多い。春と秋の渡りでは都市公園で観察できることもある。

▍観察時期 春の渡りで確認されるのは４月下旬ごろからで、大型連休後の５月中下旬が多い。繁殖地で初夏から夏にかけて子育てする。秋の渡りで観察できるのはおもに９月で、10月ごろまでに去っていく。

▍外見 オスは頭部が黒く、短い冠羽があり、コバルトブルーのアイリングと嘴が目立つ。上面は黒褐色で紫色の光沢がある。尾羽に飾り羽があり、中央２枚が長く伸び、体長の２倍以上になる。メスや若鳥は上面が栗色で、尾羽は短い。オスには中央尾羽が短い短尾型もいる。

▍食べ物 英名“Flycatcher”が示すように、飛んでいる昆虫を空中で捕食する。

3
4 春
5
6
7 夏
8
9
10 秋
11
12
1 冬
2

サンコウチョウあるある

春はさえずりをヒントに、秋は混群を探してみよう

春の渡りでは、特徴的なさえずりで存在に気づくことができる。オスだけでなく、メスもさえずるのも特徴。秋の渡りではさえずらないが、「ゲッ」という地鳴きで気づくことができる。また、コゲラ(p.188)、ヤマガラ(p.226)、シジュウカラ(p.230)、メジロ(p.260)、エナガ(p.249)などの群れに混じるので、混群をチェックすると見つけやすい。

樹上で盛んにさえずる。短尾型のオス。

混群の中にひとまわり大きい鳥がいたら可能性が高い。

秋はオスが少なく若鳥が多い?

秋の渡りでは、尾羽が長いオスにはまず出合わない。オスは繁殖後に長い尾羽が抜けるといわれている。また、秋に出合うのは、アイリングや嘴が青くない若鳥が多い。

若鳥はアイリングや嘴の色が青くない。

つがい外交尾? 2羽のオスが子育て

まれに2羽のオスがひなに給餌する例が観察される。一方のオスが、メスともう一方のオスに追い払われることから、ヘルパーではなく、メスとつがい外交尾したオスが給餌に来ている可能性もある。

巣は深いおわん形。

●さえずり
「ゲッ」と鳴いた後、「ツキヒホシ(あまりそう聞こえない)」「ホイホイホイ」と鳴く。「ホイ」の回数はまちまち。

●地鳴き
「ゲッ」「ジェッ」などと鳴く。

〈さえずり〉

モズ［百舌］

スズメ目モズ科モズ属
［学名］*Lanius bucephalus*
［英名］Bull-headed Shrike

● 姿勢 やや立つ　● 行動位置 樹上　● 季節性 留　● 大きさ 20cm

小鳥を襲うこともある小さなハンター

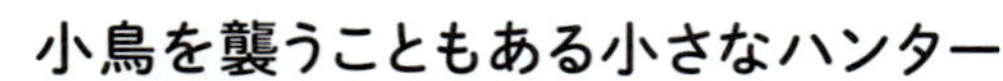

▍どんな鳥？ 嘴が猛禽類のようにかぎ状で、実際に小鳥を捕食することもある。「高鳴き」が秋の風物詩として知られるほか、いろいろな鳥の鳴きまねをすることから「百舌（もず）（嘘つきの意）」と名付けられた。

▍どこにいる？ 全国に分布する。地域によっては冬季に暖地や平地へ移動。草原や河川敷、農耕地のような周囲が開けた環境に生息し、公園や庭、畑など市街地の緑地でも見られる。

▍観察時期 市街地を含め、多くの場所で１年中見られる。秋口には「高鳴き」が聞かれる。冬には雌雄それぞれ単独で生活する。

▍外見 雌雄とも上嘴の先がかぎ状。オスは額から後頭が栗色で、太くて黒い過眼線がある。上面は灰色で、胸から腹にかけては橙色。風切は黒く、白い斑がある。メスは過眼線が淡い茶色で、胸から腹にかけての橙色みが淡く、胸から下腹まではうろこ模様が目立つ。翼の白斑はない。

▍食べ物 昆虫や両生類、は虫類のほか、まれに小鳥を補食することもある。ハナミズキやナンキンハゼなどの木の実も食べる。

月	季節
3 4 5	春
6 7 8	夏
9 10 11	秋
12 1 2	冬

モズあるある

尾羽をまわしながら獲物に狙いを定める

動画

モズの狩りでは、枝や人工物など高い位置にとまり、尾羽をくるくるとまわしながら獲物を見定める。狙いをつけると降下して地上に降りて捕らえ、再び高い位置にとまって食べる。昆虫を中心に、カエルやトカゲ、ときには小鳥を狩ることも。シジュウカラ(p.230)は猛禽類だけでなく、モズを見つけたときにも警戒声を出し、他種を集めて激しく鳴き、追い払う。

高い場所から獲物を探す。

秋は高鳴き 春はぐぜり

動画

高い木の梢など、見通しのよい位置にとまって鳴く「高鳴き」。「キーキーキーキキキキーキーキー」などとけたたましく鳴いた後、「キョン、キョン、キョン」と鳴いて、なわばりを宣言する。春は見通しのよい位置にとまり、いろいろな鳥の鳴きまねをしてぐぜる。

高鳴きはなわばりを告げる行動だ。

はやにえをつくるオスほどメスにモテる?

狩った昆虫などをなわばりの小枝などに刺す「はやにえ」が多いオスほど、繁殖成績がいいという研究がある。メスがはやにえのできばえをチェックするというわけではない。食べ物の不足する冬季に、保存食であるはやにえが豊富なオスのほうが栄養状態がよく、求愛のさえずりがより美しくなると説明されている。

モズの餌食になり、はやにえとなったミミズ、センチコガネやバッタのなかまなど。

♪ 鳴き声

● さえずり

「チュルチュル、チューチュー」のような声を交えながら、他の鳥の鳴きまねをしてメスにアピールする。

● 地鳴き

「チキチキチキチキ」と連続的に鳴くなど、いろいろな声で鳴く。

音声

カラス科

カケス［懸巣］

スズメ目カラス科カケス属
［学名］*Garrulus glandarius*
［英名］Eurasian Jay

●姿勢 横向き

●行動位置 樹上

●季節性 留 漂

●大きさ 33cm

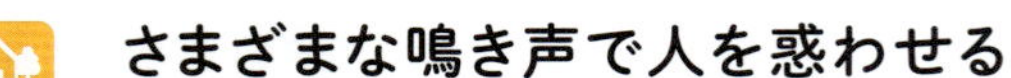

さまざまな鳴き声で人を惑わせる

どんな鳥? ハト大のカラス類で鳴きまねが得意。翼の鮮やかな青と黒の縞模様が美しい。英名は鳴き声「ジェイ」に由来。

どこにいる? 九州の屋久島以北に分布し、山地林などに生息。地域によって暖地や平地へ移動し、都市公園の林でも越冬する。越冬地はその年の豊凶や雪の量で変わるようだ。亜種カケス以外に北海道のミヤマカケス、佐渡島のサドカケス、屋久島のヤクシマカケスの３亜種がいる。

観察時期 丘陵地から山地の林では周年見られる。市街地の公園では秋口に小さな群れで飛来して越冬。春を迎え、繁殖期になると去る。

外見 雌雄同色。亜種カケスは上面と胸から下面にかけてはブドウ色を帯びる褐色。翼は黒く、風切の外側は白い。風切と雨覆には鮮やかな青と黒の縞模様の部分がある。頭頂は白い羽に黒い縦線が入り、虹彩は白い。ミヤマカケスは頭部が橙色で頭頂に黒い線が入り、虹彩は暗色でやさしい表情に見える。ヤクシマカケスとサドカケスは亜種カケスとほぼ同色。

食べ物 昆虫から木の実まで幅広く食べる。どんぐりを好む。

3 4 春 5 / 6 7 夏 8 / 9 10 秋 11 / 12 1 冬 2

謎の鳥の鳴き声は…?
正体はカケスかも!?

森などを歩いていて、笛のような音色で聞いたことのない鳴き声が聞こえることがある。そんなときは、本種かオナガ(p.210)を疑ってみよう。両種とも他の鳥の鳴きまねが得意。そのうえ、ネコの鳴き声やその地域にはいない鳥の声でも鳴くので一瞬惑わされる。不思議な声をしばらく聞いていて、「ジェー」と本来の鳴き声を発したら、正体はカケスだ。

いろいろな声で鳴くことで知られる。

猛禽類がいてもへっちゃら!?
巧妙に攻撃をかわす

オオタカ(p.164)やツミ(p.160)など天敵となる猛禽類が近くにいても平然としていて、本種のほうから数羽で近づいていく場面を見かける。挑発されたオオタカやツミが襲いかかっても、本種はひらりと攻撃をかわしてしまう。まるで猛禽類をからかって遊んでいるようだ。

ツミ(左)の攻撃をかわすカケス(右)

どんぐりが大好きで
貯蔵して冬にも利用

秋口はコナラやカシなどのどんぐりをよく食べ、貯蔵して冬季に利用する。貯蔵する場所とどんぐりが実っている木を、ふわふわと飛びながら何度も往復するようすが観察できる。貯蔵した場所をしっかり記憶しているという。

好物のどんぐりを盛んに頬張る。

翼の青色は、鳥には
もっと鮮やかに見える?

翼の鮮やかな青色は本種の特徴だが、この部分は紫外線をよく反射する。紫外線の波長はヒトの視覚では知覚できないが、鳥たちの視覚では、私たちが見ている以上に輝いて見えているのかもしれない。

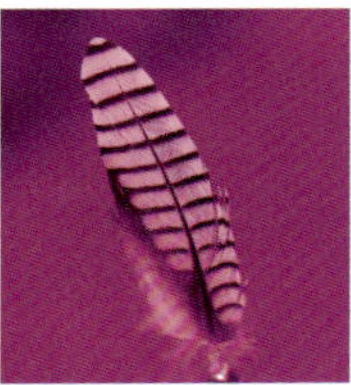

右が紫外線写真。可視光(左)と縞の太さが異なる。

♪鳴き声

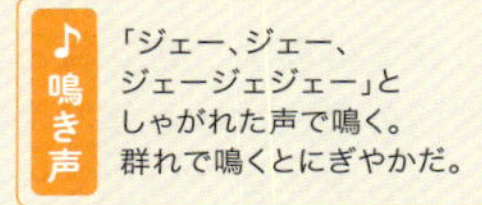

「ジェー、ジェー、
ジェージェジェー」と
しゃがれた声で鳴く。
群れで鳴くとにぎやかだ。

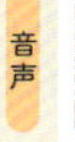

オナガ［尾長］

スズメ目カラス科オナガ属
［学名］*Cyanopica cyanus*
［英名］Azure-winged Magpie

● 姿勢 やや立つ
● 行動位置 樹上
● 季節性 留
● 大きさ 37cm

青灰色のスマートな姿と鳴き声にギャップがある!?

どんな鳥？ 和名の通り尾羽が長く、白黒モノトーンに淡く鮮やかな青灰色のシンプルな配色が美しい。シックな姿とは裏腹に「ギューイ」という濁った声でけたたましく鳴くので、初めての観察ではそのギャップに驚く人も多い。飛翔形は下から見上げると十字架のよう。

どこにいる？ 中部以北の本州に局地的に分布する留鳥で、西日本では見られない。市街地の公園や平地林、郊外の林などに生息。住宅地のアンテナや電線に群れでとまり、ふわふわと飛びながら周回する。天敵でもあるツミの巣の周囲に集団で巣をつくり、子育てすることもある(p.161)。

観察時期 1年を通して群れで見られる。繁殖期は巣からそう遠くない範囲で行動するが、非繁殖期は食べ物を求めて行動範囲を広げる。

外見 雌雄同色。頭部は帽子をかぶったように黒く、喉は白い。上面と胸から下尾筒にかけては淡い灰色。翼と尾羽は明るい青灰色で尾羽の先端には白斑がある。尾羽の長さは体長よりも長い。

食べ物 昆虫から果実まで幅広く食べる。

月	季節
3	春
4	春
5	春
6	夏
7	夏
8	夏
9	秋
10	秋
11	秋
12	冬
1	冬
2	冬

親子が群れになってアンテナなどにとまる

住宅地では、オナガの群れがテレビのアンテナにとまる光景をよく見かける。非繁殖期には複数の家族が合流して大きな群れになり、アンテナや電線にとまりながら、次々に飛んでいく。群れは30羽ほどにもなることがあり、群れが飛び去ったかと思いきや、途切れずに次々に飛んでいくこともよくある。

複数の家族で群れをつくる。

ときにはまっ赤な果実で求愛給餌を行なう

秋冬はさまざまな樹木の果実を採食し、貯食もする。真冬にピラカンサなどの赤い果実で求愛給餌する場面を見かけることもある。「自分で食べられるでしょ?」などと野暮なことを言ってはいけない。「お口を開けて」「あーん」はつがいのきずなを深める大切な愛情表現なのだ。ヒトも同じなのでは?

気合いで解決!

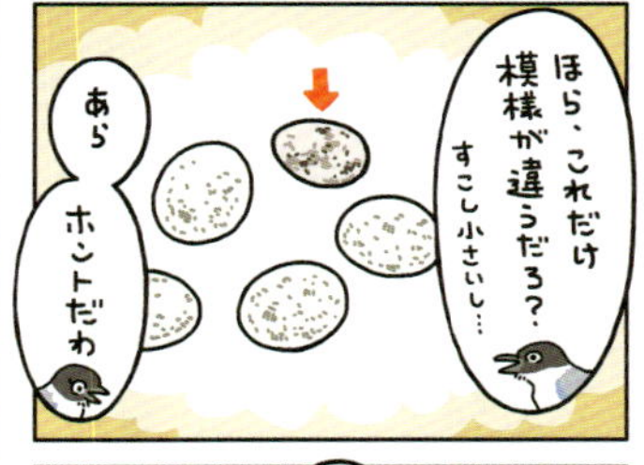

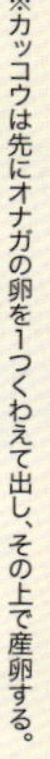

※カッコウは先にオナガの卵を1つくわえて出し、その上で産卵する。

♪鳴き声

「ギュッ、ギュ――イ、ギュッギュッギュッ」などと濁った大きな声で鳴く。ほかに「トゥルルルルル」などの変な声でも鳴くので、それを覚えて「謎の鳥!」などと惑わされないようにしよう。

音声

カラス科

ハシボソガラス［嘴細烏］

スズメ目カラス科カラス属
［学名］*Corvus corone*
［英名］Carrion Crow

● 姿勢　横向き
● 行動位置　地上
● 季節性　留
● 大きさ　50cm

器用で賢い！ 嘴がやや細いカラス

どんな鳥？ 市街地でよく見かけるハシブトガラス(p.214)より少し小さめで、都市部では少数派のカラス。嘴が細いのが和名の由来。俗にボソと呼ばれる。知的で器用な行動をするので、たまに世間を騒がせることも。

どこにいる？ 九州以北に分布する留鳥。河川敷、農耕地など開けた環境に生息し、おもに地上行動。市街地にもいるが大都市では少ない。

観察時期 1年を通して見られる。繁殖期はつがいで行動し、行動範囲が巣の周囲のなわばりになるが、非繁殖期は群れで行動する個体が多い。

外見 雌雄同色。全身黒いが、翼などに黒紫の光沢がある。ハシブトガラスの上嘴が太くて大きく湾曲するのに対し、本種の上嘴はハシブトガラスより細くあまり湾曲しない。頭部はハシブトに比べてなだらか。足は長めで、地上ではおもにひょこひょこ歩いて移動する。

食べ物 昆虫や土壌動物、甲殻類、小動物、果実や種子など幅広く食べる。残飯はもちろん、せっけんやロウソクなど人間にとっては食料でないものも利用する。

3 4 春 5
6 7 夏 8
9 10 秋 11
12 1 冬 2

ハシボソガラスあるある

飲み食いするためなら知恵をしぼる！

殻が堅いオニグルミの実を、上空から落としたり、自動車にひかせたりして割り、中身を食べる個体がいる。公園の水飲み場の蛇口の取っ手をまわし、水を出して飲んだり浴びたりすることも。飲み食いするためとはいえ、その賢さや行動力には舌を巻く。

賢いカラスというけれど…執拗にミラーを攻撃する個体も

カラス類はなわばり性が強いことで知られるが、鏡に映った姿を自分だと認識できない個体もいるようだ。

リアミラーをつつく。

ドアミラーをつつく。

後部ウインドウに映る自分に飛びかかって滑り落ちた！

みずから水を出す天才カラス

動画

器用で賢いハシボソガラス。その中でも抜きん出た知性をもつ天才的な個体が、まれに現れる。2018年春、水飲み場の水道を操作して、みずから水を飲んだり浴びたりする天才カラスが現れた。しかも、目的に応じて水量の調節までするという賢さ。水を飲むときは水道の取っ手をつつき、飲みやすい少量の水を出す。水を浴びたいときには、水道の取っ手をくわえてまわし、大量の水を出す。この個体はその後残念ながら行方不明に。取っ手式の水道を操作できるカラスは国内外とも例がなく、まさに天才カラスだった。

♪鳴き声

体を前傾し、頭を上下させながら「ガァガァ」と濁った声で鳴く。
ハシブトガラスは頭を前後に動かしながら「カァカァ」と澄んだ声で鳴く。
形態だけでなく、鳴き声や動作、歩き方がハシブトガラスと見分けるポイントになる。

音声

カラス科

ハシブトガラス［嘴太烏］

スズメ目カラス科カラス属
［学名］*Corvus macrorhynchos*
［英名］Large-billed Crow

● 姿勢：横向き
● 行動位置：樹上 地上
● 季節性：留
● 大きさ：57 cm

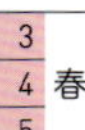

市街地で最もよく見かけるザ・カラス

どんな鳥？ 身のまわりにたくさんいる、いわゆる「カラス」と呼ばれる鳥で、「カアカア」と澄んだ声で鳴く。同じく「カラス」と呼ばれるハシボソガラス(p.212)より体が大きく、嘴も太くがっしりしている。子育ての時期に人が巣に近づくと激しく威嚇し、攻撃してくることもある。俗にブトと呼ばれる。

どこにいる？ 全国に分布する留鳥。市街地から山地林、海岸まで幅広い環境に生息するが、もともとは森林性の鳥。林の樹上での行動が多い。

観察時期 1年中。繁殖期はつがいで行動し、行動範囲が巣の周囲のなわばりになるが、非繁殖期は広範囲を群れで行動することが多い。

外見 雌雄同色。全身黒いが、翼には黒紫の光沢がある。上嘴は太く、大きく湾曲する。上嘴の付け根から頭頂にかけての羽毛をよく立てるので、額が「絶壁」に見えることが多い。地上ではおもに足をそろえてぴょんぴょんと跳ぶホッピングで移動するが、ひょこひょこ歩くこともある。

食べ物 昆虫や土壌動物、は虫類、小動物、他の鳥(卵やひな、成鳥も)のほか、果実や種子、どんぐりなどを食べ、残飯やゴミをあさることも多い。

月	季節
3	
4	春
5	
6	
7	夏
8	
9	
10	秋
11	
12	
1	冬
2	

ハシブトガラスあるある

求愛のプレゼントは氷!?

動画

大切なのは気持ち？

真冬の冷え込んだ朝、公園のグラウンドにハシブトガラスのつがいがいた。地面で何かを採食しているので確認してみると、霜柱が見えた。そのまま観察していると、小さな鳴き声を合図に、つがいの一方がもう一方に何かを与えた。この求愛給餌のような行動は3回続いたが、与えたのは霜柱だったのだろうか。

初夏のか細い鳴き声は巣立った幼鳥がいるしるし

動画

初夏に「カァー、カァー」と、か細い鳴き声が聞こえてきたら要注意。これは巣立った幼鳥が近くにいるサイン。幼鳥は好奇心旺盛でかわいいが、不用意に近づき親鳥に見つかると、騒がしく鳴かれ、威嚇攻撃されることも。幼鳥は給餌を受けるときに鳴くテンポを上げ、最後につまらすような独特の鳴き方をする。これを覚えると、見なくても親鳥が給餌していることがわかる。

幼鳥は虹彩に青みがあり、嘴の付け根や中が赤い。

黒い羽は暑い? ハアハアして放熱!?

真夏に嘴を開いたまま暑そうにしているようすを見たことがある人も多いだろう。犬が体温を下げるために口を開け、舌を出してハアハアするのと同じかもしれない。暑い日に他の鳥を観察すると、嘴を開く種とそうでない種がいる。ハシボソガラスも口を開けるし、同じ黒い羽衣の鳥では、カワウ(p.138)も同じように口を開ける。

夏に口を開けるようすがよく見られる。

鳴き声

「カァカァ」と澄んだ声で鳴く。通常はこの鳴き声で、「ガァガァ」と鳴くハシボソガラスと区別できるが、濁った声を出すこともあるので注意。大きな声で鳴くときはハシボソガラスのように頭を上下させず、頭を前後に動かしながら鳴く。他に「アー、アー」「カポン」などという声も出す。

COLUMN

なにかとお騒がせ！カラスの秘密

賢い鳥といわれるカラスだが、それだけに世間を騒がせる出来事も多い。
ゴミあさりから貪欲な狩りまで、カラスの秘密に迫る！

○究極のグルメ？ それとも悪食？ カラスの食事事情

動画

〈ヤマグワ→スダジイの採食〉

ゴミをあさる

市街地にはスナック菓子にファストフード、繁華街の飲食店から出た残飯まで、食べ物がいっぱい。彼らは夜明け前から都会のゴミ置き場に群がり、「食事」はゴミが回収されるまで続く。ただ、最近はゴミ出しのカラス対策が進んできたこともあり、自然界の旬の食べ物を採食するようすが観察しやすい。

木の実

小さな木の実が腹の足しになるのか不思議だが、じつによく食べる。ミズキは必ず熟す前から採食。どんぐりは、ヒトも食べられるスダジイとマテバシイを採食する。

イイギリの実を採食するハシブトガラス。

ミズキは夏から秋口の未熟なときに採食。

コブシの実を採食するハシブトガラス。

スダジイのどんぐりを採食するハシボソガラス。

昆虫

8〜9月ごろは、セミや甲虫をよく捕食するが幼虫を掘り出して食べるようすも見られる。土や木の中の食べ物を探し出す能力の高さに感心させられる。

カブトムシを捕らえたハシボソガラス。木の幹にいる虫に届かないとき、カラスは停空飛翔ができないので、ジャンプして捕獲する。

アブラゼミを捕食するハシブトガラス。

鳥類・は虫類

他種の卵やひな、幼鳥を捕食するほか、成鳥を狙うこともある。ドバトは餌食にされるが、意外な鳥が捕食されることも（3点ともハシブトガラス）。

動画

あろうことか、カワセミが捕らえられ、餌食になってしまった。俊敏な小鳥がカラスに捕まることはふつうないと思うが、病気で弱っていたのだろうか。

外来鳥のホンセイインコ(p.366)も餌食に。飛翔能力の高いインコをカラスが捕らえるのは困難なので、弱っていたか、オオタカが仕留めた獲物を横取りしたのだろう。

こちらも外来種のミシシッピアカミミガメ。カラスはカメが池から上陸して産卵しているところを狙い、カメが卵を産むたびに食べていた。

COLUMN

まだまだある、カラスの興味深い行動

蟻浴（ぎよく）

梅雨のじめじめした時期や夏の暑い日に、翼を広げてアリをはべらせることがある。羽についている虫をアリに食べさせたり、アリの出す蟻酸をまとうことで、寄生虫除けに行なうといわれる。カラスはアリをはべらせている間、うっとりしたようすで羽づくろいする。

写真はハシブトガラス。カラスだけでなく、ヤマガラなどの小鳥も蟻浴を行なう。

ボール遊び？

ボールを蹴ったり、くわえて放り上げたりするようすを見かけることがある。ハシボソガラスが、ボールで遊んでいるように見えるが、じつは遊んでいるわけではなく、なんとかしてボールを破こうとしているのだ。中に何か入っているのではないかと予想し、確認しようとしているのだろう。

○放火に窃盗!? カラスの事件簿

食べたかっただけなんです!

グルメも度が過ぎると人間の生活と軋轢を生むことになる。火のついたロウソクをもち去り、「放火する」カラスが問題になった。そのロウソクは火の消えにくい和ロウソクで、原料となるハゼノキの実は脂肪分を多く含む。この脂肪分がお目あてだった。火事が起きたのは、もち去った火だねが残ったままのロウソクを、貯蔵のために落ち葉の下などに隠したためだ。
また、せっけんの連続窃盗事件の犯人だったことも。せっけんも脂肪分が多く、カラスにとっては好物なのである(いずれもハシブトガラス)。

上等な巣材は針金!?

繁殖期になると、盛んに枝を折って巣に運ぶ行動が見られる。また、巣に針金ハンガーを好んで使うことでも知られている。ベランダに干していた洗濯物を器用に外して、ハンガーだけをもち去るようすが観察された。最近は洗濯物をとめるピンチをもち去り、巣材に使う例も確認された(左:ハシブトガラス、右:ハシボソガラス)。

最近見かけない針金ハンガーだが、目ざとく見つけてくる。

洗濯物をとめるピンチ。どうやって外すのだろう。

風に乗って楽しむ

風が強い日などに、風乗りを楽しむことがある。とまっている場所から飛び上がり、風をうまく操って、元の場所に戻るといった遊びをする。空を舞う落ち葉を空中で受け渡しするなど、キャッチボールのようなことも。ボール遊びはしないが、風乗りは楽しむ。

風乗りを楽しむハシボソガラス。

レンジャク科

キレンジャク［黄連雀］

スズメ目レンジャク科レンジャク属
［学名］*Bombycilla garrulus*
［英名］Bohemian Waxwing

●姿勢 やや立つ
●行動位置 樹上
●季節性 冬
●大きさ 20cm

翼の一部に赤いワックスがあり、冠羽が目立つ鳥

どんな鳥？ ほんのり赤みのある顔に黒くて太い過眼線が通り、とさかのような冠羽をもつロックミュージシャンのような雰囲気の鳥。翼に赤いろう状の物質があり、装いのアクセントになっている。

どこにいる？ 全国に渡来する冬鳥で、平地から山地の森林に生息。年によって渡来数に増減がある。

観察時期 晩秋に山地林へ渡来。山地に実がなくなり、雪に閉ざされると平地へ移動。公園のヤドリギや街路樹の実などに群れが姿を現すのは、1〜3月ごろ。実のある場所を渡り歩きながら越冬する。

外見 雌雄同色。頭部は長い冠羽と黒く太い過眼線が目立ち、喉も黒い。上下面とも灰色で羽毛の質感はなめらか。翼と尾羽の黄色が目立つ。

食べ物 樹木や草の実を採食する。

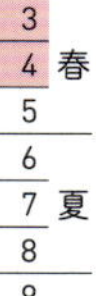

月	季節
3	春
4	春
5	春
6	夏
7	夏
8	夏
9	秋
10	秋
11	秋
12	冬
1	冬
2	冬

♪鳴き声

●**地鳴き**
おもに飛んでいるときなどに「チリリ、チリリリ」と鳴き、鈴の音にたとえられる。ヒレンジャク（右頁）も同様。

音声

〈地鳴き〉

ヒレンジャク［緋連雀］

スズメ目レンジャク科レンジャク属
［学名］*Bombycilla japonica*
［英名］Japanese Waxwing

● 姿勢 やや立つ
● 行動位置 樹上
● 季節性 冬
● 大きさ 18cm

翼にワックスがなく、「ヒー、ホー」と鳴く

どんな鳥？ キレンジャク（左頁）とよく似るが、少し小さく、尾羽の先は赤く、翼にろう物質はない。黒くて太い過眼線が、とさかのような冠羽の先まで達する（キレンジャクは後頭まで。冠羽に黒い部分はない）。

どこにいる？ 全国に渡来し、平地から山地の森林に生息。年により渡来数は変動。単独もしくはキレンジャクと群れをつくって行動する。

観察時期 晩秋に山地林へ渡来する冬鳥。冬を迎えて山地に実がなくなると平地へ移動する。1～3月ごろに、平地林、公園、街路樹などに姿を見せる。実のある場所を渡り歩いて越冬する。

外見 雌雄同色。頭部にはとさかのような冠羽があり、太くて黒い過眼線がある。翼には青灰色と赤い部分があり、尾羽の先端が赤い。

食べ物 さまざまな植物の実を採食する。

● **地鳴き** おもに飛んでいるときなどに「チリリ、チリリ」と鈴の音のような声で鳴くのはキレンジャクと同じ。とまっているときには「ヒー、ホー、ヒー」とよく鳴くが、キレンジャクはこの声で鳴かない。

〈地鳴き〉

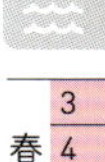

春	3
	4
	5
夏	6
	7
	8
秋	9
	10
	11
冬	12
	1
	2

COLUMN

群れで移動する！ レンジャクの秘密

植物の実を求めてあっちへ移動、こっちへ移動。
大群でやってくるレンジャクの行動に迫る！

山地から市街地まで実を求めて移動する

レンジャク類は群れになり、実を求めてさまざまな環境を渡り歩く。樹木の実を中心に採食するが、地表近くのヤブランやジャノヒゲなどの草の実も採食。春先にはラクウショウの雄花やシダレヤナギの新芽などを採食することもある。春先の暖かい日に発生したユスリカを、飛び上がって空中で捕食するようすも観察されている。

キレンジャク

ナナカマドの実を採食する。

クロガネモチの実を食べる。

ヒレンジャク

街路樹のクロガネモチの実を採食する。

公園でラクウショウの雄花（あるいは虫？）を食べる。

街はレンジャクで大にぎわい

動画

街路樹の実を採食しては離れることを繰り返すので、群れは街のさまざまな場所にとまる。また実をたくさん食べると喉が渇くので、ひんぱんに水を飲みに行く。街路樹の実を食べ尽くすと、群れは姿を消す。

水場を調べておくと観察の幅が広がる。

アンテナにびっしり！

○ヤドリギとレンジャクの深〜い関係

レンジャクはヤドリギの実を好むので、たわわに実ったヤドリギの前で待っていると、やってくるのを期待できる。ヤドリギは宿主である樹木に根を食い込ませ、水分と養分を得る半寄生植物。その種子は粘液に包まれており、実を食べたレンジャクがフンをすると、樹木の枝に付着しやすい。そして発芽して樹木に根を下ろし、増えていく。ヤドリギが増えると、レンジャクが食べる実も増えるので、両者は相利共生の関係にあるといえる。

ヤドリギの実を採食するヒレンジャク。

アカミヤドリギの種子を排出。すごい粘りだ！

こちらは黄色い実のヤドリギ。

ヒガラ［日雀］

スズメ目シジュウカラ科ヒガラ属
［学名］*Periparus ater*
［英名］Coal Tit

●姿勢 横向き 
●行動位置 樹上 
●季節性 留 漂
●大きさ 11cm

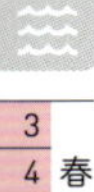

市街地ではあまり見られない山にすむ小さなカラ

どんな鳥? カラ類で最も小さく、日本産の野鳥全体でも最小級に入る。頭部の羽色はシジュウカラ(p.230)と似ているが、頭部以外の羽色や体の大きさは異なり、鳴き声や生息環境も違うことから見分けられる。

どこにいる? 屋久島以北に分布し、山地から亜高山帯の森林に生息。北海道では平地林にもすむ。ふつうは都心では見られないが、年によっては都市公園の林などで越冬することがある。

観察時期 1年を通して観察できる。秋冬の非繁殖期はシジュウカラ、メジロ(p.260)、コゲラ(p.188)などと混群をつくって行動する。

外見 雌雄同色。頭部と喉が黒く、頬は白い。頭頂に小さな冠羽がある。上面と尾羽は灰色で、２本の白い翼帯が見られる。胸から下面にかけては白い。頭部の羽色はシジュウカラに似るが、本種はひとまわり小さく、喉から腹までの黒い縦線がなく、上面も黄緑色ではないので、容易に見分けることができる。幼鳥は全体に色が淡く、頬が淡い黄色。

食べ物 小さな昆虫やクモを捕食するほか、種子も食べる。

ヒガラあるある

樹木の高い位置でアクロバティックに行動

キクイタダキ(p.266)と一緒に針葉樹の高い位置で行動することが多い。体の小ささと軽さを活かし、ぶら下がったり、停空飛翔したりしながら、虫を見つけて捕食する。

枝にぶら下がることも多い。

幼虫を見つけて捕食。

花に群がるが目的は昆虫or植物?

真冬にはイロハモミジやアカシデ、早春にはハンノキの雄花にぶら下がったり、春には芽吹き前の冬芽に取りついていることも。一見、花や芽を食べているように見えるが、隙間に小さな虫やクモがいることも考えられる。似たような行動を見せるシジュウカラやヤマガラ(p.226)が小さな虫を捕食しているので、同じカラ類である本種も花粉を食べているわけではないだろう。

ハンノキの花を丹念に捜索中。

巣材に適した良質な素材探しています!

繁殖期には巣材探しで忙しくなる。産座(さんざ)(卵を産む部分)には繊維状のやわらかい素材が欠かせないが、亜高山帯では手に入れるのに苦労するのか、ハイカーの服や荷物から失敬していく個体もいるという。こんな愛らしい小鳥が求めるなら、喜んで巣材を提供したいくらいだ。

巣材集め、がんばってます!

●**さえずり**「ツピン、ツピン、ツピン、ツピン」と高い声でさえずる。シジュウカラのさえずりと比較すると、音が高くテンポが速い。

●**地鳴き** キクイタダキと似た「チリチリ、リリリ」という細い声で鳴くときと、「チュー、チュー」と比較的声量があって澄んだ声で鳴くときがある。

音声

〈さえずり▶地鳴き〉

シジュウカラ科

ヤマガラ［山雀］

スズメ目シジュウカラ科ヤマガラ属
［学名］*Sittiparus varius*
［英名］Varied Tit

● 姿勢 横向き 
● 行動位置 樹上 
● 季節性 留
● 大きさ 14cm

木の実が好きな橙色のカラのなかま

どんな鳥? 橙色の羽をもつカラ類で、モノトーンの羽色が多いカラ類の中で見分けやすい。「ニーニーニー」という地鳴きがユニーク。

どこにいる? 小笠原諸島を除く全国に分布する留鳥で、平地林から山地林に生息。どんぐりなどの堅果が実る林を好む。かつて一部を除いて平地の公園では冬鳥だったが、近年は1年中見られる公園が増えている。

観察時期 1年を通して観察できる。秋冬の非繁殖期はシジュウカラ(p.230)、メジロ(p.260)、コゲラ(p.188)などと混群をつくって行動する。

外見 雌雄同色。頭部は黒く、額は少し茶色みがかった白で、頬は黄みがかった白。後頭には白い縦斑がある。背の上部と胸から下面にかけては橙褐色で、翼と尾羽は青灰色。南の地域や島に分布する個体は、白い部分の茶色みが濃くなる。

食べ物 昆虫やクモを捕食するほか、木の実や種子を食べる。とくにエゴノキやハクウンボク、スダジイの実を好んで食べ、食べ物の少なくなる冬に向けて実を貯蔵する。

3 4 5 春 6 7 8 夏 9 10 11 秋 12 1 2 冬

ヤマガラあるある

果実にぶら下がり もぎ取って、穴を開ける

秋はエゴノキやハクウンボクの果実にぶら下がる光景が見られる。もぎ取った果実を少し離れた場所へ運ぶと、有毒なサポニンが含まれる果皮を取り除き、堅い種子を取り出す。これを足で押さえ、嘴をノミ、頭をハンマーのように使って殻に穴を開け、中身を食べる。食べ終わると再び果実を採りにいくということを繰り返す。

果皮をはずす。

種子に穴を開けて食べる。

キツツキのように 樹皮をつつくことも

堅い木の実にも穴を開けられる嘴を使って、堅い樹皮をキツツキのようにつつく行動も見られる。これは、崩した木の中に潜む虫を捕食するためである。

樹皮に潜む昆虫も捕食。

イヌシデに群がる! あれ? 花粉が好き?

動画

春の雑木林では、葉が芽吹く前にイヌシデやアカシデが花を咲かせる。3月ごろに雄花が咲くと、決まって本種が群がるようすが見られる。花粉を食べているようにも見えるが、じつは花の隙間にいる小さな虫を食べているのだ。

花の中の虫を探す。

目的は蜜じゃない ツバキの花の秘密

シジュウカラとともに、ツバキの花に群がることがある。メジロのようには蜜をなめることができないので、花びらごとむしるかのようだが、これも花の中に潜む昆虫の幼虫が目あて。カラ類の虫を探索する能力の高さには驚かされる。

花の中の虫をゲット!

♪ 鳴き声

●さえずり

「ツツピー、ツツピー、ツツピー」と少しゆっくりしたテンポでさえずる。通常は澄んだ声だが、濁った声になることもある。

●地鳴き

「ニーニーニー」と不協和音のような声で鳴くほか、「ズビズビズビ」と金属的な声でも鳴く。

〈さえずり▶地鳴き〉

コガラ［小雀］

スズメ目シジュウカラ科コガラ属
［学名］*Poecile montanus*
［英名］Willow Tit

● 姿勢 横向き

● 行動位置 樹上
● 季節性 留
● 大きさ 13 cm

黒いベレー帽がシンボルの小型のカラ類

どんな鳥? その名の通り、カラ類としては小さく、黒いベレー帽をかぶったような姿が特徴的。

どこにいる? 九州以北に分布する留鳥で、北海道では少ない。大都市の公園にはおらず、郊外の丘陵地や低山から山地林にかけて生息。北海道では平地の針葉樹林などに生息する。ヒガラ(p.224)やキクイタダキ(p.266)は山地から平地へ移動して越冬することがあるが、本種はふつう移動しない。

観察時期 1年を通して見られる。繁殖期はつがいで行動し、非繁殖期は他種と混群をつくって行動し、本種だけの群れはふつうつくらない。

外見 雌雄同色。頭部は額から頭頂にかけて黒く、ベレー帽をかぶったよう。目から下は喉が部分的に黒いほかは白く、下面も白い。上面は灰褐色で、翼には青灰色みがある。近縁種のハシブトガラは北海道のみに分布し、頭部の黒い部分に光沢がある。

食べ物 昆虫やクモなどの節足動物、木の実や種子を食べる。秋冬は樹皮の隙間などに食べ物を貯蔵することもある。

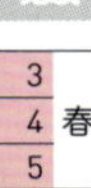

月	季節
3	春
4	春
5	春
6	夏
7	夏
8	夏
9	秋
10	秋
11	秋
12	冬
1	冬
2	冬

「ディーディーディー」は「集まれ！」の合図

秋冬の混群での行動では、鳴き声を使い分けてなかまに合図を送る。食べ物を見つけたときなどには「ディーディーディー」という声で鳴き、なかまに知らせる。なかまに合図を送るのは、食べ物を独占するよりも、混群を形成して他の個体と一緒に採食するほうが、食べ物や天敵の発見などで有利になるからだと考えられている。

カラ類では珍しく巣穴を自分で掘る

カラ類は基本的にみずから巣をつくらず、キツツキ類の古巣や樹洞などの穴や人工物の隙間を使って子育てする。本種も穴に営巣するが、他のカラ類と異なり、枯れ木に自力で穴を掘ることができる。

他種はコガラ語を理解している!?

集まれを意味する「ディーディーディー」に似た「ツツディーディー」は、単に群れを維持する鳴き方。この鳴き方では他種が集まらないという。他種は「コガラ語」を理解し、聞き分けしていることになる。

♪鳴き声

●さえずり 「ヒー」「ホー」という声を組み合わせて「ヒーホーヒー」「ヒーホーヒーホーホー」と音の高さを変えながらさえずる。音程を大きく変えたり、尻下がりに鳴くことも多い。

●地鳴き
「ディーディーディー」
「ジェージェージェー」
「ヒーヒヒヒ」「ペケペケ」など。

音声

〈さえずり▶地鳴き〉

シジュウカラ［四十雀］

スズメ目シジュウカラ科シジュウカラ属
［学名］*Parus cinereus*
［英名］Cinereous Tit

● 姿勢 横向き　● 行動位置 樹上　● 季節性 留　● 大きさ 15cm

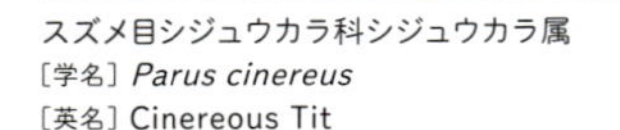

よく鳴き、活発に動きまわる身近な小鳥

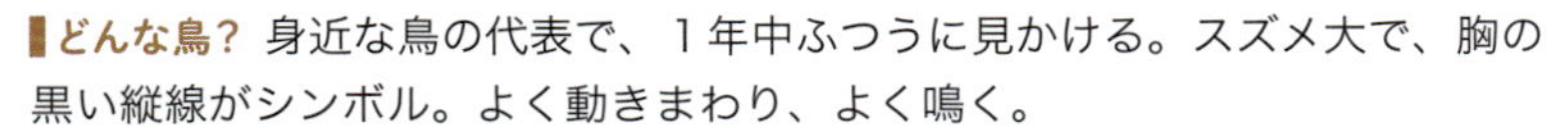

どんな鳥？ 身近な鳥の代表で、１年中ふつうに見かける。スズメ大で、胸の黒い縦線がシンボル。よく動きまわり、よく鳴く。

どこにいる？ 小笠原諸島を除く全国に分布する留鳥。市街地から山地林、草原やヨシ原まで、幅広い環境に生息する。庭や公園はもちろん、住宅地のアンテナや電線でさえずることもふつう。

観察時期 １年を通して見られるが、真夏の暑さがピークの時期は換羽のために動きがおとなしくなり、あまり見かけなくなる。秋冬はコゲラ(p.188)、エナガ(p.249)、メジロ(p.260)などと混群をつくって行動する。

外見 雌雄ほぼ同色。頭部は額から後頭、喉が黒く、頬は白い。体下面と尾羽は白く、喉から下尾筒にかけてネクタイのような黒い帯があり目立つ。オスの黒帯は太くて両足の間がつながることが多く、メスは細い。背は黄緑色、翼は青灰色で、白くて太い帯がある。尾羽の上面も青灰色。

食べ物 昆虫や土壌動物、クモなどを捕食する。果実や種子も食べるが、動物食の傾向が強い。

3 4 春 5 6 7 夏 8 9 10 秋 11 12 1 冬 2

シジュウカラあるある

木の実も食べるけど やっぱり虫が好き!

昆虫など動物食が主だが、秋にはミズキなどの実も食べる。あるとき、コナラのどんぐりを拾ってつついたので食べるのかと観察していたら、中から虫をつまみ出したことも。やはり虫が大好きなのだ。冬は地上に降りて、落ち葉をめくってクモや土壌動物を見つけて捕食することも多い。

ハゼノキの実をついばむ。

落ち葉をめくってクモを見つけ、捕食。

どんぐりから虫を発見！

枝の上を細かく 動きまわって食べ物探し

樹上を活発に動きまわってキョロキョロし、虫などを探し出して捕食する、というのが本種の基本スタイル。枝にとまると、枝や葉の裏側までチェックしながら細かく移動し、次の枝に移るという動きを繰り返す。対照的なのがヒタキ類。とまった枝の上を細かく移動することはほとんどない。

細かく動いて虫をゲット！

じっとするにはワケがある!?

本種はとにかく活発に動きまわるが、数分間まったく動かないことも。不意にツミ(p.160)がすぐ近くにとまったときに、声も出さず、時間が止まったように動かずじっとしていたことがあった。飛んで逃げればかえって餌食になってしまうことがわかっていたのかもしれない。

●**さえずり** 「ツピ ツピ ツピ ツピ ツピ」「スイッ スイッ スイッ スイッ」と一定の高さの声で連続して鳴く。年末くらいからさえずり始め、春は盛んにさえずる。

●**地鳴き** 「ツピッ」「ジュクジュクジュク」「ズピピピ」「ピーツピ」「シーシーシ」「チチチチー」などさまざまな鳴き方をする。

〈さえずり▶地鳴き〉

春の「チチチチー」は
メスが甘える声

動画

繁殖期は4～7月ごろ。樹洞やキツツキの古巣などに巣材を運び込んで営巣、子育てする。巣箱をよく利用するほか、郵便受けや植木鉢での繁殖例も観察されている。春に「チチチチー、チチチチー」という声が聞こえてきたら、それはメスがオスに甘える声。オスがメスに食べ物をプレゼントする求愛給餌も見られる。

初夏の「チチチチー」は幼鳥が食べ物をねだる声

巣立った幼鳥は、しばらくは親の給餌を受けながら過ごす。初夏に聞こえる「チチチチー、チチチチー」や「キキキキー」という声は巣立った幼鳥が食べ物をねだる声。この声は、メスがオスに対して鳴く声とほとんど変わらないが、時期によってどちらが鳴いているか観察して確認してみよう。

幼鳥は全体に色が淡く、嘴に黄色い部分が目立つ。

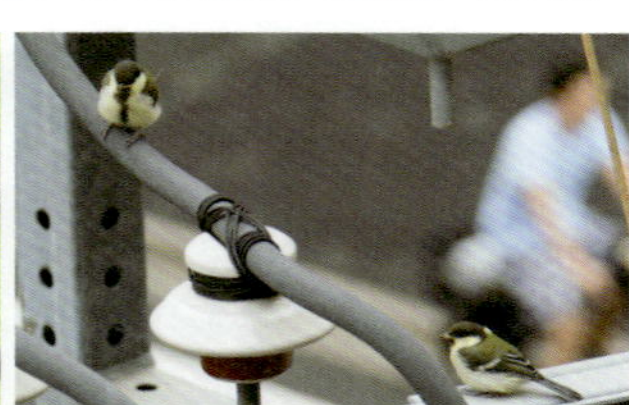
電線の上で親鳥が運んでくる食べ物を待つ。

親鳥から給餌を受ける幼鳥。

鳴き声で会話！ シジュウカラ語を聞く

鳴き声を使い分けて、同種や他種とつくる群れのなかまとコミュニケーションを取ることで知られる。上空を天敵である猛禽類が飛ぶと「ヒピピヒーピピ」などと鳴き、他種の警戒声と合わさって「ズピピピー」と聞こえる。なぜか猛禽類であるトビ（p.166）には反応しないが、キジバト（p.90）が飛んだときに誤って（？）鳴くことは多い。「ジュクジュクジュク」と聞こえる声は食べ物を見つけたときなどに「集まれ」となかまに呼びかけるもの。この鳴き声とほかの声を組み合わせることで、伝える意味を変える。たとえば、「警戒せよ」を意味する「ピーツピ」と「ジュクジュクジュク」を組み合わせることで、「警戒しながら集まれ」の意味になる。鳴き声の順番を逆にするとなかまは反応しないという。いわば「文法」を使っていることになる。人間以外に「文法」を使える動物はまだ見つかっていない。

新鮮教材

ヒバリ［雲雀］

スズメ目ヒバリ科ヒバリ属
［学名］*Alauda arvensis*
［英名］Eurasian Skylark

● 姿勢 やや立つ
● 行動位置 地上 空中

● 季節性 留
● 大きさ 17cm

飛びながらにぎやかにさえずり、春を感じさせる

どんな鳥？ スズメよりもひとまわり大きな鳥で、おもに地上で行動する。空を飛びながらさえずる「さえずり飛翔」が本種の代名詞。「揚(あ)げ雲雀(ひばり)」とも呼ばれ、春の風物詩・季語となっている。

どこにいる？ 本州、四国、九州に分布する留鳥で、北海道では夏鳥。草原や牧草地、河川敷、農耕地、海岸など、草地のある開けた環境に生息。繁殖期は、草が茂った地上に枯れ草などで皿状の巣をつくる。

観察時期 1年を通して見られ、非繁殖期は数羽の群れで越冬する。

外見 雌雄同色。頭部に冠羽があり、さえずるときや興奮したときに立て、よく目立つ。メスよりオスのほうがよく冠羽を立てるが、どちらも冠羽を寝かせているときも多い。白い眉斑と黒くて細めの過眼線があり、嘴は長めでとがっている。上面は褐色で下面は白く、胸に褐色の縦斑がある。足は長めで地上での行動に適している。

食べ物 地上を歩きながら昆虫や土壌動物、クモなどを捕食する。草の種子もついばむ。

月	季節
3	春
4	春
5	春
6	夏
7	夏
8	夏
9	秋
10	秋
11	秋
12	冬
1	冬
2	冬

ヒバリあるある

さえずりながら空を舞う にぎやかな「揚げ雲雀」

動画

本種の「さえずり飛翔」は、繁殖シーズンが始まる早春から聞かれるようになる。生息地である草原や河川敷、農耕地のような開けた環境で聞くさえずりに、のどかな雰囲気を感じる人も多いだろう。停空飛翔で空中での位置をあまり変えないときもあれば、どんどん移動したり、見失うほど空高く上がっていったりと、そのときによって飛び方はさまざま。上空に見あたらないと思ったら、石や杭の上、地上でさえずっていることもある。

盛んに鳴きながら上空を飛ぶ。

杭の上などでさえずることも。

ヒバリが減っている!?

ヒバリのさえずりは春の風物詩。なじみ深い鳥だが、都市部では減少している。開発によって、繁殖適地である開けた環境、農耕地や草地が減っている影響が大きい。

ラブラブソングバトル

♪鳴き声

● **さえずり**
「チュピチュピチュルチュルツイツイ」などとかなり早いテンポで鳴き方を変えたり、複数の声を重ねたりしながら長時間鳴き続ける。

● **地鳴き**
「ピュル、ピュル」
「ピュッ、ピュッ」
「ピュー、ピュー」

〈さえずり▶地鳴き〉

ヒヨドリ科

ヒヨドリ［鵯］

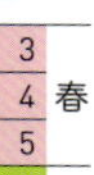

いつも活発でにぎやか！とても身近な鳥

どんな鳥？ 中型の鳥で全身灰色。よく通る鳴き声で「ヒーヨ」「ヒーヒッヒッヒッ」などとけたたましく鳴き、住宅地や公園を活発に飛びまわる。なわばり性が強く、同種他種問わず、追い払ったり追いかけあったりしている。花蜜をめぐってメジロ(p.260)を追い払う場面をよく見かける。

どこにいる？ 全国に分布するが、北方の個体の多くは渡りをする。市街地から山地まで幅広い環境に生息する。

観察時期 1年中ふつうに見られるが、市街地では春と秋の渡りの時期に姿を見かけなくなることがある。渡りをする個体群は岬などに集結し、大群で海を渡ることが知られているが、市街地では20〜30羽くらいの群れが渡っていくのが見られる。

外見 雌雄同色。全身灰色で、目の後方(耳羽)はえんじ色。頭部の短い冠羽はぼさぼさしている。胸以下には細かい斑があり、尾羽は長い。

食べ物 昆虫から植物の実までなんでも旺盛に食べる。ウメやサクラ、サザンカ、ツバキなどの花の蜜も好む。

3 4 春 5 6 7 夏 8 9 10 秋 11 12 1 冬 2

ヒヨドリあるある

昆虫から木の実まで。鳥類界きってのグルメ鳥

活発に行動し、にぎやかに鳴くエネルギーを支えているのが食。いろいろなものを食べるグルメ鳥だ。木の上でカマキリやアオマツムシなどを捕らえ、空中を飛んでいるユスリカをフライングキャッチ。イイギリやアオキ、トウネズミモチなど、他の鳥が好まずに残りがちな木の実も、平らげる。種子は離れた場所に運ばれ、芽吹いて生長するとさらに木の実がなる。いわば食べることで緑化を進め、みずから食べ物を増やしているようなものだ。

樹上性のハラビロカマキリを捕食。

空中のユスリカも目ざとく捕食。

ツクツクボウシは翅ごと丸呑みで。

とまれない位置にいる虫を見つけ、停空飛翔で捕食。

カナメモチのまっ赤な実も他の鳥には人気がないが、食す。

アオキの実は食べられる部分が少ない。

● **地鳴き** とにかくよく鳴く鳥。「ヒー」「ヒヨ」「ヒーヨ、ヒーヨ」などと鳴く。飛び立つときには、ほぼ必ず鳴く。繁殖期には、幼鳥が食べ物をねだる「キシッ、キシッ」という鳴き声が耳につく。

● **鳴き声** 住宅地でアンテナなど目立つ位置に、とまり「フィーフィーヒー」などと繰り返し鳴く。

花の蜜が大好き

身近で見られる中では、メジロ(p.260)と並んで花の蜜を好む鳥だ。虫が少なくなり、木の実がなくなる真冬に咲くツバキやウメ、サクラの花によく集まる。この時期、嘴と顔が花粉で黄色く染まっている個体をよく見かける。

ヤブツバキを訪花。嘴と顔が黄色く染まっていて、蜜をなめたことがわかる。

メジロと同じように、舌は蜜をなめるのに適している。

花を丸ごと、野菜まで!? 大食漢というより困りもの？

動画

なぜかユズリハの葉をかじり、シダレヤナギの雄花や畑の葉物野菜も餌食に。樹皮から染み出す樹液もなめる(P.33)。さらにはツバキやコブシの蜜をなめていたかと思うと、花ごとちぎって食べてしまう。花の蜜をなめて花粉を運ぶなら、受粉に貢献しているともいえるが、花ごと食べるとなると話は別。その食欲さと乱暴なふるまいがヒヨドリの生き方だ。

畑の作物を味見。

ツバキの花弁をちぎってもぐもぐ。

なぜかユズリハの堅そうな葉を採食。

コブシの花びらをサラダのように食べる。

市街地で子育て

庭木や街路樹に営巣することが多いようで、繁殖期には市街地で子育てするようすをよく見かける。キシ キシ キシと鳴きながら、幼鳥が親鳥を追いかける光景が印象的だ。

電線にとまっている幼鳥に、赤い木の実を与える親鳥。

親鳥に食物をねだる幼鳥たち。

真夏は迫力のない姿も

いつも活発に動き、他の鳥だけでなく同種も追いかけるほど好戦的。その気質を表すかのように、頭部の羽毛が逆立っていて強面の印象がある。だが、換羽期の真夏は頭部の羽毛が少なく、迫力のない姿の個体も見かける。

羽毛が少ないと、頭がとても小さく見える。

ハヤブサに狙われる! 渡りは命がけ

春と秋の渡りでは、市街地など身近な場所でも小さな群れが渡っていくようすが見られる。こうした群れが集まって岬に集結し、大群で海を渡る。この群れをハヤブサ(p.198)がつけ狙っていて、群れをかく乱してはぐれた個体を襲う。群れはこの脅威を警戒し、岬を飛び出したり、戻ったりを何度も繰り返しながら渡るタイミングをはかる。

緑地を渡っていく群れ。群れ全体で20羽ほどだった。

海峡を越えていく群れ。

ツバメ ［燕］

スズメ目ツバメ科ツバメ属
［学名］*Hirundo rustica*
［英名］Barn Swallow

●姿勢	●行動位置	●季節性	●大きさ
やや立つ	空中	夏	17cm

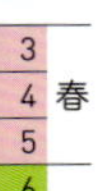

月	季節
3	
4	春
5	
6	
7	夏
8	
9	
10	秋
11	
12	
1	冬
2	

空を自在に飛びまわり、人のそばで子育てする

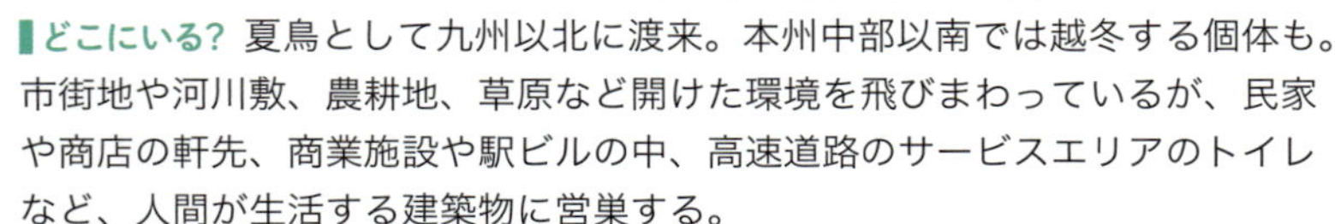

どんな鳥？ 春に渡ってきて、人間が生活する建築物に巣をつくって子育てする、なじみ深く身近な小鳥。昔から五穀豊穣（ごこくほうじょう）や商売繁盛の象徴とされてきた。

どこにいる？ 夏鳥として九州以北に渡来。本州中部以南では越冬する個体も。市街地や河川敷、農耕地、草原など開けた環境を飛びまわっているが、民家や商店の軒先、商業施設や駅ビルの中、高速道路のサービスエリアのトイレなど、人間が生活する建築物に営巣する。

観察時期 3月ごろに渡来して営巣を始める。子育てが終わる7〜8月ごろには大きな群れとなり、河川敷や湿地のヨシ原などに集団でねぐらをとりながら渡っていく。10月にはほとんど見られなくなる。

外見 雌雄ほぼ同色。頭部から上面にかけては黒に近い濃紺で青紫の光沢があり、額と喉は赤い。胸には紺色の帯があり、下面は白い。尾羽は外側の2枚が細長く「燕尾（えんび）」と呼ばれる。オスはメスよりも光沢があり、赤い部分が鮮やかで、燕尾が長め。

食べ物 空中を飛びながら飛翔している昆虫を巧みに捕食する。

ツバメあるある

飛ぶのは得意だが地上での行動は苦手

空中での生活により適した鳥。体は流線形で翼が長く、足は短く、地上行動には向かない。昆虫を捕食するのも、水を飲むのも浴びるのも、飛びながら行なう。また、速さの象徴として、特急列車や新幹線の名称としても使われている。そんな地上での行動が苦手なツバメだが、巣材の土を得るときは地上に降りる。昔の人はこの行動を土を食べているように見立て、「チュルリチュルリジャー」というさえずりを「虫食って土食って渋い」と聞きなした。

飛翔能力の高い体のつくり。

巣づくり用の土は地上で集める。

集団ねぐらをつくり、やがて南へ渡っていく

動画

春から初夏にかけて子育てし、幼鳥が親離れすると2回目の繁殖をするつがいもいる。繁殖が終わると、渡る前に河川敷などに集団でねぐらをとる。そのピークは8月上旬で、東京郊外のねぐらにはピーク時に1万羽以上が集結。日没前になると、どこからともなく続々と飛んできて集まり、暗くなるころには大集団になる。

奈良の平城京跡では数万羽もの巨大なねぐらになる。

● **さえずり**
「チュルリチュルリチュルリジャー」など。

● **地鳴き**
警戒しているとき、天敵から逃げるときなどに「チュピー、チュピー」と鳴く。
また「クイッ」と短く鳴く。

〈さえずり〉

ツバメあるある

人のそばで子育てするツバメの気持ちは?

人間が生活する建築物に巣をつくるのは、人から危害を加えられることがなく、天敵であるカラス類や巣を乗っ取る競合者であるスズメが近づきにくいから。餌やりなどしなくても、これほど信頼され、人との距離が近い鳥は他にいないだろう。人間の都合を優先して巣を排除するのではなく、工夫することで共に生きる道を選びたい。子育てするツバメたちの信頼を裏切ることなく、大切にしたいものだ。

巣の下にフンよけを設置して見守っている例も多い。

モテるオスの条件は地域によって異なる!?

メスがつがいになるオスを吟味するのは、より優秀な子孫を残すため。オスが選ばれる条件は地域によって異なるが、ヨーロッパでは尾羽が長いオスほど早くつがいを形成する。アメリカでは条件が異なり、お腹の赤い羽が広くて鮮やかなオスがモテる。
では、日本のツバメはというと、額と喉の赤い部分がより鮮やかなオスがモテるということが研究によってわかっている。

赤い部分が鮮やかなオスがメスに人気！

光線状態によって、光沢が見えたり、黒っぽく見えたりする。

コシアカツバメ［腰赤燕］

スズメ目ツバメ科コシアカツバメ属
［学名］*Cecropis daurica*
［英名］Red-rumped Swallow

● 姿勢 やや立つ
● 行動位置 空中
● 季節性 夏
● 大きさ 19cm

赤いパンツをはいたツバメ

どんな鳥？ 和名の通り、腰が赤橙色でふだんはあまり目立たない。東日本では数が少ない。

どこにいる？ 九州以北に渡来。内陸部よりも沿岸部の市街地で、団地や学校などの比較的大きな建物の高い位置に営巣する。

観察時期 4〜5月ごろに渡来する夏鳥。本州中部以南では越冬する個体もいる。

外見 雌雄ほぼ同色。頭部から上面は濃紺で青い光沢がある。尾羽はツバメより太く長い。

食べ物 飛翔しながら飛んでいる昆虫をすばやく捕食する。

とっくり形の巣

巣の形は独特のとっくり形で、土を使ってつくる。ヒメアマツバメ(p.76)が古巣を利用することもある。

春	3
	4
	5
夏	6
	7
	8
	9
秋	10
	11
冬	12
	1
	2

● **地鳴き**
「ジュリ、ジュリ」と鳴く。

● **さえずり**
「ギュルリ、ギュルリ、ジュルー」と鳴く。

〈地鳴き〉

イワツバメ ［岩燕］

スズメ目ツバメ科イワツバメ属
［学名］*Delichon dasypus*
［英名］Asian House Martin

● 姿勢：やや立つ
● 行動位置：空中
● 季節性：夏
● 大きさ：13cm

燕尾がない白と濃紺のツバメ

どんな鳥？ 尾羽が短い小型ツバメ。崖や大きな建造物に集団で営巣し、ツバメ(p.240)と異なりふつう単独での営巣はしない。

どこにいる？ 九州以北に渡来。平地から高山帯までの開けた河川や海などに近い環境に生息し、橋や高架の下、大きなコンクリートの建造物の軒下、崖地などに集団で営巣する。

観察時期 4月ごろに渡来する夏鳥。9月ごろには南へ渡っていく。本州中部以南では越冬する個体もいる。

外見 雌雄同色。頭部から上面は黒っぽい紺色で、やや光沢がある。翼は黒褐色。腰は白く、上尾筒と尾羽は黒い。喉から体下面は白く、脇と腹は褐色みを帯びる。尾羽は浅い凹尾。類似種のヒメアマツバメ(p.76)も腰が白くて尾羽が浅い凹尾だが、体下面が白くない点で見分けられる。翼も本種より細長く、鎌のような形をしている。

食べ物 空中を高速で飛びまわりながら、飛んでいる昆虫を捕食する。地上に降りて採食することもある。

イワツバメあるある

乗っ取りも日常茶飯事？ 巣を間違えることも

土を固めて深いお椀形の入り口が狭い巣をつくる。この巣は、ヒメアマツバメやスズメ(p.316)にしばしば乗っ取られることがある。子育てが始まると頻繁に巣に出入りするようになるが、他の巣やヒメアマツバメに乗っ取られた巣に入ろうとすることがよくある。自分の巣を間違えているのか、乗っ取られた巣に未練があるのか。いずれにしてもまっすぐ自分の巣には戻らない個体がいる。ちなみにヒメアマツバメが乗っ取った巣の入り口には、表札のように羽毛がつけられている。

土を運んできて唾液でくっつけて、巣をつくっていく。

大きくなってきたひな。巣立ちも近い。

集団営巣で巣が近い！お隣さんにおねだりも!?

動画

多くのつがいが1回目の繁殖後、6月中旬ごろから2回目の繁殖を行なう。集団繁殖するため、隣接する巣との距離が近い場合も多い。育ちざかりのひなは、親がなかなか戻ってこないと、隣の巣の親鳥をみずからの親鳥と間違えたり、食べ物をねだったりすることがあり、微笑ましい。

隣の巣の鳥に食べ物をねだるひな。

ねぐらをとらない？飛びながら寝ている!?

ひなの巣立ちが近くなると、巣でねぐらをとらない親鳥が出てくる。また巣立った幼鳥は巣に戻らなくなる。またツバメのような集団ねぐらはなく、営巣地以外のねぐらがわかっていない。一部のアマツバメ類のように、空を飛びながら寝ているのかも？ 身近で興味深い謎だ。

●地鳴き
「ジュリ、ジュリ」と鳴く。
飛びながら「ジュリリリリ」と鳴く。

●さえずり
速いテンポで
「ピチュルピチュルピチュル」と
繰り返す。

〈地鳴き〉

ウグイス科

ウグイス［鶯］

スズメ目ウグイス科ウグイス属
［学名］*Horornis diphone*
［英名］Japanese Bush Warbler

● 姿勢 横向き 
● 行動位置 樹上 
● 季節性  留 漂
● 大きさ オス 16cm メス 14cm

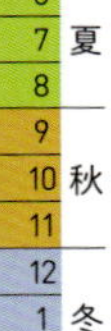

月	季節
3	春
4	
5	
6	夏
7	
8	
9	秋
10	
11	
12	冬
1	
2	

春を告げるさえずりが有名な鳥

どんな鳥？ 「ホーホケキョ」というさえずりを知らない人は少ないだろう。春を告げる鳥として名前もよく知られているが、やぶの中にいることが多く表にあまり出てこないので、姿はあまり見られない。

どこにいる？ 全国に分布する留鳥だが、北海道では夏鳥。本州でも越冬のために移動する個体も。平地林から亜高山帯まで幅広い環境で、ササや低木が茂った森林などに生息。一夫多妻で子育てする。

観察時期 1年を通して観察できる。市街地で「ホーホケキョ」がシーズン最初に聞こえるのは、ウメが咲く2月前後。ちなみにその時期、ウメやサクラの花にやってくる「うぐいす色」の小鳥はメジロ(p.260)である。

外見 雌雄同色。眉斑があるが、はっきりしていない個体もいる。過眼線は黒く、細い。上面は茶褐色で、かすかに緑色を帯びる個体も。下面は淡い灰色。オスはメスよりもひとまわり大きい。ヤブサメ(p.248)やムシクイ類に比べると嘴に丸みがあり、尾羽が長い。

食べ物 おもに昆虫やクモなどを捕食する。

ウグイスあるある

「ホケキョ」にもいろいろ違いがある

「ホーホケキョ」ではなく、「ホー、ホホホケキョ」と鳴くことがある。これはなわばりに他のオスが近づいたときの鳴き声で、威嚇の意味があると考えられている。人が近づいたときなどに出す「ピルルルルルルケキョケキョケキョ」という鳴き声は俗に「谷渡り」と呼ばれ、警戒の意味があるとされる。しかし、実際はメスの声を聞いてオスが「谷渡り」鳴きをすることもあり、一概にはいえないようだ。

托卵される鳥だが卵の色にはうるさい!?

やぶの中などに球形の巣をつくるが、本州ではおもにホトトギス(p.84)に托卵される。北海道ではホトトギスが一部地域にしか分布しないため、ツツドリ(p.86)の托卵を受ける。本州のツツドリは白色で斑がある卵をムシクイ類の巣に産みこむが、北海道で本種に托卵するツツドリは本種そっくりのチョコレート色の卵を産みこむ。これは、本種が卵の色の違いに敏感なためだ。では本種に托卵するツツドリがムシクイ類に托卵するときはというと、卵の色はチョコレート色のまま。それはムシクイ類が卵の色の違いに鈍感だからだと考えられている。

ウグイスの卵は赤みを帯びるチョコレート色。

さえずり続ける理由

動画

一夫多妻制で、オスは繁殖期を通じてさえずり続ける。子育てはメスが行なうが、子育ての段階に関係なく、オスは新たなメスを誘引する。メスも、卵やひなが捕食されるか巣立たせると、次の相手と再婚する。雌雄とも繁殖期を通して、次々に新たな繁殖を続ける生活史をもつ。長期間さえずり続けたオスは、喉の皮が伸びてしまうほど。

♪ 鳴き声

● さえずり

「ホーホケキョ」はあまりにも有名だが、「ホーケケキョヨキョ」など地域による違いや個体の個性がある。

● 地鳴き

やぶの中などで「チャッ、チャッ」と鳴き、俗に「笹鳴き」とよばれる。

〈さえずり▶地鳴き〉

ウグイス科

ヤブサメ［藪鮫］

昆虫のような高音の鳴き声

どんな鳥？ 「シシシシ」という昆虫のような尻上がりのさえずりが、小雨の降る音を思わせるのが和名の由来とされる。高音なので聞き取れない人もいる。ウグイス(p.246)同様にやぶを好み、姿を見つけるのがとくに難しい。

どこにいる？ 九州（屋久島）以北に渡来して繁殖。林の下草が茂った環境に生息する。

観察時期 春に渡ってきて、初夏から夏に繁殖する夏鳥。秋の渡りで観察できることもある。

外見 雌雄同色。尾羽が短いのが最大の特徴。

食べ物 昆虫や土壌動物を地上付近で捕食。

地上近くで行動

さえずりが聞こえたら、やぶの地上近くに目を凝らしてみよう。地上から少しだけ高い位置にとまり、さえずることが多い。

●**さえずり**「シシシシシシシ」と虫の声のように高音で尻上がりに鳴く。

●**地鳴き**「チュッ、チュッ」「チュルルルルル、チュルルルル」などと鳴く。地鳴きは高音ではない。

音声

〈さえずり▶地鳴き〉

エナガ［柄長］

スズメ目エナガ科エナガ属
［学名］*Aegithalos caudatus*
［英名］Long-tailed Tit

● 姿勢

● 行動位置

● 季節性

● 大きさ
14 cm

ふわふわで尾羽が長い人気の小鳥

どんな鳥？ ぬいぐるみのようなふわふわ感が人気の小鳥。全長14cmの約半分が尾羽で、体はとても小さい。この尾羽の長さが和名の由来。「ジュルリ、ジュルリ」と鳴きながら、枝から枝へ移動する。

どこにいる？ 九州以北に分布する留鳥。平地から山地までの森林に生息し、林があれば都市公園でも見られる。

観察時期 まだ寒い冬につがいになり、巣づくりを開始。4月下旬から5月ごろ、巣立った幼鳥を連れて移動しながら給餌する姿が見られる。都市公園では真夏に姿がほとんど見られなくなり、9月ごろから再び姿を現す。秋冬は群れにカラ類やメジロ、コゲラが合流して混群となり、行動する。

外見 雌雄同色。体型は丸みがあり、白くふわっとした質感の羽毛で、長い尾羽が目立つ。頭部には太くて黒い眉斑があり、目は小さく、目のふちは黄色。上面は背と翼の一部、尾羽上側が黒色で、肩羽にブドウ色の部分がある。下面と尾羽下側は白い。幼鳥の眉斑は茶褐色で、目のふちは赤い。

食べ物 小さな昆虫やクモを捕食。冬は樹液をなめることも。

春 3 4 5
夏 6 7 8
秋 9 10 11
冬 12 1 2

エナガあるある

冬からつがいになり いち早く子育てを始める

動画

他の小鳥に先駆けて、真冬につがいになり巣づくりを始める。木の枝のまたや常緑樹の枝が混んだ中などに、ガのまゆをほどいた糸やクモの糸でコケを絡めて編み、地衣類やコケを貼りつけて、球形に近い巣をつくる。早春は気温が低いため、巣の内部に多数の羽毛を入れて保温力を高める。早春に尾羽が曲がっている個体を見かけたら、すでに巣で卵を抱いている証である。

巣材を運ぶ親鳥。

尾羽が曲がっているのはメス。抱卵はメスが担う。

幼鳥も成鳥も 団子になってかわいい

動画

巣立ったばかりの幼鳥のかわいさは格別。とりわけ幼鳥が密集して並ぶ「エナガ団子」は、万人を惹きつける魅力がある。じつは成鳥も団子になる。エナガは体温を保つため、夜はねぐらで身を寄せ合って休む。成鳥の団子(ねぐら)の観察は困難だが。

幼鳥の団子は比較的観察しやすい。

市街地でも見かける 身近な鳥になった

以前から市街地でも広い林のある公園には生息していたが、どちらかというと郊外の自然公園や丘陵地帯の林にすむ鳥だった。だが最近は、都市部で分布が広がっている。整備された公園や街路樹、住宅地でも見かけるようになっており、電線やアンテナにとまることもある。都市部でオオタカ(p.164)が増えることで、巣材となる羽毛も増え、本種も増えているという説もある。

アンテナにとまるエナガの群れ。

食べ物が少ない時期は樹液をなめる

主食である昆虫やクモなどが少なくなる冬場は、樹液もよくなめる。寒冷地では、凍った樹液をアイスキャンディのようになめるようすを観察することもできる。

甘い樹液をなめる。

凍った樹液をなめる亜種シマエナガ。

千葉県に生息するチバエナガ!?

人気の面で亜種シマエナガに負けている本州の亜種エナガだが、千葉県北西部で見られる個体の一部がシマエナガに似た姿をしており、俗に「チバエナガ」と呼ばれている。

亜種シマエナガは人気の小鳥ナンバー1

北海道に分布する亜種シマエナガには黒い眉斑がなく、頭部は真っ白。寒い季節に正面から見ると、ふわふわのぬいぐるみのようで大変な人気。そのかわいさからシマエナガ単独の写真集やカレンダーが多数出版されるほど。お店には関連グッズが並び、あるホテルにはシマエナガルームが設けられ、シマエナガツアーも組まれるなどブームが過熱している。

♪鳴き声

● **地鳴き** 「シィシィシィ」「チュッ、チュッ、チュッ」「ジュルリ、ジュルリ」など。
猛禽類が上空に飛ぶときなど周囲に警戒を促すときは
「ヒリリリリ、ヒリリリリ」と鳴く。
キジバトが飛んだときに誤って警戒声で鳴くことも。

音声

〈地鳴き〉

センダイムシクイ［仙台虫食］

スズメ目ムシクイ科ムシクイ属
［学名］*Phylloscopus coronatus*
［英名］Eastern Crowned Leaf Warbler

● 姿勢 横向き ● 行動位置 樹上 ● 季節性 夏 ● 大きさ 13cm

最も観察しやすいムシクイの代表種

どんな鳥？ 渡りで都市公園に立ち寄る夏鳥の代表格で、最もよく見かけるムシクイ。目立つ位置でさえずり、「焼酎一杯ぐいー」と聞きなされる。

どこにいる？ 九州以北に渡来する夏鳥。平地林から山地林に生息。比較的標高の低い環境で繁殖。

観察時期 春の渡りでは4～5月上旬、秋の渡りでは8～9月ごろに見られる。

外見 雌雄同色。上面はオリーブ褐色。下嘴が一様に鮮やかな橙色で、下尾筒に黄色みがある。さらに頭央線があれば本種だと確信できる。

食べ物 樹上を動きまわり、昆虫やクモを捕食。

秋の手がかりは混群

秋はさえずりで探せないが、カラ類の混群によく混じるので、混群を見つけ、群れの中を探すとよい。

3 4 春 5 6 7 夏 8 9 10 秋 11 12 1 冬 2

● **さえずり** 「チヨチヨビー」「チョッチュビー」「チヨチヨチヨチヨ」などとさえずる。「チヨ＝千代」を音読みしたのが和名の由来という説がある。

● **地鳴き** 「フィッ、フィッ」と鳴く。渡りのときにはエゾムシクイ（右頁）やメボソムシクイ（p.254）ほど地鳴きしない印象。

音声

〈さえずり▶地鳴き〉

エゾムシクイ［蝦夷虫食］

スズメ目ムシクイ科ムシクイ属
［学名］*Phylloscopus borealoides*
［英名］Sakhalin Leaf Warbler

● 姿勢 横向き　● 行動位置 樹上　● 季節性 夏　● 大きさ 12cm

高音の神秘的なさえずり

どんな鳥？ ムシクイ類の中では比較的見分けやすい種。不思議なさえずりが特徴的。

どこにいる？ 北海道と本州中部以北、四国で繁殖する夏鳥。平地林(北海道)から山地林、亜高山帯の針葉樹林に生息する。

観察時期 都市公園には4～5月上旬と9月ごろに立ち寄る。夏に子育てを終えて国外へ。

外見 雌雄同色。頭部と上面の色に差があること、肉色の嘴と淡紅色の足でメボソムシクイ(p.254)やセンダイムシクイ(左頁)と見分けられる。

食べ物 樹上で昆虫やクモを捕食。

ピッコロのようなさえずり　動画

神秘的な高音のさえずりは、木管楽器のピッコロのよう。他種とは一線を画す個性的な音色だ。

季節	月
春	3
	4
	5
夏	6
	7
	8
	9
秋	10
	11
	12
冬	1
	2

♪鳴き声

● **さえずり**
「ヒーツーキー、ヒーツーキー、ヒーツーキー」と高い音でさえずる。

● **地鳴き** 「キン、キン」と金属的に聞こえる声。他種と明確に異なるので、秋の渡りでは地鳴きで識別できる。

音声

〈さえずり▶地鳴き〉

メボソムシクイ ［目細虫食］

スズメ目ムシクイ科ムシクイ属
［学名］*Phylloscopus xanthodryas*
［英名］Japanese Leaf Warbler

● 姿勢 横向き　● 行動位置 樹上　● 季節性 夏　● 大きさ 13cm

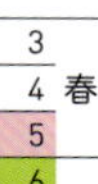

3 4 春 5 6 7 夏 8 9 10 秋 11 12 1 冬 2

都市公園にも立ち寄るムシクイのなかま

どんな鳥？ 見分けが難しいムシクイ類の1種。渡来時期はほかのムシクイ類に比べると遅め。

どこにいる？ 本州、四国、九州に渡来する夏鳥。繁殖は国内のみ。亜高山帯の針葉樹林に生息し、春秋の渡りでは市街地の公園にも立ち寄る。

観察時期 都市公園では5〜6月上旬と9〜10月ごろ観察される。亜高山帯で子育てし、ほかの夏鳥が去った8〜9月ごろも観察できる。

外見 雌雄同色。他種より眉斑が細いのが名前の由来。オオムシクイ（右頁）に酷似する。

食べ物 樹上で昆虫やクモを捕食する。

3種に分かれた

かつてはオオムシクイやコムシクイ（*Phylloscopus borealis*）と同種だと見なされていたが、それぞれ別種として区別された。

♪鳴き声

● **さえずり** 「チョチョチョリ、チョチョチョリ」と4音節で繰り返し鳴く。オオムシクイは「チョイチ、チョイチ」と3音節。

● **地鳴き** 「ビチッ、ビチッ」「ジジッ、ジジッ」などと鳴く。

音声

〈さえずり▶地鳴き〉

オオムシクイ ［大虫食］

スズメ目ムシクイ科ムシクイ属
［学名］*Phylloscopus examinandus*
［英名］Kamchatka Leaf Warbler

●姿勢 横向き
●行動位置 樹上
●季節性 旅 夏
●大きさ 12cm

晩春に渡ってくるムシクイ

どんな鳥? 外見がメボソムシクイ（左頁）に酷似し、かつては同種だと思われていた。

どこにいる? カムチャッカ半島、サハリン、千島列島の針葉樹林で繁殖し、国内各地に立ち寄る旅鳥。国内では北海道・知床半島でのみ繁殖。

観察時期 春は５月中旬〜６月上旬、秋は9月中旬〜10月中旬ごろに都市公園などで見られる。

外見 雌雄同色。頭部や上面は緑褐色。下嘴は橙色で先端が黒っぽい。メボソムシクイに酷似し、野外識別は困難。

食べ物 樹上で昆虫やクモを捕食する。

テンポの違いに注目

メボソムシクイとの識別は、さえずりが頼みの綱。オオムシクイはテンポが速く、メボソムシクイは比較的ゆっくり。

	月
春	3
	4
	5
夏	6
	7
	8
秋	9
	10
	11
冬	12
	1
	2

♪鳴き声

●さえずり
「チョイチ チョイチ チョイチ」と、3音節でテンポよくさえずる。

●地鳴き
「ジッ ジジッ」と比較的大きな声。

音声

〈さえずり〉

オオヨシキリ ［大葦切］

スズメ目ヨシキリ科ヨシキリ属
［学名］*Acrocephalus orientalis*
［英名］Oriental Reed Warbler

● 姿勢 やや立つ
● 行動位置 草上
● 季節性 夏
● 大きさ 18cm

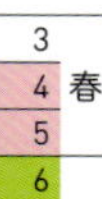

月	季節
3	
4	春
5	
6	
7	夏
8	
9	
10	秋
11	
12	
1	冬
2	

大声量でにぎやかにさえずる

どんな鳥？ 河川敷や湖沼の草原で「ギョッ、ギョッ、ギョギョシ、ギョギョシ」などと繰り返しにぎやかにさえずる小鳥。ヨシを切り裂き、中の虫を捕食することから名付けられた。

どこにいる？ 全国に渡来する夏鳥で、沖縄は渡りの通過のみ。水辺のヨシ原などに生息。

観察時期 4～5月に渡来し、初夏から夏に繁殖。渡り途中に市街地の水辺に現れることも。

外見 雌雄同色。さえずる際に頭頂の羽毛を逆立てることが多く、口内が赤いのが目立つ。

食べ物 昆虫やクモを捕食する。

一夫多妻につき

渡来後は夜間もさえずるが、メスが見つかるとあまりさえずらなくなる。メスの産卵後は新たな相手を求め、さえずる頻度が増える。

● **さえずり** 「ガチャ、ガチャ、ギョギョシ、ギョギョシ、ケレケレ」などの節で繰り返しさえずり、かなりにぎやか。

● **地鳴き** 「ジェッ」「ジャッ」など。

〈さえずり〉

コヨシキリ［小葦切］

スズメ目ヨシキリ科ヨシキリ属
［学名］*Acrocephalus bistrigiceps*
［英名］Black-browed Reed Warbler

● 姿勢 やや立つ
● 行動位置 草上
● 季節性 夏
● 大きさ 14cm

にぎやかに鳴くが、うるさくはない

どんな鳥？ 草原にすむ小鳥。他種の鳴きまねをし、いろいろな声を織り交ぜてにぎやかに鳴く。

どこにいる？ 全国に渡来し、平地から山地の湿地や草原に生息。同属のオオヨシキリ(左頁)よりやや乾燥した環境を好む。

観察時期 4～5月に渡来する夏鳥。初夏から夏にかけて子育てする。

外見 雌雄同色。黒い頭側線が目立つのが特徴で、英名の由来でもある。明瞭な白い眉斑も目立ち、さえずりで見える口の中は黄色。

食べ物 昆虫やクモなどを捕食。

オスは浮気性？

動画

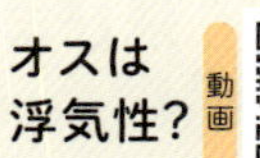

メスが抱卵を始めた後、さえずりを再開するオスは半数ほど。つがい形成後、一部のオスのみが新たなメスを求める。

● **さえずり** 「キリキリキリ」「チュチュチュ」「ピュリピュリピュリ」「ジュジュジュジュ」など、さまざまな声を織り交ぜにぎやかに鳴く。

● **地鳴き** 「ジュッ」「チュッ」など。

音声

〈さえずり▶地鳴き〉

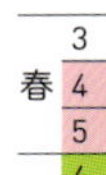

季節	月
春	3
	4
	5
夏	6
	7
	8
秋	9
	10
	11
冬	12
	1
	2

セッカ科

セッカ［雪加］

スズメ目セッカ科セッカ属
［学名］*Cisticola juncidis*
［英名］Zitting Cisticola

● 姿勢 横向き
● 行動位置 草上
● 季節性 留
● 大きさ 13cm

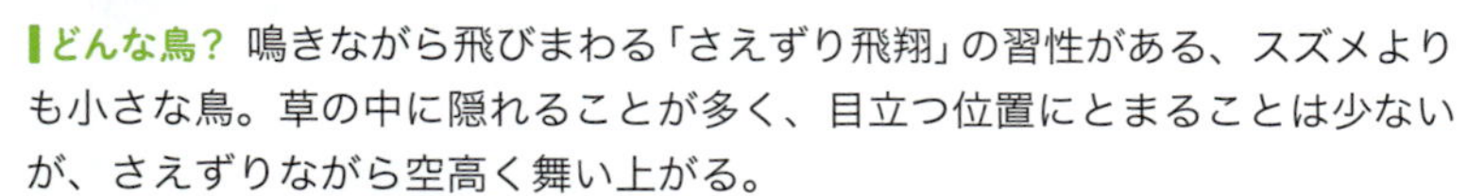

鳴きながら飛びまわる小鳥

どんな鳥？ 鳴きながら飛びまわる「さえずり飛翔」の習性がある、スズメよりも小さな鳥。草の中に隠れることが多く、目立つ位置にとまることは少ないが、さえずりながら空高く舞い上がる。

どこにいる？ 本州以南に分布する留鳥で、河川敷や農耕地の草地などに生息し、一夫多妻で繁殖。繁殖期以外は単独で行動する。

観察時期 １年中見られる。さえずり飛翔など、動きが目立つのは繁殖期。初夏から夏にかけて子育てし、非繁殖期は暖地へ移動する個体もいる。

外見 雌雄同色。頭部は褐色で、黒い過眼線があり、白い眉斑が目立つ。嘴の先端から中ほどまではピンク色で付け根は黒く、口内はお歯黒を塗ったように黒い。体上面は赤みのある褐色で、黒い縦斑が目立つ。尾羽は丸尾で先端が白く、内側には太い黒帯があって、広げると目立つ。喉から体下面は淡黄色、足は長めでピンク色。よく、両足を広げて左右２本の草をつかんで、とまる。幼鳥は体下面に黄色みがあるが、その後換羽すると白っぽくなる。

食べ物 昆虫やクモなどを捕食する。

月	季節
3	春
4	春
5	春
6	夏
7	夏
8	夏
9	秋
10	秋
11	秋
12	冬
1	冬
2	冬

セッカあるある

動きが読めない？ にぎやかなさえずり飛翔

「ヒッ、ヒッ、ヒッ、ヒッ」で空中に上昇し「ジャジャッ、ジャジャッ」で下降することもあれば、草の中で「ヒッ、ヒッ、ヒッ、ヒッ」と鳴き続けることもある。「ジャジャッ、ジャジャッ、ジャジャッ、ジャジャッ」と鳴き続け、同じ場所で波形を描く飛行を繰り返すことも。鳴きながらはるか遠くまで飛んでいってしまうこともある。

クモの糸で裁縫!? 縫い合わせて巣をつくる

動画

巣材をくわえて巣づくり中。

クモの糸を使って葉などを縫い合わせ、筒状の巣をつくる。巣にはイネ科植物のチガヤの穂などやわらかい材料を使うが、巣材を運び込む姿を雪をくわえているように見立て、和名が付けられたという。

一夫十一妻！ すぐれたオスは次々にメスを獲得

一夫多妻の鳥として知られ、最高で一夫十一妻という例も確認されている。優秀なオスは巣をつくってはメスを誘って交尾し、子育てをまかせて、また次の巣をつくる。

♪鳴き声

●さえずり
「ヒッ、ヒッ、ヒッ、ヒッ」「ジャジャッ、ジャジャッ、ジャジャッ、ジャジャッ」を組み合わせてさえずり、鳴きながら飛びまわるさえずり飛翔をする。

●地鳴き
「チュッ」
「ヒッ」など。

音声

〈さえずり▶地鳴き〉

メジロ科

メジロ［目白］

スズメ目メジロ科メジロ属
［学名］*Zosterops japonicus*
［英名］Warbling White-eye

● 姿勢

横向き

● 行動位置
樹上

● 季節性
留

● 大きさ
12 cm

緑色の小鳥で目の周囲が白い

どんな鳥？ 身のまわりでよく見かける小鳥で、シジュウカラ(p.230)やスズメ(p.316)よりも小さい。冬から春にかけてはウメやサクラの花によく集まり、比較的近い距離で見ることができる。野鳥のことをあまり知らない人は、本種をウグイス(p.246)だと思っていることも多い。

どこにいる？ 全国に分布する留鳥で、道南以外の北海道では夏鳥。平地から山地まで幅広い環境に生息し、市街地にも多い。

観察時期 1年を通してよく見られる。春の夏鳥の渡りのころからよくさえずり始める。初夏にかけて繁殖し、樹木の枝先のまたなどにコケや枯れ草、枯れ葉でお椀形のつり巣をつくる。秋冬は大きな群れになるほか、シジュウカラやコゲラ(p.188)、エナガ(p.249)などと混群も形成する。

外見 雌雄同色。目の周囲が白くふちどられるのが最大の特徴で、和名や英名の由来。額から体上面、尾羽にかけては黄緑色で、下面は白い。

食べ物 樹上を細かく動きまわり、昆虫やクモを捕食。植物の実や花の蜜、樹液など植物性の食べ物も好んで採食する。

月	季節
3	春
4	春
5	春
6	夏
7	夏
8	夏
9	秋
10	秋
11	秋
12	冬
1	冬
2	冬

とにかくよくさえずる！鳴き声を堪能しよう

動画

春に聞こえるさえずりの代表格。かつては飼育下の個体のさえずりを競わせる「鳴き合わせ」の文化があった（現在、野鳥を飼育することは法律で禁じられている）。早春からぐぜりはじめ、春から初夏にかけて朗らかで長いさえずりを聞かせてくれるようになる。よく聞こえるが、姿は緑にまぎれてなかなか見えない。

筆のような舌で蜜をなめる

動画

大輪のツバキの花はもちろん、ヒサカキのように小さな花の蜜まで器用になめることができるのは、舌が長く、先が筆のような構造をしているため。

シラカシの樹液をなめる。

秋のぜいたく品

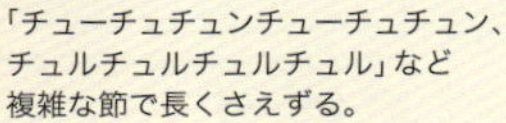

♪鳴き声

● さえずり
「チューチュチュンチューチュチュン、チュルチュルチュルチュル」など複雑な節で長くさえずる。

● 地鳴き　動きまわりながら「チーチー、チュルチュルチュル」、飛びながら「チュイー、チュイー」などとよく鳴く。

音声

〈さえずり〉

木の実や花の蜜、樹液も大好き！

動画

昆虫を食べるが、木の実や花の蜜など植物質の食べ物も好む。ウメやサクラ、サザンカやツバキの花蜜を好むことで知られるが、それ以外にもビワ、ヒサカキ、ヒイラギナンテンなどさまざまな花の蜜を筆のような舌でなめ、コナラやシラカシの樹液も好む。花粉を運び、種子を散布するので、植物にとってはありがたいパートナーといえる。

ヒサカキの実。蜜を求めて訪花するので、みずから受粉させてその実りを収穫しているようだ。

ムラサキシキブの実。あまり人気がないが、メジロとヒヨドリは採食。

マサキの実。少し大きめだが丸呑みしてしまう。

ヤマグワの実は丸呑みできないので、粒をちぎって食べる。

丸呑みできないムクノキの実。熟してやわらかくなったらついばむ。

ハゼノキの実。和ロウソクの原料。脂肪を多く含む。

カワヅザクラを訪花。嘴と顔に黄色い花粉がついている。ウメやサクラの花によく集まる。

ビワの花。12月ごろ咲く。

ヒイラギナンテンを訪花。
３月ごろ咲く。

シラカシ以外にコナラの樹液も
なめる。

ヤブツバキを訪花。嘴が花粉まみれに。

ヒサカキの花。小さな花をひとつずつなめる。

空中を飛んでいる虫を捕食

春先、気温が高い日にユスリカなどが発生すると、狙いを定めて飛び上がり、空中で何度も捕食する。まだ木々の葉が展開せず、イモムシがいない時期の貴重な栄養源のようだ。同じ行動をヒヨドリ、ジョウビタキ、ハクセキレイなどで確認している。

ウメの蜜をなめているかと思えば、ときおり飛び上がって空中の虫を捕食するという行動も見られた。

つがいはとても仲よし

つがいは「夫婦仲」がよく、葉の陰などで体をぴったり寄せ合い、お互いに羽づくろいをすることがある。羽づくろいはていねいで、される側は気持ちよさそうだ。

やさしいかと思いきや、気性が荒い?

ウメやサクラの蜜をなめていて、ヒヨドリに追い散らされるのをよく見かけるが、じつはメジロ同士でも小競り合いをしている。たまに他個体を追うような動きが見られ、興奮が高まると翼をふるわせる。個体間の距離が接近して緊張が高まると、飛び上がって空中戦を行なう。相互羽づくろいのやさしいしぐさとは対照的だ。

キクイタダキ科

キクイタダキ［菊戴］

スズメ目キクイタダキ科キクイタダキ属
［学名］*Regulus regulus*
［英名］Goldcrest

● 姿勢 横向き
● 行動位置 樹上
● 季節性 留 漂
● 大きさ 10cm

頭頂の黄色い羽を菊の花に見立てた

どんな鳥? 日本最小の鳥。すばやく枝から枝へ移ったり、停空飛翔を交えて飛びまわる。頭頂に黄色い羽があり、これを菊の花びらに見立てたのが和名の由来。ただ木の高い位置にいることが多いので、なかなか見られない。

どこにいる? 分布は北海道、本州だが、四国、九州、沖縄でも記録がある。北海道では平地林から山地林、本州では低山から亜高山帯の森林に生息。冬季は都市部の公園にも飛来するが、年による。針葉樹にいることが多い。

観察時期 繁殖地では1年を通して見られる。本州の平地や市街地で越冬するときは10月下旬から11月初旬に確認され、3月ごろまでが観察時期。春先には、ぐぜりやさえずりが聞かれるようになる。

外見 雌雄ほぼ同色。頭部は灰色で、頭頂には黄色い羽に黒いふちどり。オスは黄色い羽の中央に橙色の羽をもつが、ふだんは見えない。虹彩は黒く、白い羽の太いアイリングがある。上面はオリーブ色で、下面は灰褐色。嘴は精密ピンセットの先端のように細くとがっている。

食べ物 動きながら小さな昆虫やクモを見つけて捕食する。

3 4 春 5
6 7 夏 8
9 10 秋 11
12 1 冬 2

キクイタダキあるある

体が小さいだけに昆虫の逆襲にあう!?

昆虫にとって鳥は天敵であり脅威だが、本種は体が小さいため、カマキリに捕食されてしまう例が観察されている。もっともそのようなことはまれで、渡りで疲弊して休んでいるところをたまたま襲われたと考えられている。

停空飛翔を駆使して狙った獲物を逃さない

よく停空飛翔をするのは、とまることができない、とまっても届かない位置にいる虫を捕らえるため。届かないなら、空から攻めるというわけだ。

停空飛翔しながら、小さなクモを捕らえた。

小さな虫をよく見つけ、食べる

枝の上をすばやく動きまわり、見つけた昆虫やクモを食べる。嘴は精密ピンセットのように細くとがった形で、微小な虫を捕らえやすい。秋に都市公園に飛来したときの動きを見ていると、はじめ広葉樹で虫を探索し、落葉後は針葉樹に移動するようだ。

エノキの樹上でカイガラムシを採食(11月)。

スギの樹上で小さなクモを採食(3月)。

♪鳴き声

● さえずり
「チチチ」「リリリ」という声と、「チュルリチュルリ」という声を組み合わせてさえずる。

● 地鳴き
おもに「チチリリ」と細い声で鳴く場合と、「ズビビビビ」と大きめの声で鳴く場合がある。

〈さえずり▶地鳴き〉

ミソサザイ科

ミソサザイ［鷦鷯］

スズメ目ミソサザイ科ミソサザイ属
［学名］*Troglodytes troglodytes*
［英名］Eurasian Wren

姿勢	行動位置	季節性	大きさ
横向き	地上	留	11 cm

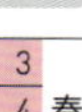

渓流に響き渡る、澄んださえずり

どんな鳥？ 渓流や沢の岸辺をすばしこく動きまわる、こげ茶色の小鳥。とても小さい体ながら大きな声を出し、声量のある澄んださえずりが遠くまでよく聞こえる。

どこにいる？ 屋久島以北に分布する留鳥。低山から亜高山帯の渓流や沢筋に生息し、岸辺の地上で行動する。冬場は平地へ移動して越冬する個体もいて、都市公園で見られることもある。

観察時期 1年を通して観察可能。山地では2月ごろからさえずりを聞くことができる。平地で越冬個体が見られるのは晩秋から3月ごろ。

外見 雌雄同色でほぼ全身がチョコレートのようなこげ茶色。頭部には不明瞭な眉斑があり、体上下面や風切、尾羽に細かく黒い横斑がある。尾羽は短く、しばしば立てて、細かくふるわせる動作を見せる。足はしっかりしていて、地上行動に適している。

食べ物 水辺の低い位置を細かく動きまわりながら、昆虫やクモ、土壌動物などを捕食する。

3 4 春 5 6 7 夏 8 9 10 秋 11 12 1 冬 2

小さな体で情熱的な求愛をする

オスは巣の外装をつくり、繰り返し大きな声でさえずって、メスを誘う。近くにメスがくると、翼を広げ、尾羽を立てて左右に振りながらさえずる、踊りのような情熱的なディスプレイを行なう。オスの求愛にメスが応えるとつがいが成立する。

小さな体で一生懸命踊るようすは、じつに健気だ。

渓流近くの個体ほど鳴き声が大きい？

動画

さえずりは、高音の木管楽器、ピッコロのような澄んだ音色。渓流沿いの個体は水の流れの音に打ち消されないよう、水辺から遠い個体よりも高くて大きな声でさえずると考えられている。

水音に負けず、遠くまで聞こえる澄んださえずり。

オスは外装、メスは内装を担当

オスは岩棚の中や、樹木の根の隙間などに球形の巣をつくる。なわばり内にふつう2～4個の巣をつくって、そばで激しくさえずり、求愛する。メスがオスと巣を気に入って求愛が成立すると、メスは巣材を運び込んで内部をつくり産卵する。

♪鳴き声

● **さえずり**　澄んだ声で「ヒーピーピチョイピチュル」などと鳴き始め、途中に「チュリリリリリリ」など連続した速い鳴き声を織り交ぜ、繰り返し鳴く。

● **地鳴き**　「チュッ、チュッ」と舌打ちのように聞こえる湿った声で鳴く。ウグイス(p.246)は乾いた音なので区別できる。

音声

〈さえずり▶地鳴き〉

ゴジュウカラ科

ゴジュウカラ［五十雀］

スズメ目ゴジュウカラ科ゴジュウカラ属
［学名］*Sitta europaea*
［英名］Eurasian Nuthatch

●姿勢 横向き
●行動位置 樹上
●季節性 留
●大きさ 14cm

木の幹を自在に上り下りする

どんな鳥？ 山地の林などで出合う青灰色の小鳥。木の幹に逆さにとまるなど器用で、のぼったり下りたり自在に移動することができる。本種の上面の羽色が50代の人の髪色に似ているのが、名前の由来という説がある。

どこにいる？ 九州以北に分布する留鳥で、低山から亜高山帯の森林に生息。北海道では平地林で見られる。

観察時期 １年を通して見られる。秋冬はシジュウカラ(p.230)、コガラ(p.228)、ヤマガラ(p.226)などとしばしば混群になって行動する。

外見 雌雄同色。亜種ゴジュウカラは頭部から体上面、尾羽にかけては青灰色。顔は白く、黒い過眼線が目立ち、嘴がやや上に反る。喉から下腹にかけて白く、脇から腹は橙色で、下尾筒は赤茶色。北海道の亜種シロハラゴジュウカラは脇や腹が白く、下尾筒の赤茶色の部分が少ない。

食べ物 木の幹や枝を動きまわりながら、樹皮の隙間に隠れている昆虫やクモを見つけて捕食する。秋冬は木の実も採食し、木の実を樹皮のすき間などに貯蔵する。

3 4 5 春 6 7 8 夏 9 10 11 秋 12 1 2 冬

ゴジュウカラあるある

幹の上を自由自在に動きまわる

動画 

木の幹に逆さにとまり、下りることができる。木の幹にとまるのが得意なキツツキ類は、前後2本ずつの足指と尾羽の3点を使って体を支えるので、体の向きを逆さにして幹を下りることは困難だ。横枝の裏側を歩くなどアクロバティックな動きもできる。

逆さにとまって移動するのが得意。

樹洞や古巣を利用し自分に合うように調整

樹洞やキツツキ類の古巣などに巣材を運び込んで営巣する。入り口が大きいときには、泥を塗って大きさを狭めて調整し、子育てする習性がある。

巣立った幼鳥と親鳥。

求愛も逆さま技で

求愛行動か威嚇か、足腰の強さをこれ見よがしに見せつけながら、上体を左右に振る行動を見せることがある。

♪鳴き声

●さえずり

「フィー、フィー、フィー、フィー」と朗らかな声でさえずる。アオゲラ(p.192)も似た鳴き方をする。

●地鳴き

「チーチーチーチー」と鳴くほか、警戒するときに「プイプイプイプイ、プイ、プイ、プイ」などと鳴く。

〈さえずり〉

キバシリ［木走］

スズメ目キバシリ科キバシリ属
［学名］*Certhia familiaris*
［英名］Eurasian Treecreeper

●姿勢	●行動位置	●季節性	●大きさ
幹に平行 	樹上 	留	14cm

樹皮に溶け込む羽の模様

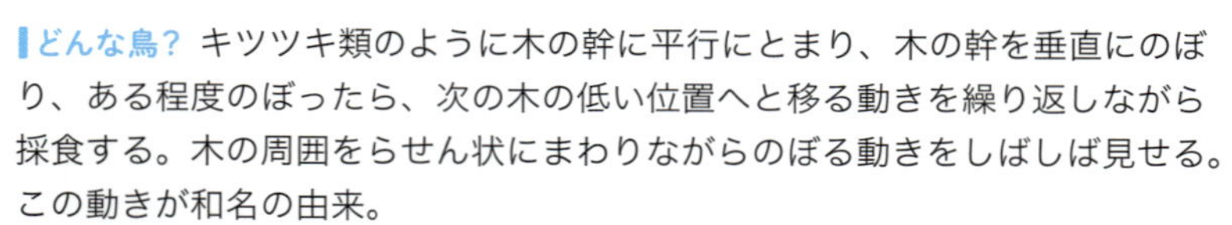

どんな鳥? キツツキ類のように木の幹に平行にとまり、木の幹を垂直にのぼり、ある程度のぼったら、次の木の低い位置へと移る動きを繰り返しながら採食する。木の周囲をらせん状にまわりながらのぼる動きをしばしば見せる。この動きが和名の由来。

どこにいる? 九州以北に分布する。低山から亜高山帯の森林に生息し、都市部の公園では見られない。北海道では平地にも生息。標高が高い地域や北の個体は冬に南方へ移動する。

観察時期 1年を通して見ることができる留鳥。秋冬はカラ類やキクイタダキ(p.266)などと混群で行動することがある。

外見 雌雄同色。頭部から体上面、尾羽にかけては、黄色みのある褐色、灰色、黒からなる複雑な模様で、樹皮に溶け込んで目立たない。下面は純白、尾羽は長めでくさび形。嘴は細長く、下に湾曲する。

食べ物 樹上や樹皮の隙間にいる小型の昆虫やクモなどを見つけ、捕食する。細長く湾曲した嘴は、樹皮の隙間にさし込むのに適している。

3 4 5 春
6 7 8 夏
9 10 11 秋
12 1 2 冬

キバシリあるある

幹に平行にとまったりのぼったりできる

木の幹に平行にとまったり、垂直にのぼったりできる理由はキツツキ類と同じで、くさび形の尾羽で体を支えているため。しかし、ゴジュウカラ(p.270)のように、逆さまの体勢で木の幹を下りることはできない。名前は「木走」でも、縦横無尽に走りまわれるわけではないのだ。

複雑な模様で一体化！木の幹のスペシャリスト

下面は白いが、上面は樹皮のような複雑な模様でカムフラージュ効果があり、じっとしているとなかなか気づけない。細長く湾曲した嘴は、樹皮のわずかな隙間にもさし込むことができ、虫を捕食するのに役立つ。いずれも、木の幹での生活に特化したスペシャリストならではの特徴。

動かないとなかなか見つからない。

木登り王は誰？

鳴き声

さえずり

「チッ、チッチチチュルリ、チーチュルリ」などの節で、鳴き始めはゆっくりめ、後半はテンポを速くして朗らかな声でさえずる。

地鳴き

「ズィー」と鳴き、次の木に飛び移るときなどによく鳴く。他に「チッ」「チリ」など。

音声

〈さえずり▶地鳴き〉

ムクドリ［椋鳥］

スズメ目ムクドリ科ムクドリ属
［学名］*Spodiopsar cineraceus*
［英名］White-cheeked Starling

● 姿勢 横向き
● 行動位置 地上
● 季節性 留
● 大きさ 24cm

3	春
4	
5	
6	夏
7	
8	
9	秋
10	
11	
12	冬
1	
2	

地面をとことこ歩く、嘴と足が橙色の鳥

どんな鳥？ 市街地など身のまわりでよく見かける鳥のひとつ。中型の鳥の大きさの「ものさし」として、「ムクドリ大」のように表現される。

どこにいる？ 九州以北に分布する留鳥で、南西諸島では冬鳥。住宅地や都市公園、農耕地や河川敷など身近な環境に生息する。

観察時期 1年を通してよく見られる。樹洞や住宅の戸袋などの隙間に営巣。年末ごろから巣穴の争奪戦が始まり、子育てのピークは5月ごろ。秋冬には農耕地や公園の芝生など開けた環境によくいるが、繁殖期はひなに与える虫が豊富な林内に昆虫を捕りに入る。巣立った幼鳥は、しばらく親鳥の後ろをついてまわる。繁殖後は大群でねぐら入りする。

外見 雌雄同色。ほぼ全身が灰褐色で、頭部から胸までは黒く、部分的に白い線や斑がある。嘴と足は橙色で目立つ。頬を中心に顔には白い部分があるが、面積や形が個体により異なる。頬以外も全体的に羽色や斑の個体差が大きい。腰が白く、飛んでいるときによく目立つ。

食べ物 地上で昆虫や土壌動物を捕食し、樹上で木の実を採食する。

穴があればどこへでも！建物の隙間もとことん利用

動画

樹洞から建造物の隙間まで、営巣に適した場所があれば人工物だろうと構わず子育てに利用する。戸袋、換気扇の通気口、駅舎の一角などのほか、アオゲラ(p.192)が掘り進めた巣穴を完成間近で乗っ取ることも。

アカマツの樹洞を利用。

エアコンの通気口を獲得。

雨戸の戸袋を利用。

住宅の換気扇も定番。

昆虫だけじゃない！ 植物の実も大好き

昆虫やミミズ、は虫類、両生類などを捕食するが、昆虫が豊富な春から初夏にかけて木の実もよく食べる。サクラやヤマグワ、ジューンベリーなどをついばむ光景がよく見られる。ムクノキの実を好むのが和名の由来という説があるが、そんなに食べない。どちらかというとムクノキのような高木よりも、低い木の実を中心に食べているようだ。

サクラの実が熟すとすぐにやってくる。

ジューンベリーの木の実を採食。

夏に熟すウワミズザクラの木の実も好む。

冬も残っているセンダンの木の実を食べる。

● **地鳴き**

地鳴きは「キュリ」「キュリリ」など。大群になるとかなりにぎやか。
飛び立つときにほぼ必ず「キュルル」と鳴く。
争うときや警戒するときなどに「ジャー」と鳴く。

〈地鳴き〉

秋から春の「集団ねぐら」

非繁殖期には群れで行動し、夕刻にいくつもの群れが合流し、大集団となってねぐら入りする。かつては屋敷林などをねぐらにしていたが、近年は開発と都市化が進み、駅前の街路樹や住宅地の電柱電線などをねぐらにすることも多くなった。フンや騒音が問題視され、ムクドリの警戒声やタカ類の鳴き声を流して群れを追い払う試みも行なわれている。

電柱の電線、高圧線の鉄塔もよく利用される。

駅前ぐらし

コムクドリ［小椋鳥］

スズメ目ムクドリ科コムクドリ属
［学名］*Agropsar philippensis*
［英名］Chestnut-cheeked Starling

● 姿勢

● 行動位置

● 季節性

● 大きさ
19cm

夏鳥として飛来するムクドリ

どんな鳥？ ムクドリ(p.274)よりひとまわり小さい。ムクドリと異なり、おもに樹上で生活する。

どこにいる？ 本州中部以北に渡来する夏鳥。平地から山地にかけての農耕地や草原に隣接する明るい林などに生息し、樹洞などで営巣する。

観察時期 春の渡りで初認されるのは４月ごろ。初夏から夏にかけて子育てし、９〜10月ごろに越冬地であるフィリピンなどへ向けて渡る。

外見 オスは頬が赤茶色で、翼や尾羽は光沢のある緑や青紫。メスは頭部が淡い灰褐色。

食べ物 昆虫のほか木の実も採食する。

温暖化で産卵時期が早まる

調査研究で、約30年で産卵時期が２週間早まっていることが判明。温暖化の影響と考えられている。

	3
春	4
	5
	6
夏	7
	8
	9
秋	10
	11
	12
冬	1
	2

♪鳴き声

● **さえずり** 「キュキュキュルー、キュイキュイ、ピュイピピー」などとムクドリよりも鋭い声で鳴く。

● **地鳴き** ムクドリに似た「ギュルル」という声で鳴くが、「ピュイピューイ」というやや澄んだ声でも鳴く。

音声

〈さえずり〉

トラツグミ［虎鶫］

スズメ目ツグミ科トラツグミ属
［学名］*Zoothera aurea*
［英名］White's Thrush

● 姿勢 横向き
● 行動位置 地上
● 季節性 留 漂
● 大きさ 30 cm

ダンスを踊る!? ユニークな動きで人気のツグミ類

どんな鳥？ ずんぐりした体型で、ツグミのなかまの中では一番大きい。薄暗い林の地上で、体を上下に動かしたり、左右に振ったりと、まるで踊っているかのような特徴的な動きを見せる。

どこにいる？ 九州以北に分布し、山地林に生息する。冬季は本州以南の低山や平地へ移動し、都市公園に飛来することもある。

観察時期 都市公園など本州の平地林では、11月くらいに飛来し、3月くらいまで見られる。それ以外の時期は山地林で見られる。

外見 雌雄同色でずんぐりした体型。頭部は目が大きめでアイリングがあり、嘴は太めでがっしりしている。体上面は黄褐色の地に、黒い斑がうろこ状に入るまだら模様。冬の林では保護色になるようだ。胸から下面は白地に黒い三日月斑が並ぶ。足は淡紅色でしっかりしている。奄美諸島には、嘴がやや太く、さえずりが異なるミナミトラツグミが生息。

食べ物 地上を歩きながら、おもにミミズやヤスデなどの土壌動物を捕食する。秋はムクノキなどの実も食べる。

月	季節
3	春
4	春
5	春
6	夏
7	夏
8	夏
9	秋
10	秋
11	秋
12	冬
1	冬
2	冬

トラツグミあるある

動いたり止まったり ダンスのようなひょうきんな動き

動画

林の地上で虫を探すときの動きがおもしろい。滑らかな動きで歩いたり、止まったりを繰り返し、ダンスのような動きも見せる。体を上下させたり、左右に振ったりするのだが、頭部は動かさず、体だけを動かすのだ。振動を起こすことで、落ち葉の下の土壌動物を反応させ、その動きを感じ取って捕食するといわれる。理屈はわかるが、どうしてもダンスのように見える。

ふりふりダンシング！

ミミズをゲット！

雌雄で鳴き交わしたり 一人芝居をすることも!?

動画

夜の山中で聞こえる不思議な鳴き声。その神秘的な音から、平安時代には妖怪「ぬえ」の声だと恐れられた。雌雄の鳴き交わしでは、１羽が低い音で「ヒー」とひと声鳴き、少し間を置いてもう１羽が高い音で「ヒー」と鳴き返す。この高い音と低い音の鳴き交わしを、１羽ですることも。奄美のミナミトラツグミは「キョロ、キョロツィー」とすんだ声でさえずる。

♪鳴き声

● **さえずり**
１羽が「ヒー」と鳴き、もう1羽がそれよりも高い音で「ヒー」と鳴いて鳴き交わす。

● **地鳴き**
「ズイーッ」っという
ツグミ類がよく出す声。

〈さえずり▶地鳴き〉

ツグミ科

クロツグミ［黒鶫］

スズメ目ツグミ科ツグミ属
［学名］*Turdus cardis*
［英名］Japanese Thrush

● 姿勢 やや立つ
● 行動位置 地上 樹上
● 季節性 夏
● 大きさ 22cm

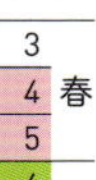

月	季節
3	春
4	
5	
6	夏
7	
8	
9	秋
10	
11	冬
12	
1	
2	

さまざまな鳴き声でよくさえずる

どんな鳥？ オスは黒い羽衣をもち、朗らかな声でよくさえずる。いろいろな声や鳴き方を組み合わせて歌う、鳥類界きっての歌い手。

どこにいる？ 九州以北に飛来する夏鳥で、山地林に生息。春秋の渡りでは市街地にも立ち寄る。

観察時期 初夏から夏に山地林で子育てする。都市公園では４～5月と９～10月に見られる。

外見 ムクドリ大で、オスはほぼ全身が黒く、腹は白く、黒い斑点がある。全体に黒い羽色の鳥だが、嘴とアイリング、足の黄色が目立つ。

食べ物 昆虫や土壌動物、木の実を採食する。

地上や樹上で採食

地上をホッピングしながら、昆虫やクモ、土壌動物を捕食。秋はミズキやムクノキなどの果実も食べる。

♪鳴き声

● **さえずり** 「キョロンキョロン」「キョコキョコ」などの声を織り交ぜ、さまざまな鳴き方でさえずり、レパートリーが豊富。

● **地鳴き** 「ズイーッ」など。

音声

〈さえずり▶地鳴き〉

マミチャジナイ［眉茶鶫］

スズメ目ツグミ科ツグミ属
［学名］*Turdus obscurus*
［英名］Eyebrowed Thrush

● 姿勢 やや立つ　● 行動位置 樹上　● 季節性 旅　● 大きさ 22cm

白い眉斑と羽色が名前の由来

どんな鳥？ アカハラ(p.284)に似たツグミ類でムクドリ大。変わった名前は、マミ(眉斑が目立つ)チャ(茶色の体)シナイ(ツグミの古語)という意味。

どこにいる？ 平地から山地林に飛来する旅鳥。数は少なく、日本海側に比較的多い。

観察時期 春(4～5月)と秋(10～11月)の渡りでは、都市公園にも姿を見せるが多くはない。

外見 雌雄ほぼ同色。頭部の眉斑と顎線が歌舞伎のくまどりのように目立つ。メスは全体にオスよりも淡いが、単独で見分けるのは難しい。

食べ物 昆虫や土壌動物、木の実を食べる。

秋は木の実にやってくる

秋はミズキやエノキ、ムクノキなど木の実に集まるので観察しやすい。

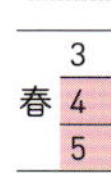

	月
春	3
	4
	5
夏	6
	7
	8
秋	9
	10
	11
冬	12
	1
	2

♪鳴き声

● **さえずり**
「キョロンキョロン」という声を交えてさえずるが、国内で聞く機会はほとんどない。

● **地鳴き**
「ズイーッ」など。

音声

〈さえずり▶地鳴き〉

ツグミ科

シロハラ［白腹］

スズメ目ツグミ科ツグミ属
［学名］*Turdus pallidus*
［英名］Pale Thrush

● 姿勢 やや立つ
● 行動位置 樹上 地上
● 季節性 冬
● 大きさ 25cm

落葉した林の代表的な冬鳥

どんな鳥？ ムクドリ大のツグミ類で、代表的な冬鳥の１種。アイリングと嘴の黄色が目立つ。同属のアカハラ(p.284)に比べると下面が白っぽいのが和名の由来だが、実際には真っ白ではない。

どこにいる？ 全国に飛来する冬鳥で、北海道では旅鳥。平地から山地の林に生息し、都市公園でもふつうに観察できる。

観察時期 10月末～11月ごろ飛来。最初は樹上で果実を食べ、樹上に実がなくなると地上で行動するようになる。冬には落ち葉をひっくり返して食物を探す。その後、４月ごろまで観察できる。

外見 オスは頭部が黒灰色で上面はオリーブ褐色。下面は白っぽく、脇は赤褐色を帯びる。メスは頭部が褐色で、アイリング、下嘴の黄色みや全体の色が淡い。尾羽の外側に白斑があり、飛び去るときによく目立つ。

食べ物 秋には樹上でムクノキやエノキ、ピラカンサなどの実を食べる。冬は林の地上で落ち葉をひっくり返し、昆虫、土壌動物、落ちている木の実を見つけて食べる。

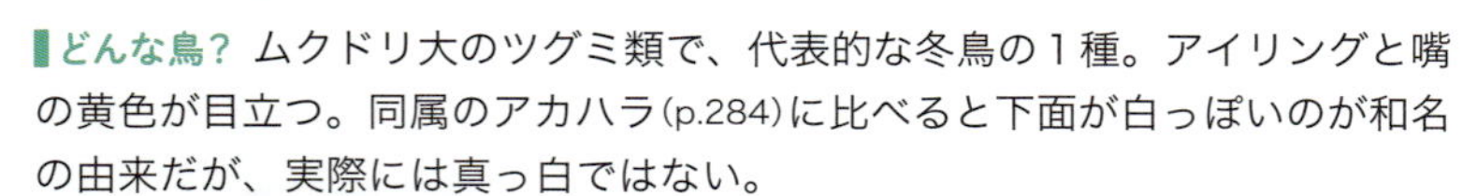

3 4 春 5 6 7 夏 8 9 10 秋 11 12 1 冬 2

シロハラあるある

雑食性で、木の実をよく食べる

ヒヨドリ(p.236)ほどではないが、イイギリやセンダンなど、他の鳥があまり食べず、冬になっても樹上に残っている実を食べることもある。樹上に実がなくなると、地上に落ちた実を採食する。

イイギリの実を採食。

センダンの果実をぱくっ。

ピラカンサ(トキワサンザシ)の果実。

落ちたエノキの実を発見！

激しく落ち葉をめくる！その音の犯人は…？

動画

冬場は林の地上に積もった落ち葉を嘴でかき分けて掘り、ミミズやヤスデなどの土壌動物、落ちている木の実を見つけて採食する。この「落ち葉めくり」の際、勢いをつけて突進し、嘴を使って落ち葉を左右に払いのけ、かき分けて掘る。「ガサッ、ガサッ」という落ち葉の音で気づくことができる。

運がよければ、春のさえずりが楽しめる

動画

国内で繁殖しない冬鳥だが、4月くらいまで残る鳥もいて、さえずりを聞くことができる機会もある。樹上にとまり、アカハラによく似た「キョロンキョロン」という声を交えて、朗らかにさえずる。市街地の公園で耳にすると、ちょっとした旅気分を味わえる。

♪鳴き声

● **さえずり** 「キョロンキョロンキョロ、チュリーチュリー、キョロンキョロン」とアカハラに似た鳴き声でさえずる。

● **地鳴き** ツグミ類共通の「ツリーッ」「ズイーッ」という声。警戒しているときなどは「プクプクプク」「プチプチプチ」「チュッチュッチュッ」「キョッキョッキョッキョッ」。

音声

〈さえずり▶地鳴き〉

ツグミ科

アカハラ［赤腹］

スズメ目ツグミ科ツグミ属
［学名］*Turdus chrysolaus*
［英名］Brown-headed Thrush

● 姿勢

● 行動位置

● 季節性

● 大きさ
24cm

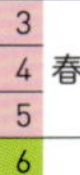

夜明け前から聞こえる、朗らかなさえずり

▌どんな鳥？ ムクドリ大のツグミ類。体下面の橙色が和名の由来だが、「赤い（というか橙色）」のは胸と脇で、腹の中央は白い。

▌どこにいる？ 本州中部以北の山地林で子育てし、本州中部以西の平地林で越冬する。春と秋の渡りや越冬期は都市公園でも見られる。

▌観察時期 春の渡りで見られるのは４月ごろ。５月には高原や山地の林など繁殖地へ飛来。夏にかけて子育てし、秋の渡りでは10〜11月に見られる。都市公園で越冬することもあり、３月ごろまで観察できる。

▌外見 頭部から上面にかけては茶褐色で、オスは頭部に黒みがある。アイリングはシロハラ（p.282）ほど目立たず、個体差もある。胸から脇が橙色。腹から下尾筒にかけては白い。メスは頭部の黒みがなく、淡い眉斑があり、若鳥では眉斑がよりはっきりしている個体もいる。雌雄とも下嘴は橙黄色で、先端と上嘴は黒い。

▌食べ物 昆虫やミミズなどの土壌動物を捕食。秋は樹上の木の実を、冬は林の落ち葉をめくって昆虫や土壌動物、落ちた木の実などを食べる。

夜明け前にさえずり始める

動画

本州中部以北の高原や山地林で繁殖。北海道では平地でも繁殖する。繁殖地では木の梢などにとまり、夜明け前から「キョロンキョロン、ツリー」と朗らかな声でさえずる。明るくなってしばらくするとさえずるのをやめ、樹上から地上に降りて採食する。

落ち葉をめくって食べ物を探す

動画

シロハラやツグミ(p.286)と同じように、秋は樹上の実を採食し、実がなくなると地上へ降りる。落ち葉をかき分けて、落ちている実を見つけ出して採食する。

国内の山地林などで繁殖する

動画

冬鳥のシロハラやツグミと異なり、国内の山地林で子育てする。繁殖地は日本とサハリン、千島列島のみで、日本がおもな繁殖地。以前に比べて個体数が減少傾向にあり、保全が課題。動画は繁殖地に到着したばかりで、ぐぜっているようす。

♪鳴き声

● さえずり

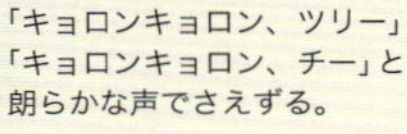
「キョロンキョロン、ツリー」「キョロンキョロン、チー」と朗らかな声でさえずる。

● 地鳴き

ツグミ類共通の「ツィーッ」「ズイーッ」という声で鳴く。

音声

〈さえずり▶地鳴き〉

ツグミ［鶫］

スズメ目ツグミ科ツグミ属
［学名］*Turdus eunomus*
［英名］Dusky Thrush

● 姿勢　やや立つ
● 行動位置　樹上　地上
● 季節性　冬
● 大きさ　24cm

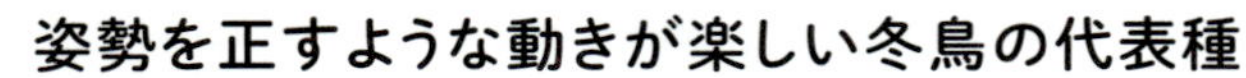

姿勢を正すような動きが楽しい冬鳥の代表種

どんな鳥？ ムクドリ大の代表的な冬鳥。地上を移動しては、胸を張ってとまる独特の動きを見せる。木の実をよく食べることから、「突（つ）く実（み）」と呼ばれたのが和名の由来といわれる。

どこにいる？ 全国に渡来し、平地林、農耕地や河川敷、都市公園などに生息。冬は林内、春になると開けた環境で行動する傾向がある。単独で越冬するが、渡るときは群れになる。

観察時期 秋、10月下旬ごろに飛来する冬鳥。当初は樹上で行動し、落葉後は地上で行動するようになる。４月ごろまで見られ、５月の大型連休明けまで残る個体もいる。

外見 雌雄同色。眉斑と喉はクリーム色。背や翼は赤茶色で、個体によって羽色に違いがある。胸から下面には黒い帯があり、腹にかけては幅広の白い羽縁があるので、黒と白のひし形模様のように見える。上面が淡い灰色、眉斑や下面が橙色の個体は別種のハチジョウツグミ(p.288)。

食べ物 昆虫や土壌動物、木の実を採食する。

3
4 春
5
6
7 夏
8
9
10 秋
11
12
1 冬
2

秋は樹上の実を冬は地上で昆虫などを採食

動画

秋に飛来すると、まず樹上でエノキやムクノキ、カラスザンショウなどの実を採食する。北海道では街路樹のナナカマドの実に群れることも。やがて樹上の実がなくなると地上へ降り、積もった落ち葉をかき分け、土を掘り、落ちた実や昆虫などを食べる。春には芝生地や河川敷のような開けた環境で、地中の昆虫や土壌動物を見つけて捕食する。

樹上でエノキの実を食べる。

ミミズを掘り出して捕食。

地上に落ちたエノキの実を発見！ 続けて食べ、あとで種を吐き出す。

「だるまさんが転んだ」のようなとことこ歩き

動画

地上行動では前傾して移動し、立ち止まっては胸を張って姿勢を正すような歩き方をする。まるで子どもの遊びの「だるまさんが転んだ」のようでおもしろい。たまに首を傾げるようなしぐさを見せるのは、地中の生き物の音を聴いているためといわれる。

枝にとまったあと翼をふるわせる

動画

木の枝などにとまった直後に翼を「ふるふる」と何回かふるわせる。光の条件が悪いときでも、この行動で本種だとわかる。ただし、ヒヨドリ(p.236)も同じように翼をふるわせることがあるので、体型や尾羽の長さなどで見分けよう。

♪ 鳴き声

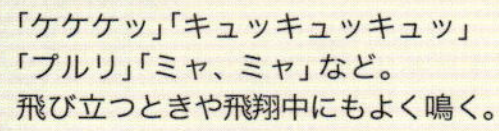

● **地鳴き**

「ケケケッ」「キュッキュッキュッ」「プルリ」「ミャ、ミャ」など。飛び立つときや飛翔中にもよく鳴く。

● **さえずり**

春に「ポピュリピュルリ」などときれいな声を地鳴きに交えてぐぜる。はっきりしたさえずりはなかなか聞けない。

音声

〈地鳴き〉

ハチジョウツグミ［八丈鶫］

スズメ目ツグミ科ツグミ属
［学名］*Turdus naumanni*
［英名］Naumann's Thrush

● 姿勢 やや立つ
● 行動位置 樹上 地上
● 季節性 冬 旅
● 大きさ 24cm

まれに出あう橙色のツグミ

どんな鳥？ 橙色みを帯びる美しいツグミ。以前はツグミ(p.286)の亜種とされていた。

どこにいる？ 東シベリア、ロシア極東で繁殖。おもに中国北部で越冬し、一部が国内に立ち寄ったり、ツグミの群れに混じって飛来、越冬。

観察時期 おおむね11月〜3月ごろに見られる。公園などでは３月ごろの記録が多い。

外見 雌雄同色。頬や頭頂からの上面は灰褐色。眉斑や喉以下の下面、下尾筒は橙色。橙色の部分や鮮やかさは個体によって異なる。

食べ物 昆虫や土壌動物、木の実を採食する。

ツグミと同じ動き

基本的な行動はツグミと同じ。「だるまさんが転んだ」をするし、頭を傾けて地中の虫の音を聞き取るようなしぐさもする。

● **さえずり**
冬鳥なので、国内では聞くことができない。

● **地鳴き**
ツグミに似ているが、「キュキュ」「ケケッ」の声は本種のほうが単調に聞こえる。

音声

〈地鳴き〉

3 4 春 5 6 7 夏 8 9 10 秋 11 12 1 冬 2

サメビタキ［鮫鶲］

スズメ目ヒタキ科サメビタキ属
［学名］*Muscicapa sibirica*
［英名］Dark-sided Flycatcher

● 姿勢 立つ
● 行動位置 樹上
● 季節性 夏
● 大きさ 14cm

色が濃いサメビタキ

どんな鳥？ 国内で見られるサメビタキ属３種の中で、最も色が濃い。他の２種に比べると数が少なく、観察する機会は多くない。

どこにいる？ 本州中部以北の亜高山帯の針葉樹林などで繁殖する夏鳥。渡りの時期には平地の緑地にも立ち寄ることがある。

観察時期 春の渡りは４月下旬～５月初旬で、初夏から夏に繁殖。秋の渡りは９～10月ごろ。

外見 雌雄同色で、上面は濃い灰褐色。胸に不明瞭な縦斑。白いアイリングは目の後方が太い。

食べ物 昆虫や木の実を食べる。

鮫っぽい灰色

上面の羽色が鮫の色に似ることが名前の由来。標高1000mほどの高原に皿状の巣をつくって子育てする。

● **さえずり** 「ピチュチュリチュチュツイツイチィー」などコサメビタキ（p.292）に似た早口の複雑なさえずりだが、聞く機会は少ない。

● **地鳴き** 「ツィ」「シー」などと鳴く。

〈さえずり▶地鳴き〉

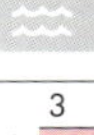

春 3 4 5
夏 6 7 8
秋 9 10 11
冬 12 1 2

ヒタキ科

エゾビタキ［蝦夷鶲］

スズメ目ヒタキ科サメビタキ属
［学名］*Muscicapa griseisticta*
［英名］Grey-streaked Flycatcher

●姿勢 立つ

●行動位置 樹上

●季節性 旅
●大きさ 15cm

秋に出合うことが多い旅鳥のヒタキ

どんな鳥？ オスも地味な羽色のサメビタキ属の鳥で、胸の縦斑が特徴。渡りの時期のみに見られる旅鳥で、春よりも秋に出合うことが多い。

どこにいる？ 全国に飛来する旅鳥。平地や山地の比較的明るい林に生息し、木の梢などにとまることが多い。やや開けた場所を好み、緑地のある市街地の公園でも見られる。高い木のてっぺんを好む。

観察時期 離島などでは春の渡りで観察できることもあるが、公園など身近な環境では、9～10月ごろに秋の渡りで出合うことが多い。

外見 スズメ大で雌雄同色。頭部から上面は灰褐色で、翼の羽縁が白く目立つ。喉から下面にかけては白く、胸にははっきりした褐色の縦斑がある。同属のサメビタキ(p.289)で胸に不明瞭な縦斑がある個体もいるが、サメビタキの羽色は鮫色(濃い灰褐色)で、翼には黄褐色の羽縁がある。本種は羽色がサメビタキよりも淡い灰褐色で、体がやや大きい。

食べ物 空中や樹上の昆虫のほか、ミズキやエノキ、アカメガシワなど木の実も食べる。

3
4 春
5
6
7 夏
8
9
10 秋
11
12
1 冬
2

エゾビタキあるある

空中で昆虫を捕らえ、梢に戻ってとまる

“Flycatcher”の英名通り、飛んでいる昆虫を空中で巧みに捕らえる。そして、とまっていた元の枝に戻る動きを見せる。

枝や電線などにとまって狙いを定め、飛び出して空中の虫を捕らえる。

見事に虫をゲット！

昆虫はもちろん、木の実も大好き

昆虫も食べるが、秋の渡りではミズキなどの実を採食することも多い。キビタキ(p.300)と一緒に群れていることも珍しくない。

昆虫の幼虫を捕食。

ミズキにとまり、ときおり実を採食していた。

● 地鳴き
「チチッ」「チリー」「ジチリ」などだが、あまり鳴かない。

● さえずり
日本ではほとんど聞くことはできない。

音声

〈地鳴き〉

コサメビタキ［小鮫鶲］

スズメ目ヒタキ科サメビタキ属
［学名］*Muscicapa dauurica*
［英名］Asian Brown Flycatcher

● 姿勢 立つ
● 行動位置 樹上
● 季節性 夏
● 大きさ 13cm

淡い色、くりっとした目のサメビタキ

どんな鳥? 国内で見られるサメビタキ属3種の中では最小。白いアイリングが太めのため、目がくりっと大きく見えるので人気がある。小さいサメビタキというのが和名の由来。

どこにいる? 九州以北に飛来する夏鳥で、平地から山地の落葉広葉樹林に生息する。春と秋の渡りでは都市公園にも立ち寄る。

観察時期 春の渡りは4月ごろ。初夏から夏にかけて繁殖地で子育てする。秋の渡りは9～10月ごろ。秋はミズキなどの実に集まる。

外見 スズメよりひとまわり小さい。雌雄同色で頭部から上面は淡い灰褐色。翼の羽縁が白く目立つ。頭部には白い太めのアイリングがあり、白い目先とつながる。嘴の基部は黄色で、喉からの下面は白く、うっすら灰色みがかる。胸には縦斑がなく、目先が白いことと合わせて、類似種のエゾビタキ(p.290)やサメビタキ(p.289)と明確に区別できる。

食べ物 昆虫やミズキなどの木の実を食べる。とくに飛んでいる昆虫を空中で巧みに捕食する。

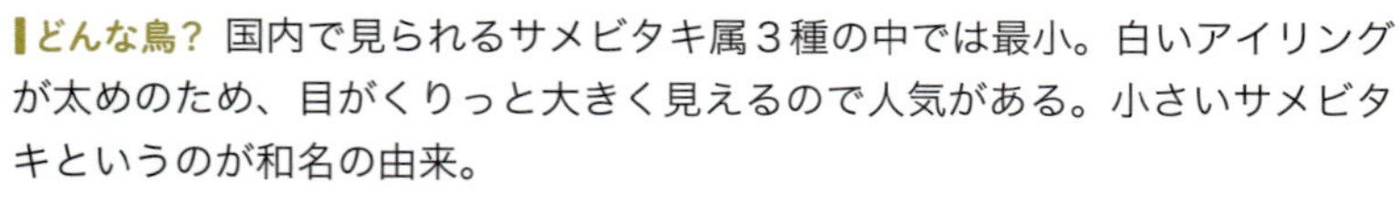

月	季節
3	
4	春
5	
6	
7	夏
8	
9	
10	秋
11	
12	
1	冬
2	

コサメビタキあるある

鳴きまねを交えて複雑にさえずる

動画

さえずりが覚えにくい鳥のひとつ。比較的高音で、金属的に聞こえるさまざまな声を組み合わせて、いくつものパターンで盛んにさえずる。キビタキ(p.300)やシジュウカラ(p.230)など他種の鳴きまねも取り入れる。

巧みに飛翔する

見通しのよい位置にとまり、狙いを定めて飛び立ち、空中の虫を捕らえる。小回りがきき、空中で急に方向転換するなど自在に飛ぶ。

お椀形の巣はまるで風呂のよう

広葉樹の横枝などにお椀形の巣をつくって繁殖する。巣の外装には地衣類を貼りつけてあり、一見すると木のこぶのように見える。巣は上が開いていて、親鳥が卵やひなを温めているとお風呂に入っているように見えてかわいい。

巣立った幼鳥が親鳥から給餌される。

♪鳴き声

●さえずり

「ピピ」「ツィ」「チィ」「ピュリ」「フィ」「ピリ」「ツリィ」などの声を組み合わせて早口かつ複雑に、さまざまなレパートリーで鳴く。

●地鳴き

「ツィ」「シー」などと鳴く。

音声

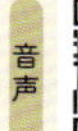

〈さえずり▶地鳴き〉

ヒタキ科

オオルリ ［大瑠璃］

スズメ目ヒタキ科オオルリ属
［学名］*Cyanoptila cyanomelana*
［英名］Blue-and-white Flycatcher

●姿勢 立つ
●行動位置 樹上
●季節性 夏
●大きさ 17cm

都市公園で見られる夏鳥で一番人気！

どんな鳥？ 「幸せの青い鳥」と形容するのがふさわしい、瑠璃色のヒタキ。姿だけでなくさえずりも美しく、多くのバーダーを魅了する。ウグイス(p.246)、コマドリ(p.298)と並んでかつて「日本三鳴鳥」に選ばれた。

どこにいる？ 九州以北に飛来する夏鳥で、低山から山地の渓流が流れる林に生息する。春と秋の渡りでは都市公園にも立ち寄る。繁殖地では高い木の梢など、目立つ位置にとまって、さえずることが多い。

観察時期 関東の都市公園では４月から５月中旬ごろまで見られる。初夏から夏にかけて繁殖地で子育てし、秋の渡りは９～10月ごろ。

外見 オスは頭部から体上面、尾羽にかけて輝きのある瑠璃色。体下面は白い。メスは頭部から上面、翼まで褐色で、オリーブ色を帯びることが多い。胸の上部は褐色みがあり、下面にかけて白い。類似種のキビタキ(p.300)のメスよりやや大きく、尾羽は赤みのある褐色。

食べ物 樹上や地上にいる昆虫を捕食するほか、飛んでいる昆虫を空中で捕らえる。秋にはミズキやエノキなどの実を採食する。

3
4 春
5
6
7 夏
8
9
10 秋
11
12
1 冬
2

オオルリあるある

瑠璃色に輝く羽色の秘密

瑠璃色の輝きは構造色。羽毛内の微細な構造に入った光が、青系の波長のみを強めて反射することで、輝いて見える。また頭頂の淡い部分の羽毛は、ヒトの色覚では見えない紫外線の波長を反射する。いずれもより美しく輝くオスが、メスに選ばれると考えられている。鳥類は栄養状態が羽衣に現れる。健康な個体ほどより美しいというわけだ。

構造色で輝く青に見える。

抑揚をつけて優雅に力強くさえずる

動画

力いっぱいさえずるときは、尾羽を前後に動かしながら、全身を使って声を出す。他種の鳴きまねをすることも多く、ジュウイチ(p.82)やトラツグミ(p.278)、クロジ(p.358)などレパートリーも多い。国内に生息するヒタキ類としては長い期間さえずる種で、8月ごろまでさえずることも。

オスだけでなくメスもさえずる!

子育て中の巣や巣立った幼鳥に天敵が近づくなど、危険を感じるとメスもさえずる。メスのこのさえずりを聞いたら、近くに巣があるかもしれないので、すみやかに離れよう。

♪鳴き声

● **さえずり** 「ピーリーリーリー」「ポピュリピピッ」「ピピピピーピー」など、美しい声で抑揚をつけながら繰り返し優雅に鳴く。各節の歌い終わりに「ギギッ」「ヂチッ」という声で鳴くことが多い。

● **地鳴き** 「チュチュツ、チュチュチュ」「ギギッ」などと鳴く。

音声

〈さえずり▶地鳴き〉

ヒタキ科

ノゴマ［野駒］

スズメ目ヒタキ科ノゴマ属
［学名］*Calliope calliope*
［英名］Siberian Rubythroat

● 姿勢　やや立つ
● 行動位置　樹上
● 季節性　夏
● 大きさ　16cm

ルビー色の喉と白いくまどり

どんな鳥? スズメよりひとまわり大きく足が長めの小鳥。ルビー色の喉と白い眉斑、顎線からなるくまどりが目立ち、歌舞伎役者のようだ。

どこにいる? 北海道で繁殖する夏鳥。亜高山帯から農耕地、牧場、海沿いの湿地や原生花園など、標高差のある幅広い環境に生息する。

観察時期 春の渡りで観察されるのは４～５月。北海道での子育ては６～８月ごろ。秋の渡りでは11月くらいまで観察される。

外見 メスは淡い褐色。オスは赤い喉が特徴。

食べ物 昆虫やクモ、ミミズなどを捕食。

春秋は山間部でも

繁殖地では開けた環境にいるが、春秋の渡りでは山間部で見られることもある。

3 / 4 春 / 5 / 6 / 7 夏 / 8 / 9 / 10 秋 / 11 / 12 / 1 冬 / 2

♪鳴き声

● **さえずり**「ヒーヒョリリヒュリリチーチュリ」などと澄んだ声で早口にさえずり、少し間をおいて再びさえずるのを繰り返す。

● **地鳴き**「グュッ、グュッ」「ミャッ、ミャッ」など。

音声

〈さえずり▶地鳴き〉

コルリ［小瑠璃］

スズメ目ヒタキ科コマドリ属
［学名］*Larvivora cyane*
［英名］Siberian Blue Robin

● 姿勢 横向き
● 行動位置 地上
● 季節性 夏
● 大きさ 14 cm

上品な青と純白が美しい小鳥

どんな鳥？ スズメより小さく、足が長め。オスは青と純白のツートーンが美しく、メスは褐色。

どこにいる？ 本州中部以北に飛来する夏鳥。低山から亜高山帯の落葉広葉樹林や針葉樹林に生息し、下草がよく茂った環境を好む。渡りの時期は平地林や都市公園に立ち寄ることも。

観察時期 春は4～5月、秋は10月ごろ渡りが見られる。初夏から夏にかけて子育てする。

外見 オスは上面が光沢のない青色で、喉からの体下面は純白。メスは褐色で腰に青みがある。

食べ物 地上で昆虫やクモなどを捕食する。

美しいポーズ？

フィギュアスケートのような美しいポーズは、じつは威嚇行動。近くに別のオスがいるときに見せることがある。

● **さえずり**
「ヒッヒッ」という前奏のあと、「ピチャピチャ」「ピョーピョー」「ピーピピピ」「チーチョリチョリ」など。コマドリ（p.298）に似たさえずりも。

● **地鳴き**
「チャッチャッ」などだが、他種に比べると極端に鳴かない。

音声

〈さえずり▶地鳴き〉

春 3 4 5 / 夏 6 7 8 / 秋 9 10 11 / 冬 12 1 2

コマドリ［駒鳥］

スズメ目ヒタキ科コマドリ属
［学名］*Larvivora akahige*
［英名］Japanese Robin

● 姿勢 やや立つ

● 行動位置 地上
● 季節性 夏
● 大きさ 14cm

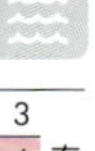

声も姿も美しい橙色の小鳥

▍どんな鳥? スズメより小さく橙色の美しい小鳥。「ヒンカラカラカラ」と聞こえるさえずりが、馬のいななきを連想させるのが和名の由来。

▍どこにいる? 九州以北に渡来する夏鳥で、屋久島と種子島、伊豆諸島南部では一部が留鳥。本州では、亜高山帯の下草がよく茂り、渓流が流れる山地林に生息する。渓流に沿ってなわばりをもつことが多く、苔むした岩の上などでさえずる。渡りの時期には都市公園で見られることもある。

▍観察時期 春の渡りで確認されるのは５月の大型連休前後。繁殖地へ移動し、初夏から夏にかけて子育てし、越冬地へ渡っていく。

▍外見 オスは頭部から喉、胸の上部にかけて鮮やかな橙色で、体上面は橙褐色。胸の下部は濃い灰色で、上部の橙色との境界に黒い線がある。体下面は灰色。足は長め。メスは全体に色みが鈍く、頭部の橙色がオスよりも淡い。胸の黒い線もない。

▍食べ物 長くしっかりした脚で地上を跳ねまわるなどして、昆虫やクモ、ミミズなどの土壌動物を捕食する。

コマドリあるある

状況に応じて尾羽の動きを変えてさえずる

山地林で、沢など流れがあって岩が転がるような環境で繁殖する。とまり木や倒木、岩の上など目立つ場所でさえずりながら、流れに沿ったなわばりをまわる。周囲にメスや他のオスがいるときは、尾羽を上げながら広げてさえずり、しばらくすると尾羽を下ろして広げ、再びさえずる。

樹上より下草が茂る低木にいることが多い。

©Masahiro Noguchi

なわばり争いではカニのように横歩きすることも

なわばり争いのときは、警戒声で鳴きながら相手に接近し威嚇。緊張して体が細くなることが多い。尾羽を下げ、枝の上を横に滑るように歩くこともある。まるでカニ歩きしているようでおもしろい。

鳴いたり移動したりして威嚇。

日本三鳴鳥は誰が決めた？

ウグイス、オオルリとともに日本三鳴鳥として知られる。この日本三鳴鳥は、日本鳥学会や日本野鳥の会で指定したものではなく、野鳥の飼育や鳴き合わせが盛んだった時代に、庶民の間で選ばれたもの。公式にはあまり意味がない称号かもしれない。

♪鳴き声

● さえずり
「ヒンカラカラカラ」と、小さな体からは想像できないほど大きな声でさえずる。

● 地鳴き
「ピチチチ」「ヒチチチ」など。

音声

〈さえずり▶地鳴き〉

キビタキ［黄鶲］

スズメ目ヒタキ科キビタキ属
［学名］*Ficedula narcissina*
［英名］Narcissus Flycatcher

●姿勢 やや立つ　●行動位置 樹上　●季節性 夏　●大きさ 14cm

さえずりも姿も美しい黄色系の夏鳥

どんな鳥? 色鮮やかな夏鳥の代表種。まばゆい新緑の中に喉の橙色を見つけた瞬間、その美しさにドキッとする。さえずりも魅力的。

どこにいる? 全国に飛来し、平地から山地の林に生息する。春と秋の渡りでは都市公園にもふつうに立ち寄る。

観察時期 オオルリ(p.294)やサンコウチョウ(p.204)とともに、身近な観察地で見たい夏鳥の１種。春の渡りで最初に確認されるのは４月ごろ。大型連休をピークに５月末くらいまで観察できる。初夏から夏に繁殖地で子育てし、秋の渡りでは９月から11月ごろまで観察できる。

外見 オスは頭部から上面、尾羽が黒く、翼に大きな白斑がある。眉斑は黄色。喉は鮮やかな橙色、胸から腹にかけては黄色だが、その色の面積や濃さには個体差がある。腰も黄色で、下腹は白い。メスの頭部から上面はオリーブ褐色で、背から上尾筒にかけてはオリーブ色。類似種のオオルリのメスは大きく、尾羽が赤褐色。

食べ物 空中や樹上にいる昆虫のほか、さまざまな木の実を食べる。

キビタキあるある

いろいろな鳥の鳴きまねをする

動画

声量が大きく、かなり遠くからでもさえずりに気づくことができる。いろいろ鳴きまねをすることで知られ、コジュケイ(p.362)やツクツクボウシ(セミ)のほか、サンショウクイ(p.200)やジュウイチ(p.82)に似た鳴き方もする。最初にひと声鳴いたあとに繰り返し鳴くが、鳴きまねをするのは、後半の繰り返しの部分。

喉と腹、腰を大きく膨らませて、力強くさえずる。

春はさえずりで秋はミズキで探す

春の渡りや繁殖地では、さえずりを手がかりに容易に探すことができる。秋の渡りではさえずらないが、ミズキやアカメガシワ、エノキなどの木の実をよく食べるので、実がなった木の近くで待つのがよい。とくにミズキの実は大好物なので、有望な観察ポイント。秋はオスの成鳥が少なめで、メスやオスの若鳥が多い傾向がある。

ミズキの実を採食するオス。

空中や樹上で昆虫をよく見つける

エゾビタキ(p.290)と同様、本種の英名もFlycatcherだが、飛んでいる昆虫だけを食べるわけではない。春はチョウやガの幼虫を、秋はアオマツムシやクダマキモドキなど樹上にいる昆虫をよく見つけて捕食する。

昆虫の幼虫を捕食。

ガガンボ類を捕らえた。

クダマキモドキ類を捕食。

バッタ目の昆虫を捕らえた。

♪鳴き声

● **さえずり** 「ピュルリ」「ピューヨ」など、最初にひと声鳴き、少し間があり「ピッピリーピ、ピッピリーピ」「ピピリリリ、ピピリリリ」など同じ鳴き方で何回か鳴く。これを繰り返す。

● **地鳴き** 「ヒッ、ヒッ、ヒッ、ヒッ」と鳴き、「クルルルル、クルルルルル」という鳴き声を交える。高い声で「シ―――」と鳴くことも。

音声

〈さえずり▶地鳴き〉

ニシオジロビタキ［西尾白鶲］

スズメ目ヒタキ科キビタキ属
［学名］*Ficedula parva*
［英名］Red-breasted Flycatcher

● 姿勢 横向き
● 行動位置 地上
● 季節性 冬
● 大きさ 12cm

尾羽をよく上下させる小型のヒタキ

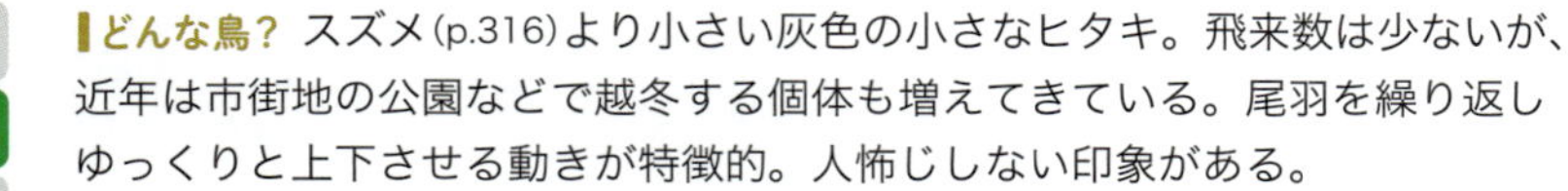

どんな鳥？ スズメ(p.316)より小さい灰色の小さなヒタキ。飛来数は少ないが、近年は市街地の公園などで越冬する個体も増えてきている。尾羽を繰り返しゆっくりと上下させる動きが特徴的。人怖じしない印象がある。

どこにいる？ 全国に飛来するが、数は少ない。平地から山地の林、公園などに生息。開けた環境を好む傾向があり、明るい林の縁や広場のような場所で見られる。住宅地に入ったり、電線にとまったりすることも。

観察時期 11月ごろに飛来し、3月くらいまで越冬する冬鳥。

外見 頭部から上面が灰褐色で、下面は淡い褐色みのある白、尾羽の付け根の外側が白い(和名の由来)。下嘴が淡い黄褐色。オスは喉から胸の上部にかけて橙色。メスは橙色みがないが、オスの若鳥に似るので雌雄を見分けることは難しい。近縁種のオジロビタキは、嘴が黒く、橙色なのは喉にとどまる。どちらかというと西日本に多く、東日本ではあまり見られない。

食べ物 低い枝や杭の上などにとまり、地上に降りて、昆虫やクモ、土壌動物などを捕食する。

ニシオジロビタキあるある

人をあまり恐れず人工物にもやってくる

人怖じしない傾向があり、人工物にもよくとまる。なわばりを巡回しながら虫を探すので、ルートでじっと待っていると、すぐ目の前の地上に降りることもしばしばある。

自転車のハンドルにも。

地上で虫を探すことが多い。

越冬中のカメムシを見つけて捕食。

観察中、そばまでくることも。

小さいけれど気が強い!?

地鳴きしながら尾羽を上げ、ゆっくり下げるという動きを繰り返し、なわばりを巡回しながら虫を探す。体が小さく、愛らしい見た目の割に気が強く、なわばり内にほかの個体がいるとすぐに追い出しにかかる。

尾羽の動きに注目！

なわばりを見回る。

●**地鳴き** 尾羽を上下させながら、乾いた音で「チュルルルル、チュルルルル」とよく鳴く。ヒタキ類共通の「ヒッ、ヒッ、ヒッ」という声でも鳴く。オジロビタキは「ジジジジ」と鳴く。

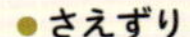

●**さえずり**
冬鳥のため国内では聞くことができない。

〈地鳴き〉

ルリビタキ［瑠璃鶲］

スズメ目ヒタキ科ルリビタキ属
［学名］*Tarsiger cyanurus*
［英名］Red-flanked Bluetail

● 姿勢　やや立つ
● 行動位置　地上
● 季節性　漂
● 大きさ　14cm

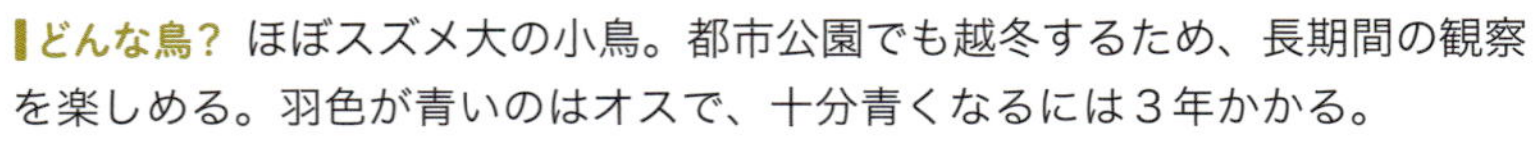

市街地など身近な環境でも観察できる青い小鳥

どんな鳥？ ほぼスズメ大の小鳥。都市公園でも越冬するため、長期間の観察を楽しめる。羽色が青いのはオスで、十分青くなるには３年かかる。

どこにいる？ 北海道、本州、四国の亜高山帯の針葉樹林で繁殖し、本州以南の平地林、都市公園などで単独で越冬する。開けた環境ではなく、林や植え込みの中などやや薄暗い環境を好む傾向がある。

観察時期 関東の都市公園ではだいたい11月初旬以降から観察でき、ジョウビタキ(p.306)より少し遅い。３月ごろまで過ごし、春に繁殖地の亜高山帯へ移動。初夏から初秋にかけて繁殖し、晩秋に平地に戻る。

外見 オスは頭部から尾羽の上面が光沢のある青で、喉から下面は白い。白い眉斑があり、脇は鮮やかな山吹色。メスは頭部から体上面がオリーブ褐色で、上尾筒から尾羽は青い。脇は山吹色だが、オスよりも面積が狭く色はおとなしめ。オスの若鳥はメスの羽色によく似ている。

食べ物 地上を跳ねまわって昆虫類やクモ、ミミズなどの土壌動物を捕食するほか、樹上の実、地上に落ちている実も食べる。

尾羽の動きから見分けよう！

低木や柵などにとまり、一定のリズムで尾羽を上下に振る。尾羽を振りながら、頭や体の向きを少し変えるときなどに、一瞬だけ翼を広げる。常緑の低木の中にいて体の一部しか見えないときや、逆光や暗くて色がよく見えないときでも、尾羽の動きが見えればこの鳥だとわかる。

昆虫の幼虫を捕食。

地上に落ちていた実をゲット。

春先の美しいさえずりを楽しむ

春先によくぐぜり、朗らかな美声を聞かせてくれる。真冬に不意にさえずることもある。

若鳥は目立たずラクに生きている!?

オスは１年目（巣立ち、親離れした翌年）から繁殖できるが、メスに似た目立たない羽衣をしている。一般に性的二型の（オスとメスの羽衣が異なる）鳥ではオスの羽が美しいほど、メスへのアピールになるため、若鳥は一見不利。しかし目立たないことで有利になることもある。地味なオスは、美しいオス同士よりも軽い闘争で決着するため、繁殖地でのなわばり争いの負担が軽くなることが、研究によって明らかになっている。

オスの若鳥。

●**さえずり**　朗らかな声で「ヒュヒュルーリル、ヒューヒュルリ」と鳴く。春先にはよくぐぜる。

●**地鳴き**　「ヒッ、ヒッ、ヒッ」とよく鳴く。ジョウビタキに似た声だが、本種は「ヒッ」のあいだに「ギュグッグッ」という声を交えるので聞き分けられる。

〈さえずり▶地鳴き〉

ヒタキ科

ジョウビタキ［常鶲］

スズメ目ヒタキ科ジョウビタキ属
［学名］*Phoenicurus auroreus*
［英名］Daurian Redstart

●姿勢 やや立つ ●行動位置 地上 ●季節性 漂 ●大きさ 14cm

住宅街でもよく見かける人気のヒタキ

どんな鳥？ 公園や民家の庭にもやってくる最も身近なスズメ大のヒタキ類。同じヒタキ科のルリビタキ(p.304)とともに、冬のバードウォッチングでお目あてになる鳥の代表種。

どこにいる？ 全国に飛来する。河川敷、農耕地、公園など開けた環境を好み、住宅地にも飛来する。国内繁殖例が増加中で、標高の高い地域で繁殖。

観察時期 関東の都市公園で確認されるのはだいたい10月下旬で、ツグミ(p.286)と同時期。ルリビタキよりひと足早い。おおむね3月ごろまで見られる。ただ、同じ場所にいるわけではなく、状況に応じて移動する。

外見 オスは頭頂から後頭にかけて銀灰色で、顔や背は黒い。翼も黒く、大きな白斑があって目立つ。胸から下面、腰は橙色。メスは頭部から体上面が褐色で、上尾筒は橙色。翼は茶褐色で白斑がある。オスの若鳥はメスの羽色によく似ている。

食べ物 地上を跳ねまわって昆虫やクモ、土壌動物などを捕食するほか、ハナミズキやピラカンサなど樹木の果実もよく食べる。

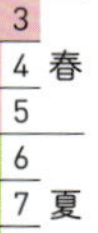

3 4 春 5 / 6 7 夏 8 / 9 10 秋 11 / 12 1 冬 2

ジョウビタキあるある

尾羽をふるわせおじぎする

枝や柵の上などにとまり、尾羽をよく振る。速いテンポかつ一定のリズムで上下に振るルリビタキとは異なり、不規則にふるわせる。しばしば尾羽をふるわせつつ、おじぎをするように頭を下げる動きをするのがユーモラスだ。

頭を下げておじぎ。

住宅地の目立つ場所によくとまる！

市街地にもよく訪れ、家のアンテナにとまる姿もよく見かける。開けた環境を好み、民家の庭にもやってくるジョウビタキならではの風景。ルリビタキではまずない場面だ。

川で虫捕りをする

川沿いの植物の高い位置にとまり、飛び上がっては元の位置に戻る動きを繰り返す。撮影してみると、空中で虫を捕らえていることがわかる。

子育ては涼しいところで

近年、長野県、岐阜県、鳥取県、山口県などで次々に繁殖例が確認されている。いずれも標高の高い地域で、ペンションや別荘の建物の隙間や、ライトの上、換気扇フード、郵便受けなどを巣づくりに利用している。

巣立った幼鳥。

●**地鳴き**　「カタカタ」という声を交えながら、「ヒッ、ヒッ、ヒッ、ヒッ」とよく鳴く。飛来直後はこの声がなわばり宣言の意味をもつ。

●**さえずり**　朗らかな声で「ヒ──リリュリルルピルツピリリュ」などとさえずる。歌い始めの「ヒ──」はややゆっくりで、そのあとは早口で複雑。

〈地鳴き▶さえずり〉

イソヒヨドリ ［磯鵯］

スズメ目ヒタキ科イソヒヨドリ属
［学名］*Monticola solitarius*
［英名］Blue Rock Thrush

● 姿勢 やや立つ
● 行動位置 地上
● 季節性 

● 大きさ 25 cm

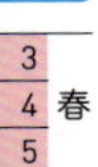

磯にもいるが、街中にもいる！ 中型の青い鳥

どんな鳥？ ムクドリ大の青い鳥で、橙色との取り合わせが美しい。「磯にいるヒヨドリに似た鳥」というのが和名の由来だが、ヒヨドリ(p.236)とは異なる科でヒタキのなかま。かつては海辺の鳥だったが、内陸の市街地への分布が急速に広がっている。

どこにいる？ 全国に分布する。もともと海岸の岩礁地帯や漁港、港町に生息していた鳥だが、近年分布が広がり、内陸部の市街地や低山でも繁殖している。駅前のビルや商業施設の建物などによくいる。

観察時期 1年を通して観察できる留鳥。繁殖期は3～7月ごろ。オスはテリトリーを周年維持するので、それ以外の時期にもさえずる。

外見 オスの頭部と上面、胸は明るい青で翼は藍色。胸の下部以下の下面は橙褐色。メスは全体に灰褐色で、上面や頰以下の下面は黒褐色の細かいうろこ状の斑がある。雌雄とも嘴は長くがっしりしている。

食べ物 昆虫、ムカデや甲殻類、トカゲなど比較的大きめの生き物を捕食する。ツバメの卵やひなを襲うこともある。秋冬は植物の実も食べる。

3 4 春 5 6 7 夏 8 9 10 秋 11 12 1 冬 2

イソヒヨドリあるある

市街地でも聞こえる朗らかなさえずり

市街地でさえずりを耳にすることも多くなった。澄んだ涼しげな声でよく鳴き、さえずりはオオルリ(p.294)に似ている印象がある。さえずりは周波数が高めで、騒がしい都市の市街地でもよく聞こえる。

都会で見かけることも増えた。

公共施設の高い位置にとまっていた。

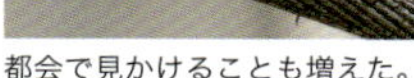

都会の建物を利用してたくましく子育て!

海に近い市街地はもちろん、海からかなり離れた内陸の市街地に分布が広がっているのが興味深い。駅ビルやオフィスビル、ショッピングセンターなどの高い建築物を本来の生息地である崖に見立て、建物の隙間などに営巣している。

ショッピングセンター近くのマンションにて。

山間部の民家の屋根。求愛ポーズはまるで置き物のよう。

ケラを捕らえ、ひなに運ぶ。

カマキリを捕らえた。

♪ 鳴き声

● **さえずり**
澄んだ朗らかな声で「ヒーヒュルヒーヒーヒュヒュヒーヒュルル」などと複雑にさえずる。

● **地鳴き** 「ヒッ、ヒッ、ヒッ」とよく鳴き、ルリビタキ(p.304)のように「ギュギュギュ」を交えて鳴くこともある。

音声

〈さえずり▶地鳴き〉

ヒタキ科

ノビタキ［野鶲］

スズメ目ヒタキ科ノビタキ属
［学名］*Saxicola stejnegeri*
［英名］Amur Stonechat

●姿勢 やや立つ
●行動位置 樹上
●季節性 夏
●大きさ 13cm

黒白モノトーンに胸のオレンジがチャームポイント

どんな鳥？ スズメよりひとまわり小さいヒタキ類。オスは黒と白のツートーンで、胸の橙色の斑がチャームポイント。

どこにいる？ 本州中部以北に飛来する夏鳥。本州では高原の農耕地や湿原などで繁殖。北海道では平地の農耕地、牧場、原生花園など、開けた草原環境で子育てする。渡りの時期は全国の平地の草原、農耕地、河川敷などでも見られ、小さい群れで移動することが多い。

観察時期 春の渡りでは4～5月に観察できる。繁殖地で初夏から夏にかけて子育てし、秋の渡りで見られるのは9～10月ごろ。

外見 夏羽のオスは頭部と翼、尾羽が黒く、翼に白斑。下面は白く、胸に橙色の斑。メスはオスの黒い部分が褐色で、翼に白斑。不明瞭な眉斑があり、胸の橙色は淡い。冬羽は雌雄とも赤みのある褐色。秋の渡りでは冬羽の個体が見られる。ヒタキ科の他種に比べ、冬羽への換羽が早い（右頁）。

食べ物 低木や高さのある草、杭の上などにとまり、空中を飛んでいる昆虫を捕らえたり、地上に降りてクモや土壌動物を捕食する。

月	季節
3	
4	春
5	
6	
7	夏
8	
9	
10	秋
11	
12	
1	冬
2	

謎のヒタキに出合ったら冬羽のノビタキかも!?

換羽時期が早く、秋の渡りでは冬羽に換わっている個体が多い。冬羽のオスは目から目先にかけてまっ黒く、全体に赤みのある褐色の複雑な模様になる。渡りの途中、こんな姿のヒタキが開けた場所にとまっていたりすると「すわ、珍種か!?」と勘違いしそうになることも。

冬羽のオス。一見、見慣れない小鳥だ。

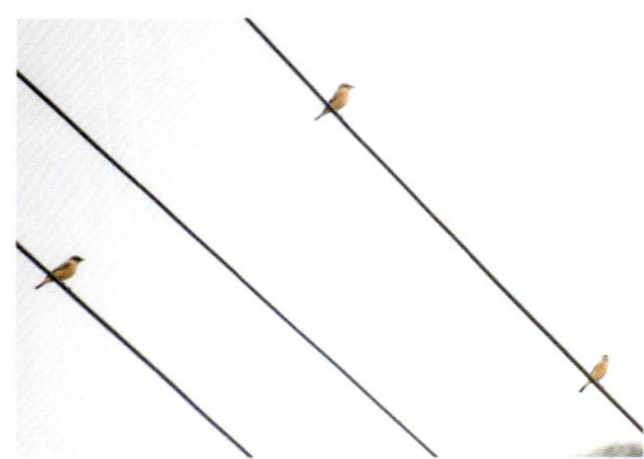
冬羽のオス(左)とメス２羽(中央・右)。

港近くの公園の柵にとまる冬羽のオス。

公園の植え込みにいた冬羽のオス。

飛びながらさえずる

オスは繁殖初期によくさえずる。低木や草の上など目立つ位置でよくさえずるほか、飛びながらさえずる「さえずり飛翔」も見せる。

● さえずり
澄んだ声で
「ヒーヒュリーヒュヒーヒピー」
などとさえずる。

● 地鳴き
「ヒッ、ヒッ、ジャッ、ジャッ」
などと鳴く。

〈さえずり〉

カワガラス科

カワガラス［河烏］

スズメ目カワガラス科カワガラス属
［学名］*Cinclus pallasii*
［英名］Brown Dipper

●姿勢 横向き
●行動位置 水上 地上
●季節性 留
●大きさ 22cm

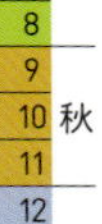

渓流生活のスペシャリスト

どんな鳥？ 名前の通り渓流にすみ、水中を覗きながら歩いたり、潜水したりする中型でこげ茶色の鳥。全身が黒っぽいのでカラスと名付けられたが、カラスのなかまではない。

どこにいる？ 屋久島以北に分布する留鳥。河川の中上流域、沢や渓流に生息する。水辺の岩の上や岸辺にいることが多い。

観察時期 1年を通して観察できる。つがいまたは単独で行動する。

外見 雌雄同色でずんぐりした体型。ほぼ全身がこげ茶色なのでカラスにたとえられ、和名が付けられた。足は銀色に見え、がっしりしていて、急流でも流されずに川底を歩けるほど足指の力が強い。尾羽をピンと立てたり、上下に動かしたりする。

食べ物 川や渓流など水辺で昆虫や節足動物などを捕食する。水中に顔を入れながら歩いたり、川底を歩いたり、水中に潜ったりなどして、カワゲラやトビゲラ、カゲロウなどの水生昆虫やカニなどの甲殻類のほか、小魚などを捕食する。

3 4 春 5
6 7 夏 8
9 10 秋 11
12 1 冬 2

いつも川のそばで行動し渓流を自在に移動する

動画

一生のほとんどを川から離れずに生活し、滝の裏の岩の隙間や砂防ダムの周りなどで子育てする。「ギッ」と鳴いて川の流れに沿って飛び、岸辺の岩などにとまるようすがよく見られる。水中を覗きながら急な流れに逆らって歩いたり、流れに身を任せて下流方向へ移動したり、水中に飛び込んで潜水するなど、空も水中も自在に移動する。

「白目」になりがちなのは白いまぶたでよく目を覆うため

本種を撮影しているとしばしば目が白く写る。白いのはまぶたで、頻繁にまばたきをするのが写真に写るというわけだが「白目」はどこか滑稽でおもしろい。

渓流暮らしのすすめ

♪ 鳴き声

● さえずり

「ギュリギュリ、チッチッ、ピュリピュリ」など
複数の鳴き方を組み合わせる。

● 地鳴き

「ギッ、ギッ」「ビィッ、ビィッ」などと鳴く。
渓流を歩いていると、鳴きながら飛んでいく姿をよく見かける。

音声

〈さえずり▶地鳴き〉

ニュウナイスズメ［入内雀］

スズメ目スズメ科スズメ属
［学名］*Passer cinnamomeus*
［英名］Russet Sparrow

● 姿勢 横向き

● 行動位置 樹上
● 季節性 漂
● 大きさ 14cm

頬に黒い斑がなく、メスの羽色が異なるスズメ

どんな鳥？ 山野にすむスズメ類。スズメ(p.316)と異なり、大都市の市街地にはおらず、人の近くで生活もしない。オスとメスの羽色が異なり、どちらも頬にはスズメにある黒い斑がない。

どこにいる？ 本州中部以北の高原や山地(北海道は平地でも)の広葉樹林などで繁殖。冬は中部以南の太平洋側の農耕地などで越冬する。

観察時期 繁殖地では４月ごろから、越冬地では10月ごろから見られる。冬は平地の草原や農耕地で大きな群れになる。

外見 オスは頭部が明るい栗色で、頬は白く、スズメにある黒い斑がない。目先や喉は黒く、上面には黒い縦斑が目立つ。翼には白い帯がある。胸から下面にかけては、やや灰色みがかった白。メスは淡い褐色の太い眉斑が目立つ。頭部から上面にかけては褐色で、頬から下面にかけては淡い褐色。足は淡い褐色。スズメと異なり、雌雄の羽色がはっきり異なる。

食べ物 繁殖期は昆虫を食べ、越冬期は植物の種子を食べる。かつては大群でイネを食害する存在だった。

3 4 春 5 / 6 7 夏 8 / 9 10 秋 11 / 12 1 冬 2

スズメだけど自然の中で営巣する

樹洞やキツツキの古巣など、スズメより自然に近い環境で子育てする。ただ、山小屋など建屋の隙間や鉄パイプなどの人工物、巣箱なども利用するのは、スズメと同じだ。

キツツキの古巣を利用して繁殖。

ひなに虫を運ぶメス。

大群になって越冬する

繁殖期はつがいで行動するが、非繁殖期には大きな群れをつくり、草原や農耕地など開けた環境で越冬する。ツル類の越冬地として知られる鹿児島県の出水平野では、見られるスズメがすべて本種だという。

草原などで群れになって冬越しする。

ほくろがないのが名前の由来?

「にゅう」とは、ほくろの古語。スズメの類の黒斑をほくろに見立て、本種はそれがないことから、和名を付けられたといわれる。

頭部から上面の明るい栗色も美しい。

♪鳴き声

● **地鳴き**

スズメと同じように「チュン、チュン」という声で鳴くが、澄んだ声で「ピー、ピー」「ヒー、ヒー」とよく鳴くのが異なる。

● **さえずり**

「チュチーチュチュビ、チュチーチュチュビ」などと早口でさえずる。

〈地鳴き〉

スズメ科

スズメ［雀］

スズメ目スズメ科スズメ属
［学名］*Passer montanus*
［英名］Eurasian Tree Sparrow

●姿勢 横向き
●行動位置 樹上
●季節性 留
●大きさ 15cm

人とともに生きる、最も身近な小鳥

どんな鳥？ 日本人にとって最もなじみ深い身近な野鳥。人の生活のそばで生きる鳥で、さまざまな人工建造物を利用する。

どこにいる？ 全国に分布するが、小笠原諸島にはいない。市街地や都市公園、河川敷、農耕地など、人が生活する周囲のさまざまな環境に生息。数羽から小さい群れで生活し、秋から冬は農耕地などで大きな群れになることが多い。開けた環境を好み、公園であってもふだんは林の中で見かけることはないが、繁殖期にはひなに与える昆虫を捕るためにやってくる。

観察時期 1年中ふつうに見られる留鳥。

外見 雌雄同色。頭部は茶色で、目の周囲と喉は黒く、白い頬に黒い斑。上面は褐色と茶褐色で、黒い縦斑や白い羽縁がある。下面は白く、脇は褐色みを帯びる。嘴は黒く、足は肉色。幼鳥は全体に色が淡く、嘴の基部が黄色っぽい。

食べ物 イネ科など植物の種子を中心に、パンくずやご飯粒など人の食べこぼしも食べる。繁殖期には昆虫の幼虫をひなに与えて子育てする。

3 4 春 5 6 7 夏 8 9 10 秋 11 12 1 冬 2

スズメあるある

いろいろな隙間を巣に利用するが ツバメの巣を乗っ取ることも

動画

民家の隙間、電柱や信号機、橋など、穴や隙間があれば巣として利用する。ツバメ(p.240)やコシアカツバメ(p.243)、イワツバメ(p.244)の巣を乗っ取ることもある。

住宅地を忙しく飛びまわる。

使われなくなった排水口を利用。

電柱まわりは営巣できる隙間が豊富。

まん丸なふくら雀は豊かさの象徴だった

この身近な鳥は、古(いにしえ)より愛でられてきた。とりわけ冬の寒さで、羽毛をふくらませて丸くなったようすは「ふくら雀」と呼び親しまれる。ふっくらした姿は豊かさを象徴する縁起物とされ、漢字では「福良雀」「福来雀」などと表記。着物の帯にも「ふくら雀」という結び方があり、豊かな生活を祈念するものとされる。

♪ 鳴き声

● **地鳴き** 「チュン、チュン」「チュビ、チュビ」「ギュイ、ギュイ」など。
意外にいろいろな声で鳴く。「チュ、チュイ、チュ、チュイ」という鳴き方や「チュチュチュチュチュ」と連続した鳴き方をすることも。

音声

〈地鳴き〉

水浴びだけじゃなく砂浴びも大好き

他の鳥のように水浴びもするが、砂浴びも好む。水浴びや砂浴びは、羽についた寄生虫などを取り除き、きれいに保つための行動だ。水浴びのあとは、日光浴。ペタッと伏せて羽毛を乾かすようすは、なんともかわいらしい。

水浴び中のスズメ。

砂浴びも集団で！

クスノキの樹皮にぺたっと張りついて羽毛を乾かす。

翼を広げて日光浴。

樹木の果実を採食し花蜜をなめる

種子を中心にいろいろなものを食べるが、木の実も大好き。ときには花蜜をなめることも。

ナンキンハゼの実は脂肪分を多く含み、
エネルギーが豊富な冬の食べ物。

アカマツの松ぼっくりから種子を取り出して食べる。

6月は昆虫が豊富な時期だが、
実ったジューンベリーも採食。

サクラの花の根元をかじって盗蜜。メジロや
ヒヨドリとは異なり、蜜をうまくなめられないので、
少々お行儀が悪い。

人気スポット

キセキレイ ［黄鶺鴒］

スズメ目セキレイ科セキレイ属
［学名］*Motacilla cinerea*
［英名］Grey Wagtail

● 姿勢 横向き ● 行動位置 地上 ● 季節性 漂 留 ● 大きさ 20 cm

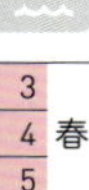

月	季節
3 4 5	春
6 7 8	夏
9 10 11	秋
12 1 2	冬

渓流で長い尾羽を振る黄色い鳥

どんな鳥? 尾羽が長いセキレイ類で、「黄色いセキレイ」の名前の通り、鮮やかな黄色の羽をもつ種。水辺にいることが多い。

どこにいる? 九州以北に分布し、山地の河川や渓流、山地の湖沼、農耕地などに生息する。冬は平地の河川や都市公園へ移動して越冬。寒さが厳しい地域の個体は、冬に暖地へ移動する。南西諸島では冬鳥。

観察時期 1年中見られる。繁殖期は山地の岩の隙間などのほか、橋げたや人工建造物の隙間、樹上などに営巣して子育てする。

外見 都市部で見られるのは冬羽。雌雄とも頭部から背が灰色で、白い眉斑と顎線がある。翼と尾羽は黒く、翼には白い線があり、尾羽の外側は白い。胸から下面にかけては白く、淡い黄色みを帯びる。下尾筒は鮮やかなレモン色。嘴は黒く、足は肉色。夏羽では、雌雄とも胸から下面にかけてのレモン色が濃く、より鮮やかになり、オスの喉が黒くなる。

食べ物 水辺を歩いて、水生昆虫を捕食したり、空中へ飛び上がって飛んでいる虫を捕らえる。

キセキレイあるある

胸の黄色がチカチカ光る!?

動画

おもに地上で行動し、尾羽を上下に振りながら歩くのはセキレイ類共通の行動で、食べ物を探しながら、とことこ歩いたり、急に方向を変えたり走ったりする。オスが尾羽を振りながら歩くとき、胸の鮮やかな黄色が点滅するように光って見えることがある。メスへのアピールになるのかもしれない。

車の進行方向に飛ぶ? まるで道案内するかのよう

林道などを車で走っていると、路上にこの鳥がいて逃げることがある。なぜか車の進行方向に飛んで逃げることが多いので、路上に降りては車が接近すると逃げる、ということを繰り返す。まるで鳥に道案内されているようで、なんだか楽しい。

セキレイは波形に飛ぶ

大きな波形を描いて飛ぶのも、セキレイ類共通の特徴。「チチッ、チチチッ」と鳴きながら飛ぶことが多く、ハクセキレイ(p.322)よりも高く、乾いた声。同種や他種と争うなどして、複数の個体があちこち波を描くように飛びまわるようすはおもしろい。

♪鳴き声

● さえずり
高いところにとまり「チチチチチ」と鳴き、間を置いてから「ツリツリツリ」と鳴くことを繰り返す。地上で「チチチ、ツツツ、ツリツリ、ピヨピヨ」と複雑に鳴くことも。

● 地鳴き
「チチチッ、チチチッ」と鳴く。他に「フイ、フイ」など。

〈さえずり▶地鳴き〉

セキレイ科

ハクセキレイ［白鶺鴒］

スズメ目セキレイ科セキレイ属
［学名］*Motacilla alba*
［英名］White Wagtail

● 姿勢 横向き
● 行動位置 地上
● 季節性 留
● 大きさ 21 cm

尾羽を振りながら街中をうろつく身近なセキレイ

どんな鳥？ 市街地で見かける野鳥のひとつで、尾羽を振りながら地上をとことこ歩く。駐車場や商店街の店の前などにもよく見られる。

どこにいる？ 全国に分布する留鳥。市街地や都市公園、農耕地、川の岸辺などに生息し、ほぼ全国で繁殖。軒下や草地などに営巣する。

観察時期 1年中見られる。秋口から春にかけて集団でねぐらをとる。

外見 亜種ハクセキレイの典型的な個体は、額から眉斑、頬が白く、頭頂から後頭にかけては黒い。黒い過眼線があり、喉から胸にかけても黒い。体下面は白く、尾羽は黒い。オスの背は夏羽で黒く、冬羽では灰色になる。メスは背が灰色で、頭頂は夏羽で黒く、冬羽では灰色になる。羽色は亜種や個体差によって異なる。近縁種のセグロセキレイ(p.324)はふつう、頬が黒いのに対して本種は白い。セグロセキレイは砂れき地のような河原に固執するが、本種は河川を一時的に利用するのみ。

食べ物 地上を歩いて昆虫やクモ、土壌動物を捕食し、飛び上がって空中で昆虫を捕らえる。市街地では地上を歩きながら、人の食べこぼしも食べる。

月	季節
3	春
4	
5	
6	夏
7	
8	
9	秋
10	
11	
12	冬
1	
2	

ハクセキレイあるある

緩急つけて虫をゲット！

尾羽を上下に振りながらとことこ歩いていたかと思えば、急に方向を変えてダッシュするといった、緩急つけた動きをして虫を捕らえる。空中に虫がいる場合は、飛び上がってフライングキャッチ！　繁殖期は虫をたくさんくわえて幼鳥へ運ぶが、ハエやアブなどをくわえていることが多い。

動きに変化をつけて…

虫を捕らえる。

人をあまり怖がらずコンビニ鳥として有名!?

尾羽を振りながら街中を歩きまわり、さほど人を恐れない。とくにコンビニエンスストアの前やゴミの集積所など、人の食べこぼしが落ちているところで姿を見かける。

街を歩きまわる姿がよく見られる。

駅前などでねぐら入りをウォッチしよう！

動画

非繁殖期に市街地の駅前の街路樹などに、集団でねぐらをとる。木の下に白い小さなフンが多数落ちているのが、ねぐらの木のサイン。夕方になると、ねぐらにする木の周囲のビルの屋上などに次々に姿を現し、ねぐらに飛び込んでいく。その数は想像を上まわり、どこからこんなに集まってくるのだろうと驚かされる。ねぐらで眠っている鳥をおどかさないよう、そっと観察しよう。

夕暮れどき、ビルの上に集合。

集団でねぐらに入る。

● **さえずり**　高いところで「チュビ」とひと声鳴いてから間を置き、「フィ」や「ジュリン」と鳴く。地上で「チュビ、チュビ、ピュイピュイ、ジュージュー、キチンキチン」など早口で複雑に鳴く。

● **地鳴き**　波形に飛びながら「チチン、チチン」と鳴く。キセキレイ（p.320）よりもやや低く、湿った音に聞こえる。

〈さえずり▶地鳴き〉

セキレイ科

セグロセキレイ［背黒鶺鴒］

スズメ目セキレイ科セキレイ属
［学名］*Motacilla grandis*
［英名］Japanese Wagtail

● 姿勢 横向き
● 行動位置 地上
● 季節性 留
● 大きさ 21 cm

3 4 5 春
6 7 8 夏
9 10 11 秋
12 1 2 冬

漆黒の背が美しいセキレイ

どんな鳥？ 河川や湿地にすむ白黒ツートーンのセキレイ。深みのある漆黒の羽衣が美しい。分布の大半は日本だが、一部は韓国にも生息する。

どこにいる？ 九州以北に分布する留鳥で、平地から山地にかけての河川や湖沼、水田などに生息し、単独かつがいでいることが多い。小石が転がる河川敷や砂れき地のような環境を好む。ただ、地域によっては市街地の公園にすんでいて、駐車場やグラウンドを歩いていたりもする。河原の石の間や草の根元、建物の隙間などに営巣する。

観察時期 1年中見られる。冬は群れでヨシ原などにねぐらをとる。

外見 雌雄ほぼ同色。頭部は黒く、額と眉斑は白い。体上面から尾羽、喉から胸にかけては深い黒色。体下面と脇、尾羽の外側は白い。メスは上面が灰色みがかる。類似種のハクセキレイ(p.322)も頭頂が黒く、夏羽では胸や背も黒いが、見分けるのは容易。ハクセキレイの頬が白いのに対して、本種は黒い。ハクセキレイは河川の中下流や市街地にすみ、本種とは鳴き声が異なる。

食べ物 水生昆虫や小魚、空中を飛んでいる昆虫を捕食する。

歩きながら昆虫や水生生物を見つける「足で稼ぐ狩り」

動画

尾羽を上下に振りながら、川の浅瀬を歩きまわり、昆虫や水生生物を探す。石についている水生昆虫や川底に潜っているミミズのなかまも巧みに見つけて捕食。ときには水中に頭を突っ込み、小さな魚を捕らえることもある。

生き物を求めて水辺をさまよう。

小さな貝のようなものを発見！

ミミズのなかまを捕食。

水中を覗いて探索中。

ハゼのなかまを捕らえた。

闇のように黒い「漆黒」の魅力

本種の深みのある黒色は、まるで漆を重ねて塗った漆器のようだ。韓国など一部を除けば、分布はほぼ日本のみだからというわけではないが、和の魅力を感じるシックな美しさがある。

太陽の光のもと黒が引き立つ。

♪鳴き声

● さえずり

「ジュルジュ、ツィツィツィ、ピーピー、ピュルピュル」などと鳴く。

● 地鳴き

「ジュー」「ビュー」「ジュジュー」と濁った声で鳴く。類似種のハクセキレイの「チチン、チチン」という鳴き声とは異なる。

音声

〈さえずり▶地鳴き〉

ビンズイ［便追］

スズメ目セキレイ科タヒバリ属
［学名］*Anthus hodgsoni*
［英名］Olive-backed Pipit

姿勢	行動位置	季節性	大きさ
横向き	地上	漂	15cm

森にすむ緑色がかった羽色のセキレイ

どんな鳥？ 松林や亜高山帯の針葉樹林にすむ、緑色がかった褐色のセキレイ。さえずりの鳴き終わりが「ビン、ビン、ズィー、ズィー」と聞こえることから、和名が名付けられたといわれる。

どこにいる？ 北海道、本州、四国に分布する漂鳥。繁殖期は山地の針葉樹林や草原などにすむ。冬は平地へ移動し、アカマツ林のような環境に好んで生息する。越冬期は数羽の群れで行動することが多い。

観察時期 繁殖地では４～５月ごろに確認され、初夏から夏にかけて子育てする。平地の越冬個体は11月ごろから３月ごろまで見られる。

外見 雌雄同色。頭部から上面にかけては緑褐色で、黒い縦斑がある。顔には白い眉斑、耳羽に白斑。胸から体下面にかけては白く、黒い縦斑がある。類似種のタヒバリ(p.328)の耳羽には白斑がなく、河原や堤防、農耕地など、より開けた環境に生息する。

食べ物 尾羽をゆっくり上下に振りながら林の地上を歩き、昆虫やミミズなどを捕食したり、種子を採食する。マツの実をよく食べる。

月	季節
3	春
4	春
5	春
6	夏
7	夏
8	夏
9	秋
10	秋
11	秋
12	冬
1	冬
2	冬

ビンズイあるある

目立つ場所にとまり、さえずり飛翔する

繁殖期のオスは山地林の木の枝や梢、岩の上など目立つ位置にとまり、飛び上がってさえずり、再びとまる行動を見せる。セキレイ類らしく、採食時は尾羽を振りながら地上を歩く。

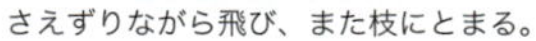

さえずりながら飛び、また枝にとまる。

冬は平地でも観察できる

繁殖期は山地に生息するが、非繁殖期には移動し、平地で越冬する。都市公園にも飛来し、とくにマツの実を目あてにアカマツ林にいることが多い。タヒバリほど開けた環境は好まないが、茂った林の中にもいない。その中間的な疎林を好むようだ。

松林に尾羽を振って歩く小鳥がいたら要チェック！

地鳴きの濁った声はセグロセキレイに似る

本種は、高く金属的な音で「フィ」と鳴くほか、「ジー」「ビー」などと濁った声で鳴く。この濁った声は、セグロセキレイ(p.324)が飛びながら鳴く声に似ている。

繁殖期には目立つ位置によくとまる。

♪ 鳴き声

● **さえずり**　「チュルチュビチュルツツ、ピピュリピュリ、チュチュリチュチュリ」などとヒバリ(p.234)に似た複雑な鳴き方をし、鳴き終わりに「スィー、スィー、スィー」などと鳴く。

● **地鳴き**
高い「フィ」という声や「ジー」などの濁った鳴き声。

音声

〈さえずり▶地鳴き〉

セキレイ科

タヒバリ［田雲雀］

スズメ目セキレイ科タヒバリ属
［学名］*Anthus rubescens*
［英名］Buff-bellied Pipit

● 姿勢

横向き

● 行動位置
地上

● 季節性
冬

● 大きさ
16 cm

土の色にまぎれるセキレイのなかま

どんな鳥? 周囲に溶け込んで目立たない羽色のセキレイで、胸に縦斑がある。農閑期の畑などにいると、見つけにくい。ビンズイ(p.326)に似るが、本種のほうがより開けた環境を好む。

どこにいる? 全国に飛来する冬鳥で、農耕地や河原、海岸など開けた環境に生息する。春に繁殖地である北へ渡っていく。

観察時期 11月ごろに飛来し、春まで越冬する。日中は数羽の群れで行動することが多い。大きな群れになってねぐら入りする。

外見 雌雄同色で、頭部から上面にかけては褐色。頭部には白い眉斑があり、明瞭さには個体差がある。黒くて太い顎線があり、胸から下面にかけては白く、黒い縦斑が目立つ。近縁種のビンズイは上面が緑みがかり、耳羽に白斑がある。生息環境も本種と異なり、アカマツ林のような明るい林を好み、農耕地のような開けた環境にはふつう出てこない。

食べ物 尾羽を振りながら地上を歩きまわり、昆虫やクモ、土壌動物などを捕食したり、植物の種子を採食する。

月	季節
3	春
4	春
5	
6	夏
7	夏
8	
9	秋
10	秋
11	
12	冬
1	冬
2	

草原から海岸までさまざまな環境に生息

本種は開けた環境を好み、草原や農耕地、河原、海岸など、いろいろな環境に生息する。この生息環境を頭に入れておけば、ビンズイとの見分けで悩むこともない。

冬枯れの草原。

人造湖の石積みの堤防。

石が転がる河原。

海岸の岩場。

ここにいたのか！ 飛んでから存在に気づく

名前の由来は「田んぼにいるヒバリに似た鳥」からだが、ヒバリ類ではなくセキレイ類で、尾羽を振って歩く。一見、地味に見える羽色は、じつは見事なカムフラージュ。地面にいると、なかなか存在に気づくことができない。冬の畑などで他の鳥を見ているとき、知らずに近づき、飛ばしてしまうことも。鳴きながら飛び去る姿を見送って初めて、この鳥の存在に気づくことになる。

環境になじんで見つけにくい。

♪ 鳴き声

● **地鳴き**

「ピィッ」「ピピピピ」と鳴き、
とくに飛び立つときによく鳴く。

● **さえずり**

冬鳥なので国内では
聞けない。

〈地鳴き〉

アトリ［花鶏］

スズメ目アトリ科アトリ属
［学名］*Fringilla montifringilla*
［英名］Brambling

● 姿勢 横向き
● 行動位置 地上 樹上
● 季節性 冬
● 大きさ 16cm

ときに数万羽という大群になる冬鳥

どんな鳥? 橙色の羽が目立ち、植物の種子を好むスズメ大の冬鳥。渡来数はその年によって大きく変わり、多いときには万を超える大群になる。多数「集まる鳥」が「あつとり」と変化したのが名前の由来という説がある。

どこにいる? 全国に飛来し、山地林から農耕地に生息する。西日本に比較的多い。飛来数が多い年は、都市公園でも見られる。

観察時期 10月ごろ飛来する冬鳥。食べ物を求めて群れで移動し、春まで越冬する。離島などでは春の渡りの途中、夏羽の個体も見られる。

外見 冬羽のオスは、頭部から上面にかけては橙褐色と黒のまだら模様。喉から胸にかけてと、翼の一部が橙色。腹から下尾筒にかけては白く、脇は橙色で黒斑がある。メスは全体にオスよりも淡く、頭部は灰褐色。雌雄とも嘴はとがった形で黄色く、尾羽はM字形の凹尾。オスの夏羽は、頭部から背が光沢のある黒。

食べ物 ケヤキやシデ類、イロハモミジなどの種子を好む。春先にはアブラムシなど昆虫を捕食するようすも見られる。

3 4 春 5 6 7 夏 8 9 10 秋 11 12 1 冬 2

アトリあるある

冬季は植物の種子が頼みの綱！

動画

都市公園などにやってくるときは、数十羽程度の群れであることが多い。食べ物の少ない越冬期、公園樹に残っている種子を求めて行動する。

イロハモミジの翼果は毎年多く残っている。

アカシデやイヌシデの翼果も食べる。

樹上に実がなくなると、地上に落ちた種子を採食。

イロハモミジの葉が展開して赤い花が咲くと、アブラムシなどを捕食。

集まって巨大な群れになる

小規模の群れが次々に合流して大群となり、ねぐら入りする。飛来数が多い年には万を超える大群が巨大な渦となって、ねぐらとなる林へ飛んでいく。「集まる鳥」と呼ばれるのも納得だ。

巨大な群れが空を覆い尽くす。

アトリだらけとなったねぐらの林。

● 地鳴き
飛翔中などに「キョキョキョ」とやわらかく鳴き、とまっているときなどに「ギュイー」「ジュイー」と力強く鳴く。

● さえずり
冬鳥なので国内では聞けない。春先にぐぜることがあるが、はっきりしたさえずりには聞こえない。

音声

〈地鳴き〉

アトリ科

シメ［鶍］

スズメ目アトリ科シメ属
［学名］*Coccothraustes coccothraustes*
［英名］Hawfinch

●姿勢 やや立つ ●行動位置 樹上 ●季節性 冬 ●大きさ 19cm

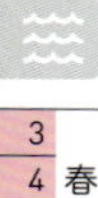

太い嘴でずんぐり体型だがコワモテのルックス

どんな鳥？ 太く先端が鋭くとがった嘴をもち、目つきが鋭い鳥。そんなコワモテの見かけ通りに気性が荒く、街路樹や餌台ではほかの鳥を追い払い、食べ物を独占するようすが見られる。

どこにいる？ 本州中部以北の山地林で局地的に繁殖する個体がいるが、多くは国外から飛来し、全国に分布する冬鳥。平地から山地の林に生息し、都市公園でもふつうに見られる。

観察時期 都市公園では10月下旬ごろから４月後半まで観察できる。

外見 雌雄ほぼ同色。オスの頭部は褐色で赤みがあり、目先と喉は黒い。後頭、胸以下の体下面はベージュ色。背と上尾筒はこげ茶色で、翼は白黒こげ茶色、紫紺色で、次列風切は青く先端が角張る。メスは頭部の赤みや目先の黒色が淡く、次列風切の角張る部分は淡い灰色。雌雄とも嘴は太く、先端がとがる。冬は肉色だが、繁殖期には鉛色になる。

食べ物 繁殖期は昆虫を捕食するが、越冬期は木の実を食べる。樹上に実がなくなると、地上で落ちた実を採食する。

3 4 春 5 6 7 夏 8 9 10 秋 11 12 1 冬 2

「ピチッ」ではなく「パキッ」と聞こえたら…

動画

地鳴きは「ピチッ」という鳴き声だが、「パキッ」という音が聞こえることがある。これは、太い嘴で堅い種子をかみ砕くときの音。嘴は、堅い種子をすりつぶして食べるのに適している。エノキやイロハモミジ、ナナカマドの実など、なんでもかみ砕いてしまう。樹上から聞こえてくる「パキッ」という音に耳を澄ませるのもおもしろい。

ナナカマドの赤い果実。しばしば他の鳥を追い払う。

樹上に残って堅くなったエノキの実を採食。

届かない実に対しては、飛び上がって採食する。

イロハモミジの翼果も食べる。

地上に降り、落ちた実を採食する。

● **地鳴き**

「ツィー」「ピチッ」「ピチチッ」など。声で存在に気づくことが多い。飛翔時は「キーン」などという声で鳴くこともある。

● **さえずり**

国内ではそれとわかるさえずりは聞けない。

〈地鳴き〉

イカル［桑鳲］

アトリ科

スズメ目アトリ科イカル属
［学名］*Eophona personata*
［英名］Japanese Grosbeak

● 姿勢　やや立つ
● 行動位置　樹上
● 季節性　留
● 大きさ　23cm

澄んだ声と黄色い大きな嘴が特徴

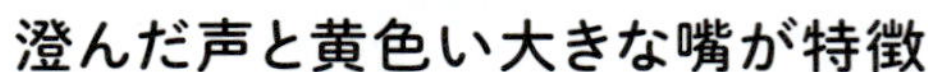

どんな鳥？ 鮮やかな黄色い嘴が目立つアトリのなかま。この太い嘴で堅い種子を砕いて食べる。さえずりは澄んだ美しい声で、山野に響き渡ると、ひとときの喜びを感じる。

どこにいる？ 九州以北に分布する留鳥。郊外から山地の林で繁殖し、冬は平地へ移動。冬には都市公園でも見る機会があるが、どちらかというと郊外の公園、丘陵地帯や低山の林などに多く、群れで行動する。

観察時期 繁殖地の林では１年中。市街地の公園では冬に不定期に見られるが、個体数が多い年は群れで越冬し、４月ごろまで見られる。

外見 雌雄同色で、頭頂から顎にかけては濃紺で光沢がある。嘴は黄色で、太くて大きい。後頭や頬以下の体上下面は灰色。翼は黒くて白斑があり、光沢のある青色の部分がある。

食べ物 繁殖期は昆虫を捕食するが、非繁殖期はおもに木の実を採食。シメ(p.332)と同様に、樹上に残って堅くなった実も太い嘴ですりつぶして食べる。樹上に実がなくなると地上に降り、落ちている実を採食。

月	季節
3	春
4	春
5	春
6	夏
7	夏
8	夏
9	秋
10	秋
11	秋
12	冬
1	冬
2	冬

この太い嘴で堅い種子も砕く！

動画

シメと同じように強大な太い嘴をもち、堅い種子もバキバキ砕いて食べる。樹上に残って堅くなり、他の鳥が見向きもしなくなった実も、しっかりいただいてしまう。

翼を広げると白斑が目立つ。

トウカエデの実をまとめて採食。

樹上に残ったエノキの実を発見。

ムクノキの実も食べる。

地上に落ちた実をゲット。

地鳴きのあとにさえずることが多い

本種の「ギョッ、ギョッ」という地鳴きは、キツツキ類の「キョッ、キョッ」という鳴き声にやや似ているが、慣れると聞き分けられる。地鳴きの直後にさえずることが多いので、地鳴きが聞こえたら、澄んださえずりを期待して耳を澄ましてみよう。

● さえずり
澄んだ声で「キーコーキー」と鳴く。

● 地鳴き
「ギョッ、ギョッ」などと鳴く。

音声

〈さえずり▶地鳴き〉

ウソ［鷽］

スズメ目アトリ科ウソ属
［学名］*Pyrrhula pyrrhula*
［英名］Eurasian Bullfinch

● 姿勢　やや立つ
● 行動位置　樹上
● 季節性　漂
● 大きさ　16 cm

繊細な音色の「口笛」が魅力

どんな鳥？ ころっとした丸みのある体型の小鳥。「フィ、フィ」というやさしい鳴き声で、樹上にいることに気づくことが多い。その声が口笛のようなので、口笛を意味する古語「うそ」と名付けられた。

どこにいる？ 本州中部以北の亜高山帯、北海道の平地から山地で繁殖し、冬季は南方や平地へ移動する漂鳥。国外から飛来する冬鳥もいて、冬は全国に分布。平地から山地の林に生息し、公園で見られることも。

観察時期 平地では11月ごろから４月ごろまで観察できる。

外見 オスは頭部が黒く、頬と喉は鮮やかな赤色。後頭から背にかけては青灰色で、翼と尾羽は黒い。胸以下の体下面は灰色。メスは頬がごく淡い淡紅色で、後首は灰色。喉以下の下面と背が茶褐色で、腰から下尾筒にかけては白い。雌雄とも嘴は短くて太く、丸みがある。この嘴は、堅い種子をすりつぶして食べるのに適している。

食べ物 繁殖期は昆虫を捕食するが、それ以外の季節は、植物の実や種子、芽などを食べる。

ウソあるある

いろいろなものをすりつぶす

動画

リョウブの実をよく食べるが、イロハモミジやイチイ、ニシキギ、ツリバナ、ツルウメモドキなど多様な樹木の実を食べる。堅い種子はすりつぶして採食。新芽も好み、サクラの新芽をよく食べる。

リョウブの実を逆さまになって採食。

ニシキギの真っ赤な実をついばむ。

イイギリの果実を採食することも。

公園ではサクラ類の冬芽をよくかじる。

体の下面も赤いのは亜種アカウソ

体下面に赤みのあるオスを見かけることがある。これは国外で繁殖し、冬鳥として飛来する亜種アカウソ。頬と喉の色は輝きのある淡紅色で美しい。メスも喉にうっすら赤みがある。亜種ウソの群れに混じることがある。

● **さえずり**
地鳴きのような声だが
「フィフィ、フォ、フィフィ、フォ」など
節や抑揚をつけて鳴く。

● **地鳴き**
「フィ、フィ」と
やさしい口笛のような
音色で鳴く。

〈さえずり▶地鳴き〉

アトリ科

ベニマシコ ［紅猿子］

スズメ目アトリ科オオマシコ属
［学名］*Carpodacus sibiricus*
［英名］Siberian Long-tailed Rosefinch

● 姿勢 やや立つ
● 行動位置 草上 地上 樹上
● 季節性 冬
● 大きさ 15cm

身近な赤い鳥、名前の由来は猿の顔！

どんな鳥？ 鮮やかな紅色が美しいスズメ大の鳥。河原や公園でも見られ、冬に見られる赤い鳥の中では最も身近な種。顔のまん中が濃い赤色なのをニホンザルの顔に見立てて、「猿子（ましこ）」と名付けられた。

どこにいる？ 北海道と青森県では夏鳥、それより南では冬鳥。平地から山地までの河川敷、農耕地、湿地のある公園など開けた環境に生息。北国では草原や河川敷、湿地、原生花園などで繁殖する。

観察時期 11月ごろから３月ごろまで観察できる。繁殖地である北海道や青森県では４月ごろから。北海道では夏鳥だが越冬する個体も。

外見 冬羽のオスは頭部と喉が白っぽい淡紅色で、目先と嘴の周囲、胸から体下面は紅色。上面は淡紅色で黒い縦斑がある。翼は黒く、２本の白い帯が入る。尾羽も黒く、両端が白い。夏羽では体上面の紅色がより鮮やかになる。冬羽夏羽とも赤みの濃さは個体差がある。メスは全体に褐色で、背や胸に淡い縦斑。雌雄とも尾羽が長く、先端は浅い凹尾。

食べ物 繁殖期は昆虫を捕食。越冬期は草の種子を採食する。

月	季節
3	春
4	春
5	春
6	夏
7	夏
8	夏
9	秋
10	秋
11	秋
12	冬
1	冬
2	冬

ベニマシコあるある

草の種子を好む

林の中は暗く、草が生育しにくい。それに対して、本種のおもな生息環境である開けた草原では、さまざまな草が伸びる。秋冬には、本種の越冬に必要な草の種子が豊富になる。

河原でカワラヨモギの種子を食べる。

湿地に生えるセイタカアワダチソウの種子を採食。

食べ物が減る早春は落ちている種子も採食。

魅惑の赤いボディ

♪ 鳴き声

● **地鳴き**
「フィッ」「フィッポ」
「フィッポッポ」とよく鳴く。

● **さえずり**
朗らかな声で
「チュルチュルチュルリリリ」とさえずる。

音声

〈地鳴き〉

アトリ科

オオマシコ［大猿子］

スズメ目アトリ科オオマシコ属
［学名］*Carpodacus roseus*
［英名］Pallas's Rosefinch

● 姿勢 横向き
● 行動位置 樹上
● 季節性 冬
● 大きさ 17cm

赤い鳥では一番人気！

どんな鳥？ 冬に見られる赤い鳥で、人気の高い種。ベニマシコ(p.338)と異なり、ふつう山間部に生息する。

どこにいる？ 九州以北に飛来する冬鳥で、山地林に生息する。林の縁や林道の地上、草の上にいることが多い。北海道では平地の農耕地や河川敷などでも見られる。

観察時期 冬に飛来が確認されるのは、10月ごろから。その後、4月ごろまで観察できる。

外見 オスは全体に鮮やかな紅色で、光があたる角度によって、輝いて見える。額と喉は淡紅色。背には黒い縦斑がある。翼は黒く、ふちが白い。メスは褐色で胸から下面にかけて縦斑が目立つ。オスの若鳥は成鳥よりも赤みを帯び、メスのように縦斑が目立つ。尾羽の先端は凹尾で、類似種のベニマシコよりも体に対して短め。

食べ物 林縁や草原などで、おもにハギ類やタデ科、イネ科などの草の種子を好んで採食する。

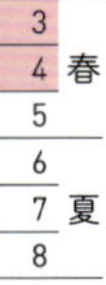
3 4 春 5 6 7 夏 8 9 10 秋 11 12 1 冬 2

オオマシコあるある

草の種子をおもに食べる

数羽から十数羽ほどの群れで行動する。ハギ類など草の種子を好み、ぶら下がってついばむ。地上に落ちた実も採食し、とくに実が少なくなる真冬は地上行動が顕著になる。

種子が実る草がある道沿いを探そう

食べ物が少ない冬の山間部で、植物の種子を採食して冬越しする。林道沿いなどでよく見かけるのは、種子が実っている草が生えているから。日があたらない林内には草が育たない。根雪がある場合も、道沿いから雪が溶けて、わずかな食べ物である植物が姿を現す。林縁で草が豊富な場所を探すのが出合いのコツ。

ヤマハギの種子を採食。

ハギ類の種子を好んで採食する。

雪の上に落ちた種子を食べる。

雪原から出ているアカザの種子をついばむ。

●地鳴き
金属的な音で「チッ」と鳴く。

●さえずり
冬鳥なので聞くことができない。

〈地鳴き〉

カワラヒワ ［河原鶸］

スズメ目アトリ科カワラヒワ属
［学名］*Chloris sinica*
［英名］Oriental Greenfinch

● 姿勢 やや立つ
● 行動位置 樹上
● 季節性 留
● 大きさ 15cm

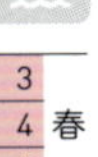

キリリコロロと鳴く身近なアトリ類

どんな鳥？ スズメ大のアトリのなかま。市街地の電線にとまる姿がよく見られ、繁殖期には街路樹で子育てすることもある。和名は河川敷でよく見かけることから名付けられた。

どこにいる？ 全国に分布する留鳥で、北海道では夏鳥。平地林から山地林、市街地、公園、河川敷、農耕地など、さまざまな環境に生息する。秋から冬にかけては数十から数百の群れになることも。

観察時期 1年中。秋冬には大陸から亜種オオカワラヒワが渡ってくる。体の大きさや羽色にわずかな差があるが、野外で区別することは難しい。

外見 オスは頭部から喉がオリーブ褐色で、目の周囲は黒っぽい。背と胸から腹にかけては茶色で、翼と尾羽は黒い。下尾筒と風切の基部は鮮やかな黄色。メスは全体にオスよりも羽色が淡く、頭部は灰色で目先はオリーブ褐色。雌雄とも嘴は淡紅色で太く、尾羽はM字形の凹尾、足は淡褐色。

食べ物 草の種子や木の実を採食し、真冬には地上に落ちた実などを、群れで採食する。ひなにも植物質の食べ物を与える。

月	季節
3 4 5	春
6 7 8	夏
9 10 11	秋
12 1 2	冬

カワラヒワあるある

樹上から種子が回転しながら降ってくる

動画

林を歩いていると、アカシデやイヌシデ、アキニレの翼果の翼が、回転しながら降ってくる場面に出合うことがある。耳を澄ますと、種子をかみ砕く「パチッ、パチッ」という音が聞こえることも。群れで翼果を採食しているサインだ。アトリ科共通の特徴として、堅い種子を砕いて食べやすい太い嘴をもつ。

逆さになってイヌシデの翼果をついばむ。

アキニレの種子を採食。

草の種子も大好き。

地上に落ちた種子を食べる。

実を食べていると思ったら…!?

種子だけでなく実も好み、サクラ類やジューンベリー（アメリカザイフリボク）なども採食する。しかし、よく観察してみると、実の中から種子を取り出して食べている。やはりお目あては種子なのかもしれない。

実の中の種子をもぐもぐ。

飛翔時は黄色が目立つ

とまっているときは地味な羽色に見えるが、翼を広げると風切と尾羽の基部の黄色がよく目立つ。この色がわかりやすく、遠くから群れが飛んでいるのを見ても、本種だとわかる。

飛ぶと翼の黄色がよく見える。

● さえずり
木の梢や電線にとまって「キリキリキリ、コロコロコロ、ビー、ビ――」などと鳴く。

● 地鳴き
「キリリ」「ピン、ピン」など。飛びながら鳴くことも多い。

音声

〈さえずり▶地鳴き〉

イスカ［交喙］

スズメ目アトリ科イスカ属
［学名］*Loxia curvirostra*
［英名］Red Crossbill

●姿勢 やや立つ
●行動位置 樹上
●季節性 冬
●大きさ 17cm

嘴の先端が交差している

どんな鳥？ 嘴の先端が交差しているのが最大の特徴。物事がくい違ってかみ合わないことを、昔から「鶍(いすか)の嘴(はし)のくい違い」と言い習わされてきた。この嘴の形状は、イスカの好物である松ぼっくりの中から種子を取り出すのに適している。

どこにいる？ 全国に飛来する冬鳥だが、北海道や本州中部の山地では局地的に繁殖し、周年生息する個体もいる。平地から山地にかけての球果(きゅうか)(松ぼっくり)が豊富な針葉樹林に生息する。

観察時期 10月ごろから４月ごろまで。ただし年によって飛来数に大きな差がある。山地に周年生息する個体はマツ類の球果が豊富になる真冬に繁殖。

外見 オスは全身が赤色で、目先は黒く、頬は褐色。翼と尾羽は黒い。メスは全身が緑を帯びた黄色で、頬と翼、尾羽は褐色。雌雄とも羽色や鮮やかさには個体差がある。嘴は先端が交差し、尾羽は凹尾。

食べ物 マツ類やハンノキなどの球果をこじ開け、種子を取り出して採食。ひなにも種子を与えて子育てする。

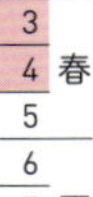
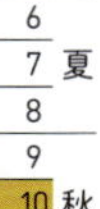
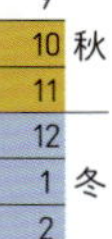

松かさを嘴で器用にこじ開ける

くい違って交差している嘴を駆使し、松かさを巧みにこじ開け、種子を取り出して食べる。嘴のつくりは、松ぼっくりを運ぶのにも役立っている。

松ぼっくりをゲット。

中の種子を取り出して食べる。

雪に閉ざされた寒冷地での水分補給は？

水をよく飲む。雪に閉ざされた寒冷地でも、水場を目ざとく見つける。雪を食べることで水分を補給することもある。

雪をついばむメス。

コンクリートを食べる!? 人工物で栄養補給

コンクリートの壁などをなめるという、一見不可解な行動を見せる。種子食では不足するミネラル類などの栄養分を補給していると考えられている。

コンクリートの擁壁をかじってミネラルを補給。

鳴き声

さえずり
「フィッフィッフィッフィッ、キョキョキョキョキョ」などとさえずる。

地鳴き
「キョキョキョキョキョ」「ピョッ、ピョッ」などと鳴く。採食中は鳴かない。

音声

〈さえずり▶地鳴き〉

アトリ科

マヒワ［真鶸］

スズメ目アトリ科マヒワ属
［学名］*Spinus spinus*
［英名］Eurasian Siskin

● 姿勢　横向き
● 行動位置　樹上
● 季節性　漂
● 大きさ　13cm

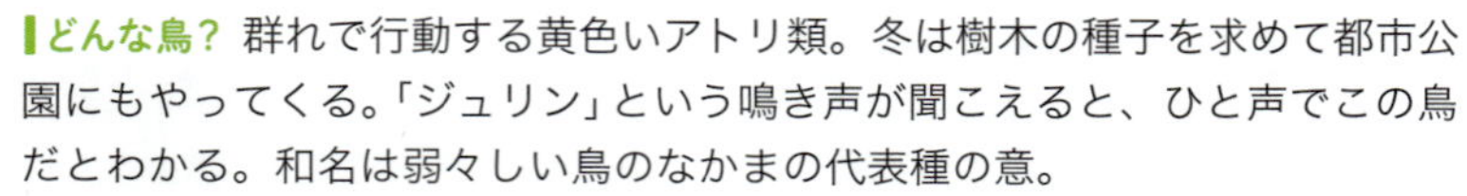

群れてにぎやかに鳴く黄色い鳥

どんな鳥？ 群れで行動する黄色いアトリ類。冬は樹木の種子を求めて都市公園にもやってくる。「ジュリン」という鳴き声が聞こえると、ひと声でこの鳥だとわかる。和名は弱々しい鳥のなかまの代表種の意。

どこにいる？ 本州中部以北で局地的に繁殖する漂鳥。山地の針葉樹林などに生息する。冬は平地の林にも飛来し、多い年には市街地にも出没。公園の林だけでなく、住宅地の庭木に来ることもある。

観察時期 平地で冬鳥として見られるのは11月ごろから。5月上旬まで見られる年もある。繁殖地の山地林では1年中見られる。

外見 オスは顔から胸までが黄色で、腹は白っぽく脇に縦斑がある。額から頭頂、目先、喉は黒い。背は緑がかった黄色で、淡い黒の細い縦斑がある。翼は黒く、太い黄色の帯がある。メスは全体に色が淡く、脇の褐色の縦斑が目立つ。雌雄とも尾羽の先端はM字形の浅い凹尾。

食べ物 冬はハンノキやカラマツなどの種子を採食し、春先には樹木の新芽や花の隙間に潜む小さな昆虫を捕食する。

3 4 春 5 6 7 夏 8 9 10 秋 11 12 1 冬 2

マヒワあるある

種子が大好き！ 公園樹のカツラから民家に植えられたサルスベリまで

動画

繁殖期以外は、樹木や草の種子を好んで食べる。

カツラの実をついばむ。

ハンノキの松ぼっくりから種子を取り出して食べる。

カツラの果実を群れで採食。

民家に植えられたサルスベリの種子も。

住宅地では電線や人工物にもとまる。

新芽や花の隙間にいる虫をゲット

動画

春先は、イロハモミジの新芽や花、コナラやイヌシデの雄花を頻繁に訪れる。じつは食べているのは花や新芽ではなく、隙間にいる小さな昆虫である。

イロハモミジの新芽の隙間にいる虫を採食。

嘴を器用に使ってイヌシデ雄花の隙間を広げる。

花の隙間から虫をつまみ出した。

コナラの雄花をよく訪れる。

● **さえずり**
「ジュイジョイジュルジュルジュイー」のようにさえずる。

● **地鳴き** 群れで「ニィ」「ニャ」「ジュク」などの声を一斉に出し、ガヤガヤにぎやかに鳴き、「ジュリン」と聞こえる声を交える。あるいは単独で「ジュイーン」と鳴く。

音声

〈地鳴き〉

ホオジロ［頬白］

スズメ目ホオジロ科ホオジロ属
［学名］*Emberiza cioides*
［英名］Meadow Bunting

●姿勢 やや立つ
●行動位置 草上 地上
●季節性 留
●大きさ 17cm

草原の小鳥の代表格で頬は黒い

どんな鳥? 草原の代表的な小鳥で、名前に反して頬は黒い。草の上、木の梢、電線など、目立つ位置にとまり、繰り返しよくさえずる。さえずりは「一筆(いっぴつ)啓上仕り候(けいじょうつかまつりそろ)」と聞きなしされる。

どこにいる? 屋久島以北に分布する留鳥で、北海道では夏鳥。農耕地や河川敷、ヨシ原などさまざまな開けた環境に生息する。林道や農道など道の脇の地上や林縁にいることが多い。

観察時期 1年中見られる。北海道では夏鳥だが、越冬する個体も。

外見 オスの顔は白く、過眼線と頬は黒く、顎線とつながる。喉は白く、胸から腹にかけては茶褐色で斑がない。これはホオジロ類の他種と見分けるポイント。メスは顔と喉の白い部分が黄みがかり、オスの黒い部分は茶褐色。上面は雨覆や風切の縦斑が目立つ。雌雄とも尾羽は長めで両端が白く、赤褐色の腰と共に飛んだときによく目立つ。頭頂の羽毛を冠羽のように立てることがある。

食べ物 草の種子のほか、昆虫やクモなども捕食する。

目立つ場所にとまって堂々とさえずる

動画

春から秋にかけて河川敷や農耕地、里山を歩くと、ほぼ必ずといっていいほど、この鳥のさえずりが聞こえてくる。オスは草の上、木の梢、電線など、目立つ位置でよくさえずるので、天を仰いで力強くさえずる姿を観察しよう。動画では、近づいてくる虫をさえずりながら捕食する場面も。

逃げる姿の特徴から見分けてみよう！

道の脇などの地上で行動することが多いので、歩いたり車を走らせたりしていると飛ばしてしまうことが多い。飛び去る姿は、尾羽が長めで体型が細長い印象。腰から尾羽にかけて赤みがあるため、見慣れないうちは羽色が赤い鳥のようにも見えてどきっとする。尾羽両端の白が目立つのも特徴。

落ちている種子などを食べることが多い。

腰から尾羽の赤みが目立つ。

♪ 鳴き声

● **さえずり**
「チョッチョチョチョチュルルルチュチョチョ」などと抑揚をつけて高らかにさえずり、間を置いて同じ鳴き方を繰り返す。

● **地鳴き**
「チチッ」「チチチッ」と2音か3音で鳴くことが多い。

音声

〈さえずり▶地鳴き〉

ホオアカ［頬赤］

スズメ目ホオジロ科ホオジロ属
［学名］*Emberiza fucata*
［英名］Chestnut-eared Bunting

● 姿勢 やや立つ
● 行動位置 草上 地上
● 季節性 漂
● 大きさ 16 cm

頬の赤い斑が特徴のホオジロのなかま

どんな鳥？ 頬が赤っぽいホオジロ類。英名のChestnut-earedは「栗色の耳」を意味する。同属のホオジロ(p.348)と同じように、草原の草や低木の上など目立つ場所で繰り返しよくさえずる。

どこにいる？ 屋久島以北に分布し、東北以北では夏鳥。山地の草原、湿原など開けた環境で繁殖し、冬は平地の河川敷や農耕地に生息する。

観察時期 平地では11月ごろに確認され、春先まで越冬する。繁殖地では4月ごろに確認され、夏にかけて子育てする。

外見 雌雄ほぼ同色。夏羽では、頭部が青みのある灰色で、頬から耳羽が赤みのある栗色。喉は白く、黒い顎線が喉から胸にかけての太い縦斑とつながって、正面から見るとTの字形。胸の上部には赤茶色の帯があり、ネックレスのような形になる。下面は白く、脇と腹の一部に縦斑がある。上面は赤褐色で太くて黒い縦斑が目立つ。冬羽では全体的に赤みが淡くなり、褐色みを帯びる。嘴は灰黒色で、下嘴は肉色。

食べ物 昆虫やクモ、草の種子などを食べる。

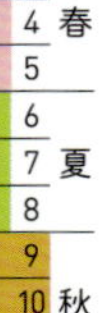

高原の目立つ場所でさえずる

動画

ホオジロと同様に、草原の目立つ位置でさえずるが、より標高の高い草原や湿原に多い。さえずりはホオジロに似ているが、やや抑揚が少なく、「チョピッ」という声が強調されて聞こえる。本種は野鳥写真を楽しむ人にとっては、美しい山野草の花の上でさえずる姿を狙える被写体のひとつだ。

低木や灌木の上でさえずるのを好む。

菜の花の黄色に映える。

ニッコウキスゲにとまってさえずる。

無意識フォトジェニック

♪ 鳴き声

● **さえずり**
「チョッ、チョピッ、チュルチュルチュ」などと繰り返しさえずる。ホオジロに似るが、抑揚が少ないように聞こえる。

● **地鳴き**
「ジッ」と鳴く。アオジ（p.356）の地鳴きに似ているが、やや「ピッ」「ピュッ」という音に聞こえる。

音声

〈さえずり▶地鳴き〉

ホオジロ科

カシラダカ［頭高］

スズメ目ホオジロ科ホオジロ属
［学名］*Emberiza rustica*
［英名］Rustic Bunting

●姿勢 やや立つ 
●行動位置 地上 
●季節性 冬
●大きさ 15cm

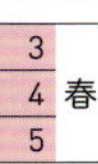

短い「とさか」をもつホオジロ

どんな鳥? 和名は短めの冠羽をもつことから。冠羽は常に立っているわけではない。

どこにいる? 全国に飛来する冬鳥で、北海道では旅鳥、南西諸島ではまれ。河川敷や農耕地など開けた環境を好み、公園でも見られる。

観察時期 10月ごろ飛来して春まで越冬。春の渡りで夏羽に換羽した個体が見られることも。

外見 雌雄同色で、頭頂には短い冠羽があり、白い眉斑が目立つ。脇に赤茶色の縦斑がある。夏羽のオスは頭部が黒くなる。

食べ物 植物の種子を採食する。

渡りのきっかけは日照時間

春の渡りでは日照時間が12時間より長く、秋の渡りでは12時間より短くなると、渡りの衝動が起き、せわしなく動きまわる。

3	春
4	
5	
6	夏
7	
8	
9	秋
10	
11	
12	冬
1	
2	

鳴き声

●**地鳴き**
こもった響きのある「チョッ」という声。

●**さえずり**
冬鳥なので聞く機会はまれ。春先などに「ピュイリピュリピーピーチュルチュ」など。

音声
〈地鳴き▶さえずり〉

ミヤマホオジロ ［深山頬白］

スズメ目ホオジロ科ホオジロ属
［学名］*Emberiza elegans*
［英名］Yellow-throated Bunting

● 姿勢 やや立つ
● 行動位置 地上 草上
● 季節性 冬
● 大きさ 16 cm

「とさか」とレモン色が特徴

どんな鳥？ 冠羽をもち、頭部の黄色が目立つホオジロ。数羽で行動することが多い。

どこにいる？ 全国に飛来する冬鳥。西日本に多く、広島県や対馬では繁殖例も。開けた環境を好む種が多いホオジロ類だが、本種は林を好む傾向がある。おもに丘陵地から山地の林に生息し、平地林や都市公園で見られることも。

観察時期 10月ごろに飛来し、春まで越冬する。日本海側の島では春の渡りでも見られる。

外見 オスは頭部の鮮やかな黄色が目立つ。

食べ物 地上で植物の種子を採食する。

連続的なさえずり

冬鳥だが、春先に小声でさえずることがある。ほかのホオジロ類に似た声質。複雑なフレーズで連続的にさえずる。

♪ 鳴き声

● **地鳴き** 「チョッ」「チュッ」という声。

● **さえずり** 「ピューピュリリュリリュリピュリリュピュリ」など。

音声 〈地鳴き▶さえずり〉

春 3 4 5 / 夏 6 7 8 / 秋 9 10 11 / 冬 12 1 2

ホオジロ科

ノジコ［野路子］

スズメ目ホオジロ科ホオジロ属
［学名］*Emberiza sulphurata*
［英名］Yellow Bunting

●姿勢 横向き
●行動位置 地上 樹上

●季節性 夏
●大きさ 14cm

鮮やかな黄色のホオジロ類

どんな鳥？ 胸から腹にかけて、鮮やかなレモン色のホオジロ。和名の由来は野の道ばたで見られることからだが、この鳥に限ったことではない。日本でしか繁殖していない希少種。

どこにいる？ 本州中部以北に飛来し、低山から山地の水辺に隣接する林に生息する。茂った草むらと高木のある環境を好む。どちらかというと日本海側や東北に多く、北海道ではまれ。

観察時期 4月ごろに飛来する夏鳥。初夏から夏にかけて子育てし、10月ごろに渡っていく。

外見 オスは頭部から上面にかけてくすんだ黄緑色で、白いアイリングが目立ち、目先は黒い。喉から腹にかけては鮮やかなレモン色。メスは全体にオスよりも淡く、目先が黒くない。類似種のアオジ(p.356)は全体の色みが似るが、アイリングがないことではっきりと区別できる。

食べ物 おもに昆虫やクモを捕食し、越冬期はシソ科やタデ科など草本の種子も採食する。

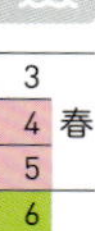

月	季節
3	
4	春
5	
6	
7	夏
8	
9	
10	秋
11	
12	
1	冬
2	

ノジコあるある

じっとしていられない？

枝の上をとことこと歩きまわる傾向がある。食べ物を探して歩きまわるのはもちろん、さえずりながら、歩いて移動することも。じっとしていられない性分なのだろうか。

とことこ歩いていたかと思うと…

おもむろにぱくっ！

©Masahiro Noguchi
さえずりながら、興がのってくると、動いちゃう？

雪国ならではのルール!?

多くの鳥はオスがなわばりをもってから、メスとつがいになって繁殖する。しかし多雪地帯におもな繁殖地をもつ本種は、渡来時に残雪があるので利用できる環境が限られる。そこで、つがい形成を先に行ない、雪が溶けて利用可能な環境が広がるにつれて、つがいで分散していくという説がある。

残雪が残る車道脇で採食。

♪鳴き声

● さえずり
朗らかな声で「チンチン、チョロリ、チョイチョイ」などとさえずり、鳴き終わりを下げたり上げたりして抑揚をつける。

● 地鳴き
アオジに似た「ジッ」という湿った声で鳴く。両種の声の区別は難しい。

音声

〈さえずり▶地鳴き〉

アオジ［青鵐］

スズメ目ホオジロ科ホオジロ属
［学名］*Emberiza personata*
［英名］Masked Bunting

● 姿勢 横向き ● 行動位置 地上 樹上 ● 季節性 漂 ● 大きさ 16 cm

都市公園でも見られる代表的な冬鳥のひとつ

どんな鳥？ ツグミ(p.286)やシメ(p.332)のように、身近な公園で見られる代表的な冬鳥。繁殖期には高原や山地林などで子育てする。

どこにいる？ 本州中部以北の高原や山地林で繁殖し、冬は平地へ移動して越冬する漂鳥。平地林、ヨシ原、都市公園などでふつうに見られる。北海道では夏鳥で、平地の草原や河川敷でも繁殖する。

観察時期 平地には10月ごろに飛来し、春まで越冬する。春に繁殖地へ移動し、初夏から夏にかけて子育てする。

外見 オスは頭部が黒みのある緑色で、目先の広い範囲が黒い。喉から体下面にかけては黄色で、胸や脇に黒い縦斑がある。上面は褐色で、黒く太い縦斑がある。メスは頭部が褐色で、黄色の頭央線、黒い頭側線、不明瞭な黄色い眉斑があり、黄みがかった白い顎線が目立つ。喉から体下面にかけての黄色はオスよりも淡いが、脇の黒い縦斑はより目立つ。

食べ物 繁殖期は昆虫やクモなどをおもに捕食し、越冬期は地上で植物の種子などを採食する。

月	季節
3	春
4	春
5	春
6	夏
7	夏
8	夏
9	秋
10	秋
11	秋
12	冬
1	冬
2	冬

アオジあるある

春先のぐぜりを楽しもう!

動画

ふつう、さえずりは繁殖地に行かなければ聞けないが、春先には茂みの中でよくぐぜるので、耳を澄ましてみよう。身近な公園でさえずりを聞くことができると、ちょっとした旅気分だ。さえずりはゆっくりしたテンポで、さえずりはじめに「チッチョー」などとややゆっくり鳴く傾向がある。

常緑樹の低木の中などでぐぜる。

頭の羽毛を立てることがある

ホオジロ属で冠羽が特徴といえばカシラダカ(p.352)が筆頭だが、本種も頭部の羽毛を立てることがある。写真は初夏に北海道の河川敷でさえずっていたときのもの。

渾身のぐぜり

♪鳴き声

●**地鳴き**　「ジッ」という強い声。クロジ(p.358)の地鳴きと似るが、本種の「ジッ」とやや濁った音で鳴くのに比べ、クロジは「ヂッ」とやや澄んだ高い音。

●**さえずり**　「チョッ、チョチー、チョルリリリ、ピチー」などと音を区切りながら、ゆっくりしたテンポでさえずる。

音声

〈地鳴き▶さえずり〉

ホオジロ科

クロジ［黒鵐］

スズメ目ホオジロ科ホオジロ属
［学名］*Emberiza variabilis*
［英名］Grey Bunting

● 姿勢 横向き
● 行動位置 地上
● 季節性 漂
● 大きさ 17cm

暗色の青みがかった灰色が絶妙な美しさ

どんな鳥？ ブルーがかった灰色のホオジロ類で、日本とサハリン、千島列島、カムチャッカ半島南部だけにしか分布しない東アジア特産種。和名は黒っぽいしとど（ホオジロ類の古語）、クロシトドが転じたもの。

どこにいる？ 北海道と本州中部以北の山地の落葉広葉樹林や亜高山帯の針葉樹林で繁殖し、冬季は南方や平地へ移動して越冬する漂鳥。越冬期は比較的暗い平地林に生息。市街地の公園で見られることも。

観察時期 春の渡りで市街地の公園で見られるのは４月ごろ。繁殖地へ移動し、初夏から夏にかけて子育てする。秋の渡りでは10月ごろに見かけることが多い。本州中部以南では越冬する。

外見 オスは全体に濃い青灰色で、下嘴と足の淡い肉色が目立つ。上面には黒い縦斑があり、風切は茶褐色。メスは全体に青灰色みが弱く、頭部の頭側線と頬を囲む線があり、こげ茶色。

食べ物 繁殖期は昆虫やクモなどを捕食し、越冬期は暗い林の地上で植物の種子などを採食する。

3 4 春 5 / 6 7 夏 8 / 9 10 秋 11 / 12 1 冬 2

地鳴きを頼りに茂みを探そう

春と秋の渡りでは、都市公園にも立ち寄る。年によっては越冬することもある。しかし、明るい場所にはあまり出てこない。アオジ(p.356)より高く澄んだ「ヂッ」という地鳴きが聞こえたら、茂みの中を覗いてみよう。食べ物を探して林床を動いているのを見つけることができるかもしれない。

地上で食べ物を探す。

目を凝らしてようやく見つけることができる。

水場で待っていると、出てきてくれることがある。

LEVEL ★★★★★

♪鳴き声

● **さえずり**
澄んだ声で「ホイー、チィチィ」「フィー、チュイチーチ」と前半を伸ばし、後半を止めるように鳴き、繰り返す。

● **地鳴き**
澄んだ高い音で「ヂッ」と鳴く。地鳴きが似ているアオジは、やや低く濁った音で「ジッ」と鳴く。

〈さえずり▶地鳴き〉

オオジュリン ［大寿林］

スズメ目ホオジロ科ホオジロ属
［学名］*Emberiza schoeniclus*
［英名］Common Reed Bunting

●姿勢 やや立つ 
●行動位置 草上 樹上
●季節性 漂
●大きさ 16cm

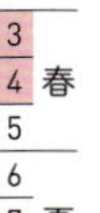

夏羽はくっきり、冬羽は枯れ草にまぎれる羽色

どんな鳥？ 繁殖期のオスは黒い帽子をかぶったような姿だが、メスや冬羽は地味な色合い。「チュリーン」という鳴き声が和名の由来。

どこにいる？ 北海道全域と東北地方北部の一部で繁殖し、冬季は南方の平地へ移動して越冬する。繁殖期はつがいで草原に、越冬期は河川敷や湿地のヨシ原などに小さい群れで生息する。

観察時期 平地には10月ごろに飛来し、春まで越冬する。繁殖地では４月ごろ飛来し、初夏から夏にかけて子育てする。

外見 冬羽は雌雄ほぼ同色。頭部は頭頂と過眼線、頬がこげ茶色。黄白色の眉斑と頬線と黒い顎線が目立つ。胸から下尾筒にかけてはうっすら褐色みのある白。胸と脇には茶褐色の縦斑。上面は灰色、褐色、赤みのある褐色で、黒く太い縦斑がある。オスは夏羽で頭部が黒くなり、頬の白斑が目立つ。体上面は赤褐色で、黒い縦斑が並ぶ。体下面は汚白色。メスの夏羽は冬羽を鮮やかにしたような色。

食べ物 昆虫や植物の種子を採食。越冬期はヨシの茎の中にいる虫を好む。

3 4 5 春
6 7 8 夏
9 10 11 秋
12 1 2 冬

オオジュリンあるある

ヨシ原から「パチパチ」という音が聞こえたら…

動画

ヨシの茎を上ったり下がったりしながら、皮を器用にむいたりはがしたりするようすが見られたら、中に潜んでいる昆虫を探しているしるし。茎に潜むカイガラムシなどの小さな昆虫を巧みに捕食する。「パチパチ」という茎をかじる音が聞こえてくるので、音を頼りに探してみよう。

ヨシの茎を割って虫を食べる。

ブラックバスによる捕食!?

本種と特定外来生物に指定されている魚類、オオクチバス（通称：ブラックバス）には直接的な関わりはないように思える。しかし、過去に東北地方の湖沼で捕獲されたオオクチバスの胃から、本種の死骸が発見されたことがあった。どういう経緯かはわからないが、生きていた個体、あるいは水辺に落ちた死体をオオクチバスが食べた可能性がある。

パキパキに夢中

♪ 鳴き声

● **地鳴き**

「ピュイ」「チュイ」「チューン」「チュリーン」などと鳴く。

● **さえずり**

「チュ、チ、チ、チュイ、ビィ」など1音ずつ区切ってゆっくり鳴き、抑揚をつけながら繰り返し鳴く。

音声

〈地鳴き▶さえずり〉

外来種

コブハクチョウ［瘤白鳥］

カモ目カモ科ハクチョウ属
［学名］*Cygnus olor*
［英名］Mute Swan

● 姿勢 横向き
● 行動位置 水上
● 季節性 留
● 大きさ 152cm

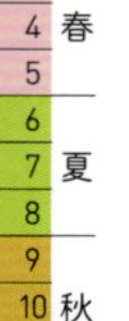

3 4 5 春
6 7 8 夏
9 10 11 秋
12 1 2 冬

戦前に一度記録があるだけの外来鳥

どんな鳥？ 嘴の根元にこぶがあるハクチョウ。野生下では1933年に八丈島で捕獲された個体のみで、現在、全国各地に分布するのは飼育鳥が野生化した外来鳥。

どこにいる？ 北海道から九州まで全国各地に分布する。冬の使者のコハクチョウ、オオハクチョウ(p.34〜35)と異なり留鳥。湖沼や河川などに周年生息し、ふつう大きな移動はしない。

観察時期 年間を通して見られる。春夏に身近な公園などの水辺にハクチョウがいれば本種だ。

外見 雌雄同色で、体は白い。橙色の嘴の根元に黒いこぶがある。オオハクチョウより大きく、飛べる鳥としては最重量級。

食べ物 水生植物を採食する。

鳴かないハクチョウ

本種は英名Mute Swan（無言のハクチョウ）の通り、まれにしか鳴かない。陸上にいる個体に近づいたときに「シュー」と威嚇の声を出されたことがある。

♪鳴き声 「グワー」「シュー」「ウー」など。

音声

コジュケイ［小綬鶏］

キジ目キジ科コジュケイ属
［学名］*Bambusicola thoracicus*
［英名］Chinese Bamboo Partridge

● 姿勢 横向き
● 行動位置 地上
● 季節性 留
● 大きさ 27 cm

野山に響く「ちょっとこい」

どんな鳥？ ずんぐりした体型で、ハトよりやや小さな鳥。やぶからなかなか出てこない。

どこにいる？ 20世紀前半に放鳥された外来鳥で、本州、四国、九州に分布する。本来の分布は中国南東部。平地や低山の林、隣接する草地、農耕地などに数羽の群れで生息する。

観察時期 年間を通して見られる留鳥。

外見 雌雄同色。体上面は赤褐色の斑が多数あり、体下面は黄褐色でこげ茶色の斑がある。

食べ物 地上を歩いて昆虫やミミズなどの土壌動物、植物の種子などを食べる。

なにを蹴っている？

地上の草を掃いたり地面を掘ったりして採食する行動が、地面をキックしているようでおもしろい。

● **さえずり** 繁殖期に「ピィ、ピィ、ピィーポォーフィー」と大きな声で繰り返し鳴き、徐々にテンポを落として鳴きやむ。「ちょっとこい」と聞きなしされる。

● **地鳴き** さえずりと似た声質で「ピーヨー」と鳴いたり、「コォッ、コォッ、コォッ」と連続的に鳴いたりする。

〈さえずり▶地鳴き〉

外来種

ドバト(カワラバト)［土鳩］

ハト目ハト科カワラバト属
［学名］*Columba livia*
［英名］Rock Dove

● 姿勢

横向き

● 行動位置
地上

● 季節性
留

● 大きさ
33 cm

街にすみついている身近なハト

▍どんな鳥? 駅や広場、公園や社寺など、市街地のさまざまな場所でよく見かけるハト。野鳥ではなく、飼い鳥が野生化して世界中の都市にすみついている。ヨーロッパから中東、北アフリカに分布するカワラバトを、伝書鳩などの目的で改良したものが野生化した。

▍どこにいる? 小笠原諸島など一部の島しょ部を除く全国に分布。市街地以外にも農耕地や河川敷などに生息する。

▍観察時期 年間を通して見られる留鳥。

▍外見 品種改良によって羽色はさまざまで、雌雄も見分けられない。原種に近い羽色は全体に青灰色。嘴の付け根には白い蝋膜があり、虹彩は橙色。喉から胸にかけては緑色と紫色の光沢があり、光のあたる角度によって輝いて見える。とくに首の側面の光沢が目立つ。上面には黒灰色の斑が多数ある。足は肉色で太い。黒灰色の斑が少ないもの、真っ白なものなど、個体によって羽色は異なる。

▍食べ物 草の種子や木の実、新芽、人の食べかすなどを採食。

3 4 春 5
6 7 夏 8
9 10 秋 11
12 1 冬 2

飛ぶときも食べるときも群れで行動する！

あまりにも身近すぎるうえ、在来種ではないこともあって、きちんと観察することが少ないのではないだろうか。在来種のキジバト（p.90）は単独か数羽の群れでいるが、ドバトは群れで行動する。社寺や広場で何かをついばんでいるとき、市街地上空を飛んでいるときなど、いずれも十数羽程度の群れになっていることが多い。

ドバトは大きな群れで行動する。

人目をはばからずよくいちゃついている

動画

お互いに羽づくろいをし合うなど、仲むつまじいようすをよく見かける。オスが羽毛を大きく膨らませて、逃げるメスを追いまわしている場面もおもしろい。

青っぽい灰色のほか羽色はいろいろ

原種のカワラバトに近い羽色の個体以外に、さまざまなタイプを見かける。

上面の黒灰色の斑が少ないタイプ。

たまに変わった色の個体を見かける。

神社にすみついている白い個体。

♪鳴き声

● **地鳴き**
「グルッポ」「グルップー」などとこもった感じで鳴く。

● **さえずり**
キジバトとは異なり、さえずらない。

音声

〈地鳴き〉

ホンセイインコ［本青鸚哥］

インコ目インコ科ダルマインコ属
［学名］*Psittacula krameri*
［英名］Rose-ringed Parakeet

● 姿勢 立つ
● 行動位置 樹上
● 季節性 留
● 大きさ 40 cm

市街地を飛びまわる緑色の大きなインコ

どんな鳥? 緑色の大きなインコで、「キャラキャラ」とけたたましく鳴きながら市街地上空を飛びまわる。「え！ こんな鳥がいるの!?」と初めて見ると驚く人が多い。よく「ワカケホンセイインコ」の亜種名で呼ばれる。日本の鳥ではなく、飼育されていた鳥が逃げ出したり、放たれたりして野生化した外来鳥。本来はインドやスリランカに分布する。

どこにいる? 分布の中心は関東の市街地で、甲信越や西日本でも記録がある。都市公園や住宅地などに生息する。

観察時期 年間を通して見られる留鳥。

外見 雌雄ほぼ同色で全体に明るい緑色。嘴はかぎ状で太く、赤い。虹彩は水色で橙色のアイリングがある。尾羽は長く、付け根周辺は明るい緑色で、中央から先端にかけては淡い青色。オスは喉から後頭にかけてリング状の黒い模様があり、後頭では桃色。

食べ物 樹上でさまざまな植物の種子を採食する。果実も食べるが、ムクノキの実では果肉を捨てる。やはり中の種子がお目あてのようだ。花の蜜もなめる。

ホンセイインコあるある

にぎやかに鳴きながら群れで市街地を飛びまわる

十数羽の群れで公園や住宅地の上空を飛びまわるが、飛んでいるときに「キャラ、キャラ」とけたたましい声で鳴くのですぐにわかる。しばしばオオタカ(p.164)やツミ(p.160)が狙うが、飛翔力が高いので捕食されることはそう多くない。夕方にはいくつもの群れが合流し、100羽以上の大群になってねぐらへ向かって飛んでいく。

群れで飛翔する姿がよく見られる。

樹上からサクラの花がはらはらはら…

サクラの花蜜を好むが、嘴が大きくてかぎ状なので、メジロ(p.260)のようになめることができない。そこで、花の根元にある蜜をなめるために、花ごとかじり取ってしまう。ひとなめしてはポイ捨てするので、木の下にいると次々に花がはらはらと落ちてくる。

旬の食べ物を上手に利用

サクラが咲いている時期に目につくことが多いが、それはほんの一時期のこと。観察していると、都市の緑地にあるさまざまな植物の果実や種子、つまり旬の食べ物を利用していることがわかる。

サクラの果実を食べにきた(５月)。

トチノキの実は果皮をむき、堅果をかじる(9月)。

クズの豆果を器用に食べる(10月)。

ユリノキの翼果の根元の種子を食べる(12月)。

● **地鳴き**

飛びながら「キャラ、キャラ」「キーキーキー」というにぎやかな声でよく鳴く。とまっているときは「ピヤ」「ピーヨ」などと鳴く。

〈地鳴き〉

ガビチョウ［画眉鳥］

スズメ目ソウシチョウ科ガビチョウ属
［学名］*Garrulax canorus*
［英名］Chinese Hwamei

● 姿勢 やや立つ
● 行動位置 樹上
● 季節性 留
● 大きさ 25 cm

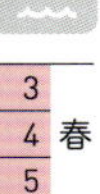

3 4 5	春
6 7 8	夏
9 10 11	秋
12 1 2	冬

いつも調子よくさえずっている外来鳥

どんな鳥？ 全身茶褐色でムクドリ大。大きな声でさえずり、目の周囲の白い勾玉模様が特徴的で、他種と間違えることがない。特定外来生物に指定されている外来鳥。

どこにいる？ 本州、四国、九州に分布する留鳥で、本来は中国南部から東南アジア北部原産。飼い鳥が逃げたり放たれたりして野生化した。平地から山地の、下草がよく茂った林や、草が生い茂る河川敷に生息する。定着していない場所でも、移動中の個体が一時的に姿を見せることがある。

観察時期 年間を通して見られ、季節を問わずさえずる。真冬でも、独特のビブラートが効いたさえずりが響き渡る。クロツグミ(p.280)に似たさえずりだが、声質が濁声で、声を区切らずに鳴き続ける点が異なる。

外見 雌雄同色。全体に赤みのある茶褐色で、腹の中央は灰色。目の周囲と後方へ伸びる白い勾玉模様がよく目立つ。嘴は黄色で太く、足は肉色。尾羽は長めだ。

食べ物 地上を跳ね歩きながら昆虫や植物の種子などを食べる。

ガビチョウあるある

特徴のある鳴き声だが、あまり歓迎されない

動画

本種のさえずりは声量があってにぎやか。中国ではさえずりを楽しむ代表的な飼い鳥だ。江戸時代に飼い鳥として輸入された記録があるものの、流行しなかったのはにぎやかさが日本人の好みになじまなかったからかもしれない。実際、1970年代に大量輸入されたが、さえずりが騒音として好まれずに放鳥されたことが野生化の原因だという。
外来種である本種は歓迎されない鳥かもしれないが、鳥には何の罪もない。悪いのはもともといない生き物を持ち込んでしまう人間のほうだ。

ホトトギスも困惑する?

本来国内に生息しない本種が、生息環境が重なるウグイス(p.246)と営巣環境や食べ物で競合すれば、ウグイスに托卵(たくらん)するホトトギス(p.84)にも影響することになる。ソウシチョウ(p.370)でも在来種への影響が懸念されている。

未知の寄生生物を運んでしまう一面も

本種に寄生する生物の調査によって、国内では未確認の寄生虫が検出された。本種のみならず、寄生する生物までも国内に移入してしまっているのだ。未知の寄生生物によってどのような影響があるかわからないが、国内外問わず生物を移入することは慎むべきだろう。

♪鳴き声

● さえずり
「フィフィ」とひと声ふた声鳴いた後、かなり大きな声量で「フフィフィーフィー、フフィフィーフィー」などとビブラートを効かせてさえずる。

● 地鳴き
「ビュルビュルビュル」「ジュルジュル」などと鳴き、やぶの中を移動する。

〈さえずり▶地鳴き〉

外来種

ソウシチョウ［相思鳥］

スズメ目ソウシチョウ科ソウシチョウ属
［学名］*Leiothrix lutea*
［英名］Red-billed Leiothrix

●姿勢 横向き 
●行動位置 地上
●季節性 留
●大きさ 15cm

カラフルな外来鳥

どんな鳥？ スズメ大のカラフルな小鳥。姿だけでなくさえずりも美しいが、特定外来生物に指定されている外来鳥。

どこにいる？ 本州、四国、九州に分布する留鳥で中国原産。飼い鳥が野生化した。山地林に生息し、笹がよく茂った広葉樹林を好む。冬季は群れで平地林に移動することもある。

観察時期 年間を通して見られる。

外見 雌雄ほぼ同色。体上面から尾羽にかけてと脇は緑灰色。オスは初列風切の基部が赤い。

食べ物 昆虫や木の実、種子などを食べる。

在来種への影響

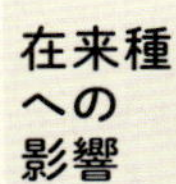
動画

越冬期は十羽前後の群れでやぶを移動する。同じようにやぶに生息するウグイス（p.246）は単独行動なので、形勢が不利だ。

3 4 春 5 / 6 7 夏 8 / 9 10 秋 11 / 12 1 冬 2

♪鳴き声

●**さえずり** クロツグミ（p.280）に似た声質で「ピィ、ピキョ、ピキョ」など。越冬期は地鳴きしながら「ピロピロピロ」などと連続的にさえずる。

●**地鳴き** 「ジュク」「ジュッ」などとよく鳴きながら、やぶの中を移動。

音声

〈さえずり▶地鳴き〉

ハッカチョウ［八哥鳥］

スズメ目ムクドリ科ハッカチョウ属
［学名］*Acridotheres cristatellus*
［英名］Crested Myna

● 姿勢 やや立つ
● 行動位置 地上 樹上
● 季節性 留
● 大きさ 27 cm

飾り羽が特徴的な外来鳥

どんな鳥？ ヒヨドリ大の黒い鳥で、額の冠羽が目立つ。個性的な鳥だが、飼い鳥が逃げたり、放たれて野生化した外来鳥。

どこにいる？ 関東や近畿に局地的に分布する。林のある河川敷や農耕地、住宅地にも生息。本来は中国中南部、台湾、ミャンマー、ベトナム、ラオスなどに分布する。

観察時期 年間を通して見られる留鳥。

外見 雌雄同色で体上下面とも黒く、額の飾り羽が目立つ。翼には白斑がある。

食べ物 地上で昆虫や種子などを採食する。

江戸時代に移入

江戸時代に飼い鳥として移入された記録がある。関東や近畿の個体群は野生化したものだが、与那国島や鹿児島県などの記録は、台湾からの自然分布の可能性も。

♪鳴き声

● **さえずり** 「フィーヨ、フィーヨ、フィヨフィヨフィヨフィヨ、フィリリリリ」などとさえずる。

● **地鳴き** 「キュッ、キュッ」「キュリロキュリロ」など。

音声

〈さえずり▶地鳴き〉

季節	月
春	3 4 5
夏	6 7 8
秋	9 10 11
冬	12 1 2

双眼鏡の選び方・使い方

使いやすい倍率、大きさ、重さとフレームに入れるポイント

■ おすすめの倍率や口径は?

野鳥観察には双眼鏡が欠かせません。遠くにいる鳥を見分けたり、近くにいる鳥をじっくり観察するなど、さまざまな場面で活躍します。倍率8～10倍で、対物レンズの口径が20～32mmほどの製品が使いやすく、おすすめです。小型コンパクトは軽量で持ち歩くのが苦にならないのですが、明るさが物足りない場面も。中型の製品はコンパクトよりも明るいですが、やや重くなります。口径40mm以上になると、明るくてとてもよく見えますが重量級です。

実際に持ってみたり、覗いてみて、使いやすいと感じたものを選びましょう。使用前は説明書を読み、あらかじめ視度を調節しておきます。

8×20・10×25 など

軽量コンパクトで、小さなカバンにもすっと入る。日常的に持ち歩くのに最適で、自然観察以外にも、大きな会場でのコンサートやスポーツ観戦でも活躍。ただし、口径が小さいので暗く、朝夕や暗がりの観察は不得意。
写真は8×20。

8×25・8×30 など

口径30mm前後の製品は十分な明るさが得られ、像が鮮明でしっかりと観察することができる。その分、少しだけ大きく、重めになる。筆者のおすすめは8×25。小型コンパクトより明るく、口径30mmクラスより軽量コンパクト。
写真は8×32。

8×40・10×40 など

口径40mm前後になると視野はとても明るく、さらに像が鮮明に。朝夕や暗がりなど悪条件でもしっかりと観察できる。ただ、大きく重くなるので、日常的に持ち歩くのには不向き。がっちり観察するときに使うとよい。
写真は10×42。

双眼鏡の使い方

1 接眼目当てをセット

裸眼の人は引き出し、眼鏡の人は出さない。

2 両目の幅に合わせる

両目で覗いたとき、ひとつの円に見えるように幅を調節する。

3 ピントを合わせる

対象を見ながらピントつまみをはっきり見える位置までまわす。

対象を視野に入れるコツ

双眼鏡は拡大して見ることができる代わりに視野が狭いので、最初から双眼鏡を覗いて鳥を探すのは困難だ。まずは肉眼の広い視野で鳥を見つけること。見つけた鳥を拡大して観察する道具が双眼鏡である。

よい姿勢

顔と身体を対象にまっすぐ向け、双眼鏡を顔に添えるように持ってきて覗く。脇をしっかりしめると像が安定する。

悪い姿勢

身体をねじるなど、変な体勢では対象をうまく視野に入れにくい。慌てずに、正しく安定した姿勢で双眼鏡を覗くようにしよう。

見やすい対象からたどっていく

対象の近くの視野に入れやすいものを入れて、そこからたどって対象にたどりつくのもひとつの方法。

野鳥観察の服装

長袖・長ズボンが基本。虫や雨対策も忘れずに

公園などの身近なフィールドでの観察なら、どんな服装でも自由です。しかし、じっくり「鳥見」に集中するなら、日焼けや虫刺され、寒さや突然の雨などの対策をしておきましょう。アウトドア用の衣類は、野鳥観察のときも快適で万全なのでおすすめです。

服

日焼けや虫刺され防止のために、上下とも袖や裾が長く、肌を露出しないのが基本。ゴアテックスなど防水性の素材のものは、風雨から守ってくれる。複数のポケットがあると、フィールドノートや筆記具、スマートフォンなどを収められるので便利。暑い時期は着替えを用意しておくとなおよい。

帽子

観察の際、頭を守り、髪が視界にかかるのを防ぐ。虫刺されを防ぐ効果も。防水性、防寒性のある素材だと、より快適。つば付きは日焼けや熱中症を防ぐ効果が高まるが、風で飛ばされやすく、視野が狭まることも。つばは双眼鏡やカメラを使うときに邪魔にならない程度の大きさがおすすめ。

リュック

リュックだと両手が使えるのでおすすめ。カメラやレンズを持ち歩くなら、容量30リットルほどのものが便利。防水性のものや、レインカバーがあると雨天でも安心。折り畳み傘や飲み物も収納しておこう。

手袋

秋冬には欠かせない。操作性と防寒性の両立は難しいが、フォトグラファー向けの手袋が使いやすい。防寒性より操作性を重視するなら、インナーグローブを単体で使用する方法もある。

ウエストポーチやショルダーバッグ

ポケットがない衣類で観察するなら、ウエストポーチやショルダーバッグがあると便利。フィールドノートや筆記具、スマートフォン、図鑑などを収納しておくと取り出しやすい。リュックと併用する場合は、リュックを上げ下げする必要がなく便利。

靴

観察では長時間、歩くことが多いので、とにかく歩きやすいものを選ぶ。降雨時や雨上がりには、ゴアテックスなど防水性のある素材を使ったものが快適。フィールドによっては折り畳み式の長靴があるとよい。

野鳥を撮影する

カメラ選び＆設定と撮影のポイント

撮影が上達するコツ

■ 撮影の前に鳥をよく観察する

「鳥に出合ったら、とにかくすぐ撮りたい！」という人は多いでしょう。気持ちはわかりますが、行きあたりばったりで鳥を追いまわしているうちは、なかなか上達しません。いつ、どこに、どんな鳥がいて、どういう行動をするか知ったうえで、お目あての鳥や光景、行動をイメージ通りに狙って撮れるようになりたいものです。

鳥を見つけたら、写真を撮りたくなる気持ちを抑えて、まずは双眼鏡を使って特徴や行動をじっくりと観察しましょう。
p.28-29で紹介したように、鳥のしぐさや行動から、自分が嫌がられてはいないかを感じ取り、受け容れてもらえるよう臨機応変に行動したいものです。

カモが小競り合いしていれば、その後水浴びして羽ばたくことを予測できるように(p.32)、猛禽類がフンをしたあと飛び立つように、また木をのぼっていたキツツキが動きを止めて振り返れば他の木に飛び移るといったように、次の動きがある程度読めるようになれば、カメラの操作や気持ちに余裕が出てきます。群れ全体の流れがどちらへ向かっているか、次にとまりそうな枝はどれか、太陽はどこにあるかといったことを総合的に考えながら行動し、撮影することが、上達への近道です。状況を把握でき、次の動きを読めるようになるためには、よく観察することが大切です。

とまっているオオタカがフンをするのを見ていたので、ほどなく飛ぶことがわかり、十分に備えて撮影できた。

■ 順光は忠実、逆光はドラマティック

野鳥撮影では、光の向きも重要なポイント。鳥の色がきれいに出るのは、順光での撮影です。逆に、雰囲気のある写真を撮りたいなら、斜光や逆光で撮影すると効果的です。

忠実な色になる。

立体感が出る。

■ 鳥は枝かぶりしたい

鳥を撮影していると、しばしば木の枝や草が邪魔になります。鳥は隠れているほうが安心だからです。鳥に枝がかからないような撮影位置を探しますが、鳥との距離が近い場合は動かないようにしましょう。枝かぶりをはずそうと動けば、鳥は逃げてしまいます。逆にじっと待っていれば、鳥のほうからいい位置に出てきてくれることがあります。その機会を待つのです。もちろん、巣を撮影するために邪魔な枝を切るなどは言語道断です。

体がむき出しでは安心できない。

また、危険を冒して無理な位置や姿勢で狙ったり、私有地に立ち入ったりしないようにしましょう。

機材とカメラの設定・動画撮影について

■ 野鳥撮影に適したカメラは?

かつて野鳥撮影といえば、大砲のような600mm超望遠レンズと大きなカメラボディを太い三脚+堅牢な雲台に載せる、あるいは500mmくらいの超望遠レンズとボディを一脚に載せて担いで歩き、鳥を見つけたら担いでいた機材を下ろして、デジタル一眼レフでシャッター音を立てて撮影するといったものでした。でも、これでは持ち歩きも大変だし、鳥たちが逃げてしまいがちです。

最近は機材の小型軽量化と高性能・高画質化が進み、手ブレ補正機能も進化。三脚・一脚を使わずに、軽快に歩きまわって手持ちで撮影できるようになりました。これなら、鳥を脅かさずにそっと接近して撮影することも可能です。

ミラーレスカメラは小型軽量で連写性能が高いだけでなく、撮影時に露出が確認できるため、大きな失敗が減少します。また無音で撮影できるので、シャッター音で鳥が逃げてしまうことがなくなるのも大きな利点。さらにファインダーを覗いた状態で動画も撮影でき、観察しながら高画質で記録することが可能なのもとても有益です。

手ブレ補正機能が進化し、撮影の成功率が高まった。しかし、安定した姿勢をとり、脇をしめて機材をしっかり保持するのが基本。とくに動画撮影時は長時間構え続ける必要があり、腕力が欠かせない。日頃から筋トレしておこう。

■ 著者が使っている機材と設定

筆者はフルサイズセンサーのミラーレスカメラボディに600mm/f6.3の軽量超望遠レンズもしくは100-400mm/f4.5-5.6の軽量超望遠ズームレンズを装着。ゆっくり歩いて鳥を探索し、手持ちで撮影しています。

鳥との距離が近いときはフルサイズで、遠いときはクロップ(撮影範囲を狭く)して撮影。とまっている鳥を撮る場合と、飛翔を撮影する場合の設定を、目の前の状況に応じてすばやく切り替えられるようカメラに登録しています。開けた場所では、不意に飛んでくる鳥を想定して飛翔撮影の設定に、暗い林の中ではとまっている鳥の設定にし、起きた状況に即応できるように備えて探索しています。今のカメラには多数のボタンがついていますが、見なくても手で必要な設定に変えられるよう、ボタンの位置を覚えています。

■ 動画撮影のすすめ

ミラーレスカメラでは、手持ちでファインダーを覗いたまま、4Kや8Kの高画質動画が撮影できます。

被写体をしっかりと観察しながら高画質の記録ができることはとても有益です。機材の解像力の向上と相まって、撮影した動画を確認することで、それまでわからなかった不思議な行動の解明につながることもあります。しかも、静止画が必要であれば、動画から十分な解像度で切り出すことも可能。ミラーレスならではの高画質の動画撮影はおすすめです。

■ 絞り・シャッタースピード・感度

最近のカメラは高感度でもノイズが少なく、高い画質を得ることができるようになりました。またRAW現像や画像処理ソフトの性能も格段に進歩しています。RAWで撮影しておけば、ISO数千以上の高感度でノイズが出ても、現像時にきれいにノイズを消すことができます。最新のカメラとソフトを使いこなすことで、今までは実現できなかったビジュアルを、形にすることができる時代が到来したのです。

著者が常用している設定を簡単に紹介しましょう。とまっている鳥を撮る場合は、シャッタースピードが1/250秒以上になるように感度を調節します。絞り(f値)は開放(いちばん低い数値)で固定していますが、今のレンズは絞り開放で高い解像力を発揮するため、問題ありません。鳥がとまっていても、AFはピントを合わせ続けるモードに設定することをおすすめします。

飛んでいる鳥を撮る場合、羽ばたきが比較的ゆっくりの大型の鳥なら1/2000秒以上、羽ばたきも動きもすばやい小鳥なら1/4000秒以上になるように感度を調節。また、動いている鳥を撮るとき、AFの設定はピントを自動で合わせ続けるモードにし、撮影速度を最速にして連写しましょう。

いろいろな設定で撮影しながら、ご自分のベストな設定を見つけてください。

キクイタダキが停空飛翔で小さなクモを捕らえた瞬間を1/4000秒で撮影。

サンコウチョウのオス(短尾型)を1/250秒で撮影。

1/4000秒でオナガの飛翔を撮影。

スローシャッター1/15秒でトラツグミの動きを表現。

観察と撮影の7つのマナー

1 急な動きをしない

野生動物である野鳥は、常に天敵の襲撃に備えているため、急な動きを嫌う。移動するのも、双眼鏡やカメラを構えるのも、立ち止まるのも、ゆっくりと滑らかに行動しよう。走って追いかけるなどは言語道断である。鳥を追いかけても何も得られない。動きを読んで、待ったり先回りしたりして、鳥のほうから近くに来てくれるのを待てば、よい結果が得られる。

2 餌づけをしない

餌づけは野生動物として必要な警戒心を損なったり、渡りのタイミングを遅らせるなど、鳥の生態を狂わせ、生存に悪い影響を与える。また、水鳥に対する餌づけは水質の悪化にもつながる。餌づけは野外における野生動物の私物化であり、自然な行動を観察・研究したい人たちから機会を奪う行為でもある。野の鳥は野のままに。

3 鳴き声を流さない

多くの鳥が声でコミュニケーションしている。鳴き声の音声データを流すと、なわばりを守るために近づいてくることがある。ただ、音声に誘引されたものの相手がいない状況のため、いたずらに鳥を混乱させてストレスを与えることに。とくに繁殖期は子育てに悪影響を及ぼすことが多い。また、音声データは鳥を探す人をも混乱させることになり、鳥類調査のデータを不正確にしてしまう可能性もある。野外で音声データを流すことは慎むこと。ちなみに音声に誘引された鳥は、緊張とストレスで細長い体型になってしまい、撮影にもまったく向かない。

4 子育てを妨害しない

営巣の観察や撮影は子育ての放棄につながることがあるため、極力避けること。研究や調査のために観察記録が必要な場合は鳥が嫌がらないよう十分に距離を取り、短時間で終えて離れるようにする。鳥が嫌がっているかどうかわからないなら、そもそも巣には近づかないのが基本。

5 柵内や私有地、農地などに踏み込まない、立ち入らない

観察・撮影したいあまり、立ち入り禁止の場所や私有地に入ることは環境破壊や迷惑・違法行為。与えられた状況・条件で観察するよう心がけよう。

6 むやみに情報を公開しない

希少種や珍鳥出没の情報をインターネットやSNSで公開してしまうと、あっという間に数百人が殺到するといった事態を招くことにつながる。大勢の人が集まると統制が取れなくなり、迷惑駐車や近隣住民とのトラブル、カメラマン同士のトラブルなど、迷惑と混乱の原因に。重要な情報はしっかり管理を。

7 あいさつと気配りを大切に

観察地では積極的にあいさつしよう。あいさつをするだけで自然に打ち解けやすくなるもの。また、誰かが観察や撮影中に不用意に近づくと、鳥が飛んでしまう可能性があるので要注意。しばらく離れたところでようすを見てから、タイミングをみて近づくこと。もちろん走り寄るなどは言語道断。

用語ガイド

分類

種（しゅ）　生物を分類する基準となる単位。

亜種（あしゅ）　種の下位の単位。本州などにすむのは亜種カケス（p.208）。北海道に分布するのは、亜種ミヤマカケス（p.208）とされる。種としてはカケス。

属（ぞく）　種の上位の単位。

科（か）　属の上位の単位。共通の特徴をもつ複数の属からなる生物群の名前。

移入種（いにゅうしゅ）　⇒外来生物

外来種（がいらいしゅ）　⇒外来生物

外来生物（がいらいせいぶつ）　人間活動によって運ばれて定着した、本来その地域には分布しない生物。移入種、外来種ともいう。外国からだけではなく同一国内であっても、他地域から本来その地域に生息しない生物を持ち込めば外来生物。外来生物はもともとその地域に生息する在来種に影響を及ぼす。みずから分布を広げたり、移動したりした生物は外来生物ではない。

かわいいセキセイインコも野に放ってしまえば外来生物。

在来種（ざいらいしゅ）　ある地域に自然分布する生物。

日本固有種（にほんこゆうしゅ）　日本国内だけに分布・生息する種。

日本が誇る固有種、アオゲラ。

学名（がくめい）　世界共通の生物名。属名と種小名（その種を示す名）のラテン語2語で表記する。

和名（わめい）　日本語による種の名称で、カタカナで表記する。本書では日本鳥学会が定める標準和名で表記。

季節性

※同じ種でも、どの地域を基準にするかで変わってくる。

留鳥（りゅうちょう）　年間を通して同じ地域に生息し、長距離の季節移動をしない鳥。カルガモ（p.50）、スズメ（p.316）など。

漂鳥（ひょうちょう）　北方や標高の高い地域で繁殖し、非繁殖期に南方や平地へ移動して越冬する鳥。ルリビタキ（p.304）、アオジ（p.356）など。

夏鳥（なつどり）　春に南方から渡ってきて繁殖し、秋に南方へ渡る鳥。サンコウチョウ（p.204）、オオルリ（p.294）など。

冬鳥（ふゆどり）　秋に北方から渡ってきて越冬し、春にかけて北方へ渡って繁殖する鳥。多くのカモ類やハクチョウ類、ツグミ（p.286）など。

旅鳥（たびどり）　季節移動中に一時立ち寄るものの、国内では繁殖も越冬もしない鳥。多くのシギ・チドリ類、マミチャジナイ（p.281）など。

迷鳥（めいちょう）　通常は渡りも通過もしないにもかかわらず、悪天候などで迷い込んだ鳥。

真冬の北海道の山中で出合ったヨーロッパコマドリ。

渡り（わたり）　繁殖地と越冬地間の季節移動。種によって移動距離はさまざまで、なかには数万キロ移動する種も。

越冬（えっとう）　非繁殖期に冬を過ごすこと。ふつうは北方から南方、高地から平地へ移動して越冬する。

越夏（えっか）　越冬あるいは渡り中の冬鳥がなんらかの理由で繁殖地へ戻らず、夏（繁殖期）を過ごすこと。若鳥が渡らずに越冬地へ残る場合もある。

形態

羽衣（うい）　鳥の羽の色や形の総称。

羽色（うしょく）　羽の色。

生殖羽（せいしょくう）　⇒夏羽

夏羽（なつばね）　繁殖期の羽衣。冬羽に比べて鮮やかな色彩が多く、飾り羽をもつ種もいる。繁殖羽、生殖羽ともいう。

冬羽（ふゆばね）　非繁殖期の羽衣。夏羽に比べて地味な色彩が多い。非繁殖羽、非生殖羽ともいう。

繁殖羽（はんしょくう）　⇒夏羽

非繁殖羽（ひはんしょくう）　⇒冬羽

非生殖羽（ひせいしょくう）　⇒冬羽

換羽（かんう）　全身あるいは一部の羽毛を更新すること。

第１回冬羽（だいいっかいふゆばね）　巣立って親離れした若鳥が最初に換羽した羽衣。成鳥と同じ羽衣になる鳥もいれば、一部しか換羽しない鳥もいる。
生まれた翌年春の換羽による羽衣を第１回夏羽という。その年の秋の換羽による羽衣を第２回冬羽といい、多くの種が成鳥の羽衣になる。

幼羽（ようう）　巣立ち後まもない時期の幼鳥の羽衣。

飾り羽(かざりばね) おもに繁殖羽に見られる装飾的な羽。コサギの冠羽(p.154)など。

冠羽(かんう) 頭部の飾り羽。目立たないほど短い羽から、象徴的に長い羽まで、種によって長さや色形はさまざま。タゲリ(p.110)など。

タゲリの冠羽はちょんまげのよう。

婚姻色(こんいんしょく) 繁殖期の鮮やかな、あるいは目立つ羽。サギ類の目先、カワウ(p.138)の頭部や腰の白い羽など。

エクリプス(えくりぷす) カモ類オスの、夏から秋にかけての地味な羽衣。メスに似た羽衣になる。秋口に渡ってきた直後のカモ類オスは、エクリプスであることが多い。冬にかけて繁殖羽に換羽していく。

ヨシガモのエクリプス。各部位に特徴が現れている。

構造色(こうぞうしょく) 羽毛内部の微細な構造(ナノメートル単位の微小さ)によって、特定の波長の光の反射が強められ、輝いて見える色。見える色は色素によるものではない。カワセミ(p.182)の青い羽など。

きらめくコバルトブルーは構造色。

擬態(ぎたい) 生物の体色が、周囲の環境や別の生き物に酷似すること。身を守るために備わっている。チドリ類など。

イカルチドリの卵とひな。

縦斑(じゅうはん) 頭部と尾羽を結んだ線と平行な線状の斑。

アオジのメスは縦斑が目立つ。

横斑（おうはん）　頭部と尾羽を結んだ線に対して垂直方向の線状の斑。

カッコウ類にはタカのなかまに似た横斑がある。

鷹斑（たかふ）　多くのタカ類に見られる翼下面や尾羽の斑のこと。

ハイタカは鷹斑が顕著。

性的二型（せいてきにけい）　オスとメスの羽衣が異なること。オスのほうが鮮やかな色彩であることが多い。キビタキ（p.300）など。

雌雄同色（しゆうどうしょく）　オスとメスの羽色が同一であること。ハクチョウ類やサギ類など。

裸出部（らしゅつぶ）　鳥の体で羽が生えておらず、皮膚が露出している部分。カワウ（p.138）など。

弁足（べんそく）　部分的にひれのある足指。カイツブリ（p.102）やオオバン（p.98）など。

オオバンの弁足。

翼鏡（よくきょう）　カモの次列風切の色鮮やかな部分。光沢があることが多い。

コガモの翼鏡は光沢のある緑色。

翼帯（よくたい）　翼をたたんだ状態で帯状に見える模様。

シジュウカラの翼にはっきりした翼帯がある。

口角（こうかく）　嘴の付け根の、上嘴と下嘴の合わせ目の部分。

瞬膜（しゅんまく）　眼球を保護するための膜で、まぶたとは別に備わっている。キツツキ類など。

カラス類をよく観察していると、白目になることがある。

繁殖

繁殖（はんしょく）　産卵や育雛（いくすう）によって増えること。

成鳥（せいちょう）　成長して成鳥の羽衣に換羽し、繁殖能力のある状態の鳥。

ひな　ふ化後、親鳥の世話から独立するまでの幼い鳥。

幼鳥（ようちょう）　親離れし、幼羽が第１回冬羽に換羽するまでの状態の幼い鳥。

若鳥（わかどり）　第１回冬羽から完全な成長羽に換羽するまでの若い鳥。亜成鳥ともいう。

交雑（こうざつ）　異なる種や亜種の個体間での繁殖。

雑種（ざっしゅ）　交雑によって生まれた個体。カモ類でよく見られる ⇒p.70

コロニー（ころにー）　同種もしくは異種での集団繁殖地。サギ類やウ類などで見られる。

サギのコロニーは「サギ山」とも呼ばれる。

ヘルパー（へるぱー）　つがい以外で子育てを手伝う個体。以前に育てた幼鳥・若鳥が、親鳥の子育てを手伝うことが多いが、血縁関係のない個体が手伝う場合もある。

托卵（たくらん）　同種もしくは他種の巣に卵を産み込み、巣の親鳥にひなを育てさせること。カッコウ類は他種に、ムクドリ（p.274）は同種間で行なう。

仮親（かりおや）　托卵された巣の親鳥。宿主（しゅくしゅ）ともいう。

ディスプレイ（でぃすぷれい）　求愛や争いのためにみずからを際立たせる行動。ポーズをとったり、踊りや動きを見せたり、翼の鮮やかな部分を強調したりするほか、音を立てたり、曲芸的に飛んだりする。

コガモのディスプレイはユニーク。

擬傷（ぎしょう）　子育て中の親鳥が卵やひなを守るために、傷ついたふりをして天敵をひきつける行動。

擬傷するコチドリ。

営巣（えいそう）　巣をつくって繁殖すること。

ねぐら　夜間に睡眠をとって休息する場所。樹上や樹洞、やぶなど。

鳴き声

さえずり　繁殖期に求愛やなわばりを主張するために出す、美しい鳴き声。多くの種でオスがさえずるが、一部メスがさえずる種や雌雄ともさえずる種もいる。

さえずり飛翔（さえずりひしょう）　飛びながらさえずる行動。ヒバリ（p.234）やセッカ（p.258）など、草原性の鳥で多く見られる。

セッカはよく飛びながらさえずる。

地鳴き（じなき）　さえずり以外の鳴き声の総称。天敵に対して警戒や威嚇をしたり、同種もしくは異種間で、食べ物や天敵発見を知らせ合うなどのコミュニケーションに使われたりする。

ぐぜり　本格的にさえずる前の不完全なさえずり。短かったり、声量が低かったりする。繁殖期が始まる春先などにしばしば小声でつぶやくような鳴き方をする。

聞きなし（ききなし）　鳥の鳴き声の聞こえ方を、人が使う言葉に置き換えること。センダイムシクイ（p.252）の「焼酎一杯ぐいー」など。

ドラミング（どらみんぐ）　キツツキ類が求愛したり、なわばりを主張したりするために木や人工物をつついて音を出すこと。

母衣打ち（ほろうち）　ヤマドリ（p.72）やキジ（p.74）が求愛したり、なわばりを主張したりするために翼を体に打ちつけて音を出すこと。

繁殖期のキジはよく母衣打ちする。

笹鳴き（ささなき）　ウグイスが笹やぶの中で「チャッ、チャッ」という声で地鳴きすること。

鳴き交わし（なきかわし）　複数の個体間で鳴き合うこと。つがいや家族間で行なわれる。

行動

帆翔（はんしょう）　翼を広げてあまり羽ばたかずに輪を描いて飛ぶこと。タカのなかまが上昇気流を使って上昇するときによく行なう。ソアリングともいう。

ノスリはよく帆翔する。

ソアリング（そありんぐ）　⇒帆翔

滑翔（かっしょう）　翼を広げて羽ばたかずに直線的に滑空すること。タカの渡りでは帆翔で上昇したのちに、滑翔して大きく移動することが多い。

滑翔するオオタカ。

停空飛翔（ていくうひしょう）　すばやく羽ばたきながら、空中の一点にとどまって飛翔すること。ホバリングとも呼ばれ、獲物を探すときに行なわれる。チョウゲンボウ（p.196）やキクイタダキ（p.266）など。

キクイタダキは頻繁に行なう。

ホバリング（ほばりんぐ）　⇒停空飛翔

フライングキャッチ（ふらいんぐきゃっち）　飛びながら空中で獲物を捕らえること。とまっていた枝から飛び立ち、空中で獲物を捕らえたのちにとまり枝に戻る動きが、ヒタキ類などでよく見られる。そのためヒタキ類はFlycatcherという英名を付けられた。

ホッピング（ほっぴんぐ）　鳥が地上で移動するときに両足をそろえて、ぴょんぴょん跳んで歩くこと。スズメ（p.316）やハシブトガラス（p.214）など多くの鳥で見られる。

ハシブトガラスのホッピング。

おわりに

　野鳥観察がどんどん楽しくなる！ 毎朝の観察は20年目になりますが、まったく飽きませんし、むしろ楽しさが増していきます。初版を出版して以来、あらためて野鳥を深く探索しています。より五感を研ぎ澄ませてゆっくり歩き、立ち止まり、聞こえる声と目に入る動きを捉えます。さらに気づけることが多くなりましたが、やはり身近な環境、いつもの鳥たちでも知らないことばかりで、毎日が発見の連続です。撮影機材と画像処理ソフトの進歩によって、野鳥撮影の楽しさが何倍にも増していることも大きいと思います。今回、増補改訂版を出版する機会をいただき、この間に撮影した選りすぐりの写真や動画を掲載でき、新たに発見したことがらを紹介できることに感謝しています。野鳥観察と撮影が楽しくて仕方がない。自然のしくみまで垣間見えて興味深い。これは一生ものだ。本書が、読者のみなさまにそのように感じていただくきっかけになれば幸甚です。

　監修の樋口広芳先生には今回もたいへんお世話になりました。いつも鳥類学の専門知識だけでなく、文章表現や生き方まで指導していただき、本当に尊敬し、感謝しています。本書の姉妹版である『ぱっと見わけ観察を楽しむ 野鳥図鑑』で著者を務めてくれた石田光史さん、同書のカバー写真とデザインを担当してくれた野口正裕さん、気の置けない鳥友である井上大介さんと濱崎明人さん、そしてかゆいところに手が届く写真をお持ちのみなさんには、初版に素晴らしい写真を提供していただき、多くの写真を本書でも引き続き掲載させていただきました。マツダユカさんのくすっと笑えるマンガと素敵なイラスト、平田美紗子さんが短期間に奮闘して描いてくれた見分けのイラストも、本書に再掲載させていただきました。今回再び増補改訂版出版の機会を与えてくださったナツメ出版企画の遠藤やよいさん、今回も大量の作業をさばきつつ素敵なブックデザインに仕上げてくれた西田美千子さん、総ページ数が増えてボリュームアップした本書の編集に取り組んでくれた小沢映子さんが力を合わせた心強い制作チーム。そして、初版をご愛読いただいた多くの読者のみなさまのご意見と励ましの声。みなさまのお力添えと応援なくしては、この増補改訂版を出版することはできませんでした。心より厚く、熱く、御礼申し上げます。感謝！

高野 丈

さくいん

※太字は、図鑑ページでメインに紹介している種と、写真や解説がある種です。
※細字は、名前だけなど簡単に紹介している種です。

QRコードの使い方　野鳥の鳴き声の音声と動画ファイルの使い方

音声ファイルについて

〈さえずり▶地鳴き〉

本書では157種の野鳥の鳴き声や音を収録。さえずりや地鳴きなどを野鳥1種につき基本的に1つのQRコードで掲載しています。QRコードの左に音声マークを表示。
また、QRコードの下に〈さえずり〉〈地鳴き〉〈母衣打ち〉〈ドラミング〉などで内容を表記しています。さえずりなどと定義できない鳴き声の場合は、QRコードの下に何も記載していません。
なお、〈さえずり▶地鳴き〉は前半がさえずりで、後半が地鳴き、〈地鳴き▶さえずり〉は前半が地鳴きで後半がさえずりです。さえずりより地鳴きを聞く機会が多い種については、地鳴きを先に収録しています。

動画ファイルについて

本書では野鳥の行動を著者が撮影した動画156本を収録。それぞれの解説のそばにQRコードを掲載し、左に動画マークを表示。その種の特徴的な行動や、おもしろい行動などを動画で紹介しています。野鳥観察の楽しさを体験してください。
なお、複数のQRコードが近くにある場合は、読み込みたいQRコード以外を手などで隠すと、読み取りやすくなります。読み込んだ動画がスマートフォンに残っていると、見たい動画をうまく再生できないことも。サーバーにアクセスが集中すると、スムーズに再生できないことがあります。
また、動画ファイルはデータ容量が大きいため、再生（ダウンロード）する際は、Wi-Fi接続ができるネット環境を推奨します。

● 音声や動画ファイルの取り扱いについて

野外で鳴き声を再生すると、野鳥を誘引してしまったり、ほかの観察者が混乱することがあります。野外で鳴き声や動画を再生する際は、イヤホンを使うなど、取り扱いに注意しましょう。

● 本書に掲載している以外の鳴き声を聞きたいとき

バードリサーチでは公式ウェブサイト上で「鳴き声図鑑」を公開しています。本書に収録しきれなかった音声ファイルを気軽に聞くことが可能。新しい鳴き声が随時、追加されているので、ぜひご利用ください。パソコンやスマートフォンからもアクセスできます。

バードリサーチ公式ウェブサイト
http://www.bird-research.jp/

バードリサーチ「鳴き声図鑑」
https://www.bird-research.jp/1_shiryo/nakigoe.html

〈バードリサーチ〉

〈鳴き声図鑑〉

〈音声ファイルの提供について〉

本書に収録した野鳥の鳴き声の音声ファイルは、野鳥の調査を通じて人と自然の共存を目指して活動しているNPO法人バードリサーチから提供していただきました。

[参考文献・資料]

『BIRDER』(文一総合出版)
『決定版 日本のカモ識別図鑑』氏原巨雄・氏原道昭/著(誠文堂新光社)
『日本の鳥の世界』樋口広芳/著(平凡社)
『決定版 日本の野鳥650』大西敏一・五百澤日丸/解説(平凡社)
『日本の昆虫1400』槐真史/編著(文一総合出版)
『日本野鳥歳時記』大橋弘一/著(ナツメ社)
『ぱっと見わけ観察を楽しむ 野鳥図鑑』石田光史/著(ナツメ社)
『鳥ってすごい!』樋口広芳/著(山と溪谷社)
『鳥の渡り生態学』樋口広芳/編(東京大学出版会)
『日本のワシタカ類』森岡照明・叶内拓哉・川田隆・山形則男/著(文一総合出版)
『街・野山・水辺で見かける野鳥図鑑』柴田佳秀/著(日本文芸社)
『日本産鳥類の卵と巣』内田博/著(まつやま書房)
『郭公』吉野俊幸/写真・文(文一総合出版)
『生態図鑑』NPO法人バードリサーチ
『日本鳥類目録改訂第8版』日本鳥学会/編(日本鳥学会)
『ツバメの謎』北村亘/著(誠文堂新光社)
『「おしどり夫婦」ではない鳥たち』濱尾章二/著(岩波書店)
『外来生物ずかん』ネイチャー&サイエンス/編著(ほるぷ出版)
『ニュースなカラス、観察奮闘記』樋口広芳/著(文一総合出版)

[協力者一覧]

● 写真提供 石田光史、稲垣伸、井上大介、おおたぐろまり、大場弘之、桙祐子、黒田理生、佐藤信敏、新谷亮太、高柳明音、田中啓太、寺本明広、中濱翔太、中村利和、中村眞樹子、西垣慎治郎、野口正裕、濱崎明人、樋口広芳、宮内宗徳、吉成才丈、NPO法人リトルターン・プロジェクト、PIXTA
● 動画提供 おおたぐろまり(p.101)、草柳佳昭(p.276)、田中啓太(p.83)、寺本明広/きらら浜自然観察公園(p.69)、中濱翔太(p.107)、中原一郎(p.218)、樋口広芳(p.213)、渡辺仁(p.241)、NPO法人リトルターン・プロジェクト
● 音源提供 NPO法人バードリサーチ
● 取材協力 NPO法人リトルターンプロジェクト、三井住友海上火災保険株式会社
● 撮影協力 山本洋子

[制作スタッフ]

編集・構成	小沢映子
装丁・本文デザイン	西田美千子
本文イラスト	平田美紗子(p.8-9,41,130-131,137,153,172-173) 箕輪義隆(p.8下段)
校正	株式会社ぷれす/竹川有子/平沢千秋
編集担当	遠藤やよい(ナツメ出版企画株式会社)

監修者：樋口広芳（ひぐち ひろよし）

1948年生まれ。東京大学名誉教授、慶應義塾大学訪問教授。東京大学大学院博士課程修了。農学博士。米国ミシガン大学動物学博物館客員研究員。日本野鳥の会・研究センター所長、東京大学大学院教授を歴任。専門は鳥類学、生態学、保全生物学。日本鳥学会元会長。著書に『鳥たちの旅－渡り鳥の衛星追跡－』(NHK出版)、『生命にぎわう青い星－生物の多様性と私たちのくらし－』(化学同人)、『鳥・人・自然－いのちのにぎわいを求めて－』(東京大学出版会)、『日本の鳥の世界』(平凡社)、『鳥ってすごい！』(山と溪谷社)、『ニュースなカラス、観察奮闘記』(文一総合出版)など多数。

著者・写真：髙野 丈（たかの じょう）

写真家・編集者・サイエンスコミュニケーター。おもに自然科学分野の図鑑、一般書、児童書などの編集に携わる。『ぱっと見わけ観察を楽しむ 野鳥図鑑』の編集は企画から担当。2005年から続けている井の頭公園での毎日の観察と撮影をベースに、自然写真家としても活動中。井の頭公園を中心に都内各地で自然観察会やトークイベントを開催。得意分野は野鳥と変形菌（粘菌）。著書に『世にも美しい変形菌 身近な宝探しの楽しみ方』(文一総合出版)、『井の頭公園いきもの図鑑 改訂版』(ぶんしん出版)、『美しい変形菌』(パイ インターナショナル)、共著書に『変形菌 発見と観察を楽しむ自然図鑑』(山と溪谷社)、『華麗なる野鳥飛翔図鑑』(文一総合出版)がある。

井の頭いきものナビ代表、井の頭バードリサーチ代表、NACOT(自然観察指導員東京連絡会)会員、日本自然保護協会会員、日本変形菌研究会会員

いきものナビ（井の頭公園での野鳥観察記録をほぼ毎日掲載！）：https://ikimononavi.com/

Instagram　https://www.instagram.com/joe.takano/

マンガ・イラスト：マツダ ユカ

静岡県出身。武蔵野美術大学視覚伝達デザイン学科卒業。卒業制作にて、鳥のイラストを手掛けたことをきっかけに創作活動を始める。鳥の特徴を捉えつつも、ユニークにデフォルメした絵柄に定評がある。現在も鳥を始め、動物や恐竜など、幅広いジャンルで漫画家・イラストレーターとして活動中。著書には『ぢべたぐらし』(リブレ)、『うずらのじかん』(実業之日本社)、『トリノトリビア 鳥類学者がこっそり教える 野鳥のひみつ』(西東社／共著・川上和人ほか)などがある。

本書に関するお問い合わせは、書名・発行日・該当ページを明記の上、下記のいずれかの方法にてお送りください。電話でのお問い合わせはお受けしておりません。
・ナツメ社webサイトの問い合わせフォーム　https://www.natsume.co.jp/contact
・FAX(03-3291-1305)　・郵送（下記、ナツメ出版企画株式会社宛て）
なお、回答までに日にちをいただく場合があります。正誤のお問い合わせ以外の書籍内容に関する解説・個別の相談は行っておりません。あらかじめご了承ください。

探す、出あう、楽しむ　身近な野鳥の観察図鑑［増補改訂版］

2024年11月５日　初版発行
2025年５月１日　第３刷発行

監修者　樋口 広芳
著　者　髙野 丈
発行者　田村 正隆

発行所　株式会社ナツメ社
東京都千代田区神田神保町１－52　ナツメ社ビル1F（〒101-0051）
電話 03-3291-1257(代表)　FAX 03-3291-5761
振替 00130-1-58661

制　作　ナツメ出版企画株式会社
東京都千代田区神田神保町１－52　ナツメ社ビル3F（〒101-0051）
電話 03-3295-3921(代表)

印刷所　TOPPANクロレ株式会社

ISBN978-4-8163-7631-3　Printed in Japan

〈定価はカバーに表示してあります〉〈乱丁・落丁本はお取り替えします〉